智能建造新技术新产品

创新服务典型案例集（第一批）

（中册）

智能建造新技术新产品创新服务典型案例集（第一批）编写委员会

组织编写

中国建筑工业出版社

目　　录

智慧施工管理系统
典型案例

北京市朝阳区建设工程智慧监管平台

北京市朝阳区住房和城乡建设委员会
北京建科研软件技术有限公司

一、基本情况

（一）案例简介

北京市朝阳区建设工程智慧监管平台于 2020 年正式上线运行。该平台实现建设工程安全、质量、劳务、环保、消防以及市场一体化监督执法综合管理；通过创新"机制手段"，将住房和城乡建设委员会、各街乡、各集团公司、各项目部、工人有机连接起来，打造建筑行业"12345"，体现出"人人都是质检员、人人都是安全员"的管理理念；平台还通过"智能眼镜"实现远程智能监管，大大提高监管工作效率；通过"AI 技术"实现自动抓拍、记录、推送的功能，实现了由"偶然抽查"到"实时监管"的转变。平台上线实施，不仅提高了建设工程的监督管理水平，提升了监管效率，也推动了朝阳区建筑市场健康、有序的发展（图 1）。

图 1 北京市朝阳区建设工程智慧监管平台

（二）申报单位简介

北京市朝阳区住房和城乡建设委员会作为北京市朝阳区工程建设主管单位，内设机构 12 个，下属事业单位 3 个（朝阳区建设工程施工安全监督站、朝阳区建筑行业管理处、朝阳区建设工程质量监督站），执法人员 65 人。

北京建科研软件技术有限公司成立于 2002 年，是专注于建筑行业信息化的软件公司，产品涉及政府监管、智慧工地、工程造价、标准服务、工程资料五大板块，参编了 18 本国家标准、地方标准，完成了数十项重点工程建设项目的"智慧工地"建设。

二、案例应用场景和技术产品特点

（一）技术方案要点

北京市朝阳区建设工程智慧监管平台，作为协助朝阳区住房和城乡建设委员会行业监管的工具，结合日常安全、质量、劳务、环保监督检查模式，通过"平台＋APP"的形式实现对工程项目统一监督管理。引入移动智能识别执法终端等应用新一代 AI 技术的终端设备，实现远程实时监管、远程技术指导、人脸自动识别、隐患自动识别等功能，提升监督管理效率。动员社会各界力量共同监管，将住房和城乡建设委员会、各街乡、各集团公司、各项目部、工人有机连接起来，实现信息互通，摆脱各自为战的束缚，共同打造建筑行业内良好的发展环境。最大限度收集工程建设过程中质量、安全、文明施工的问题，并将其汇总整理、统计分析以及深度挖掘和利用。对接各业务管理系统，将各类业务数据进行汇总，根据业务需求生成各类统计分析图表，为制定监督计划、针对性监管提供数据支持；针对不符合规范、违反流程、数据异常等情况，提出预警，推送给相应的责任人员。北京市朝阳区建设工程智慧监管平台是基于移动互联网、云计算、大数据、人工智能等高新技术的全项目、全业务、全主体、全过程的智慧监管平台。

（二）产品特点及创新点

1. 形成"线上"齐抓共管。建立以朝阳区建委为中心的"智慧大脑"，形成街乡、参建企业、项目部、建筑工人多方参与的检查体系，充分调动各方力量，打造全员监督的模式，形成建筑行业的"12345"（图2）。为解决各部门、企业之间信息不通畅的问题，避免重复性检查，在检查标准统一、处理流程统一、整改要求统一的情况下，使各部门、企业之间形成合力，相互配合。对项目自查问题开放数据接口，与各集团、企业实现数据共享。把各集团、企业联合起来，使其共同参与工程的监管，打通监管数据，共同解决暴露出来的隐患问题，实现全民监管。

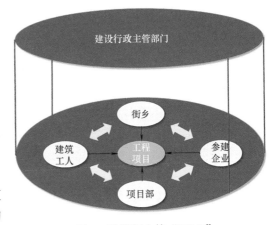

图 2　建筑行业的"12345"

2. 将各系统整合、数据打通。实现系统整合，打通底层数据，实现各业务系统之间联动互通，在平台上监管人员可以看到围绕项目全生命周期各业务系统上的数据（图3）。各系统数据互通也可以大量减少监督人员的工作量，实现让数据多跑路，提高监督人员工作效率，以及各类信息的准确性与可靠性。

3. 实现监督执法"标准化"。北京市朝阳区建设工程智慧监管平台根据朝阳区日常监

北京市建设工程安全质量监督执法工作系统

危险性较大分部分项工程动态监管系统

安全生产风险分级管控和隐患治理双重预控系统

起重机械租赁企业备案和信用评价管理系统

附着式脚手架使用登记备案系统

建筑工程施工现场远程视频监控系统

建筑工人实名制管理系统

建筑工程安全生产标准化考评系统

建筑工程安全质量评估系统

......

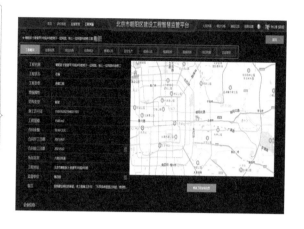

图3 各业务系统数据共享

督管理工作需要建立日常监督检查线上填报、整改模式，利用数学公式科学编制监督计划，监督人员根据监督计划进行监督检查，为解决监督管理中"监督工程去几次？""什么时候去？""查什么项目？"提供计算依据和数据支撑（图4）。整个监督管理过程从现场检查单填写，到项目人员签字确认，接到整改通知，再到最后的整改回复与确认，全部实现信息数据线上流转，隐患闭合，无纸化办公。

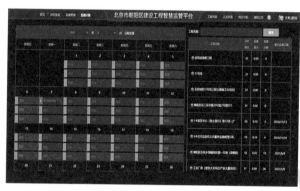

$$N = \frac{R \cdot 2D \cdot K}{T}\left(0.3\frac{A}{M} + 0.7Q\right) + 1$$

N＝本工程共需监督执法工作人数；
D＝总工期内法定工作日天数；
K＝工作随机调整参数；
A＝工程项目建设规模参数；
Q＝参建企业信誉、质量安全程度调整参数；

$$Q = 0.6\left[0.6\frac{L_i}{\sum_{i=1}^m L_i} + 0.4\cdots\right]\cdots + 0.4\frac{Y_i}{\sum_{i=1}^p Y_i} + 0.1\frac{Z_i}{\sum_{i=1}^q Z_i}$$

L_i＝注册建造师排名名次；
C_i＝注册监理工程师排名；
X_i＝施工单位排名名次；
Y_i＝监理单位排名名次；
Z_i＝建设单位排名名次；

 监督工程去几次？　 **什么时候去？**　 **查什么项目？**

图4 通过科学计算编制监督计划

4. 建立监管机制推动主体责任落实。建立以朝阳区住房和城乡建设委员会为中心的"智慧大脑"。为了使各集团公司更了解自身项目问题，督促集团公司对施工项目进行更好的管理，将履责率作为企业、项目履责情况排名的依据，督促企业、项目主动将质量、安全放在重要位置，主动寻找，发现隐患，尽可能暴露现场问题。同时，对于企业、项目自查时发现的问题在整改期内的，建委不做处罚，通过引入现场"履责率"参数，落实差异化监管的要求（图5）。

$$履责率 = \frac{项目自查隐患数量}{项目自查隐患数量 + 建委监督检查隐患数量}$$

项目部、企业评价排名公示！

图5 利用"履责率"督促项目监管

5.利用智能设备提高监管效率。通过配置智能穿戴设备，北京市朝阳区建设工程智慧监管平台解决了人员力量不足的问题，通过现场人员佩戴智能眼镜，监督人员可在办公室进行监督检查并形成影像资料留存备查，有效减少路途时间，大大提高对施工现场监管的工作效率。为配合朝阳区住房和城乡建设委员会日常的监督管理工作，将其日常监督检查业务流程内置到"智能眼镜"远程实时监管功能中，针对日常监督检查的重要检查点，监督人员可以通过远程视频通话的形式进行监管，并将现场发现的问题直接生成监督检查记录单，发送给现场管理人员，管理人员可以在APP上签名。现场管理人员针对监督记录单中的问题，可以通过APP填写整改记录，推送给监督人员。监督人员可在手机上对整改情况进行确认，在远程状态下实现隐患闭环管理。

6.利用AI技术提高监管效率。作为协助朝阳区住房和城乡建设委员会进行行业监管的工具，引入移动智能识别执法终端等，应用新一代AI技术的终端设备，利用"宏观＋微观"的方式通过固定摄像头、AI边缘盒子、智能穿戴设备实现隐患的自动识别，由原来人找问题到自动提醒哪里有问题的转变（图6）。提升监督管理效率，针对工程项目每天都产生大量的检查、监督数据，工程项目的质量、安全问题和工程项目的人、机、料、法、环是密切相关的，利用大数据技术进行相关性、影响性、根源性分析，从而实现建筑施工项目质量、安全、环境、劳务方面问题的预警。

三、案例实施情况

（一）监督执法综合管理

1.建筑施工监管模式有待提高。多年来，建筑施工监管模式一直延续着"尺量、锤敲"的方式，现场监督检查必须携带相机、规范、检查表，使用纸笔记录检查结果，在实际工作中存在文字、影像资料保存困难；监督人员与施工管理人员沟通不便、整改反馈耗时长、效率低、易出错等不利情况，过去针对一次整改记录，施工项目部至少要跑一趟，时间至少要半天。

图 6　智能终端实现 AI 识别

2. 建设信息系统升级监管模式。北京市朝阳区建设工程智慧监管平台于 2020 年正式上线运行，实现了建设工程安全、质量、劳务、环保、消防以及市场一体化监督执法综合管理。该平台建立了日常监督检查与企业评价联动机制，实现了建设、施工、监理单位定期按照监督情况形成排名，优化了现场监督检查工作模式，开发移动应用，实现工程监督抽查信息化，监督管理部门可灵活制定、发起专项检查计划，内置检查项目库，在线生成检查单，整改信息实时推送至施工项目部；施工项目部整改完成后，在线生成整改报告并反馈至监督管理人员，实现闭合管理，完全省掉了过去"跑腿"的时间，体现了"让数据多跑路，让群众少跑腿"。

3. 工程全方位监管。目前，朝阳区 700 多个在施工程通过导入市建委基础数据库相应工程信息，利用二维 GIS 技术实现朝阳区所有在施、已竣工项目的定位显示（图 7），

图 7　地图汇总展示工程位置信息

通过地图全面掌控所有在施项目及已竣工项目状况，便于工程质量、安全、劳务、环保消防以及市场一体化方面的监督管理，并且工程项目信息实时更新。

4. 监督检查全程电子化。监督人员从监督计划编制，现场检查单填写，到项目人员签字确认，接到整改通知，再到最后的整改回复与确认，全部实现信息数据线上流转，做到隐患闭合，无纸化办公，有效解决监督人员与施工管理人员沟通不便、整改反馈流程烦琐的问题，大大提高工作效率，节约人力成本（图8）。

图8　隐患线上闭环管理

5. 参建单位评价排名。根据监督执法人员对工程项目质量、安全、劳务、环保监督检查结果，系统自动计算工程项目得分，根据施工总承包企业、监理企业、建设（开发）企业在评价周期内所有工程项目监督检查平均得分情况自动进行企业排名。为实现差别化监管，督促企业提升工程质量，优化营商环境提供有力的数据支持。

（二）打造建筑行业"12345"

目前，监督力量与在建工程项目规模之间存在不平衡问题。以安全监管为例，朝阳区住房和城乡建设委员会现有监管人员15人，面对在施项目数量700多个，无法做到全面监管，仅仅依靠现有的监管力量是远远不够的，必须充分调动社会力量实现共同监管。

监管单位与各参建单位之间没有做到互联互通。朝阳区住房和城乡建设委员会、各街乡、各参建单位、各施工项目部对于工程项目的监管多是各自为战，自己管自己的、自己查自己的。这种重复性的检查，不仅仅是监管资源的浪费，同时也严重打压了施工项目部自查的积极性，各部门、企业之间信息不通畅，无法形成合力，也不利于工作配合。系统通过创新"机制手段"，将朝阳区住房和城乡建设委员会、各街乡、各集团公司、各项目部、工人有机连接起来，打造建筑行业"12345"，体现出"人人都是质检员、人人都是安全员"的管理理念。

建立多方参与的安全检查体系。为解决监督力量与在建工程项目规模之间存在的不平衡问题，建立住房和城乡建设委员会、街道、集团公司、项目部、建筑工人多方参与的安全检查体系，充分调动社会力量，各方之间实现信息互通，实现全员参与安全监督，充分暴露建设项目的安全隐患，最大限度减少安全事故。

同时也能够使各集团公司更好地了解自身项目的问题，督促集团公司对施工项目进行更好的管理。

建立评价排名机制。利用履责率作为企业、项目履责情况排名的依据，对于排名靠后的企业、项目定期进行约谈（图9），督促其加强工作；对于排名靠前的企业、项目进行公示表扬。督促企业、项目主动将质量、安全放在重要位置，主动寻找、发现隐患，尽可能地暴露现场问题。

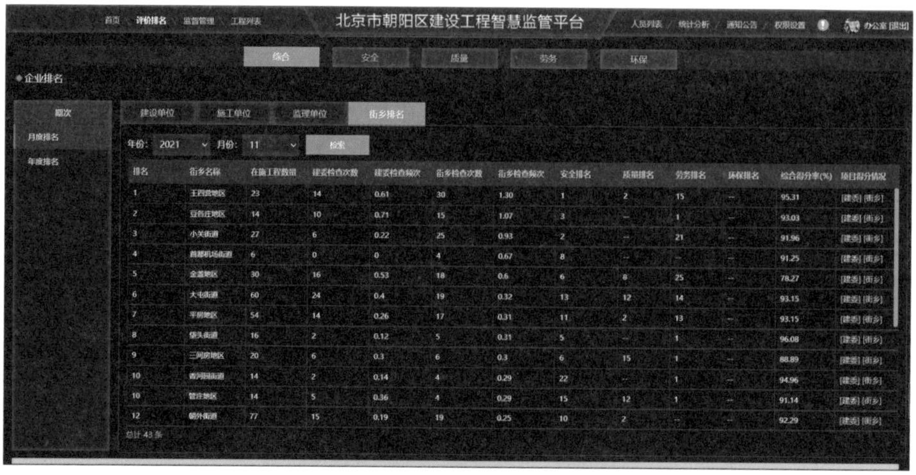

图 9　评价排名

（三）远程智能监管

充分利用移动互联网技术、视联网技术，实现"互联网＋监管"。施工项目部放置移动智能识别执法终端后，监督管理机构可以要求被检查对象佩戴移动智能识别执法终端接受监督检查，从而有效提高监督检查的效率，解决监督力量与监督规模不匹配的问题以及车辆改革导致监督机构管理人员出行困难的问题。同时，引入移动智能识别执法终端还有助于改善监督人员专业技术水平参差不齐以及针对现场突发、偶遇问题需要后台专家提供支持的问题，系统实现监督人员在不扰动监管对象的前提下，可以实时与后台专家、领导进行远程视频对话，从而得到业务指导与支持，实现监督执法最大限度不受监督人员个体素质的影响。平台具有视频抓拍并标记发送至手机 APP 的功能。目前，朝阳区住房和城乡建设委员会已配备 300 台智能眼镜，除各监督组配备一台智能眼镜外，也将智能眼镜放置于各重点工程项目部，用于日常监督检查（图 10）。

图 10　引入智能眼镜实现远程智慧监管

（四）AI 隐患自动识别

通过"AI 技术"完成了自动抓拍、记录、推送的功能，完成了由"偶然抽查"到"实时监管"的转变。针对施工现场安全问题是靠监督人员现场去寻找、去发现，没有依靠物联网、云计算、移动互联网等技术将现场的问题实时记录、实时传送的情况，实现由原来人找问题到信息系统提醒哪里有问题的转变（图11）。

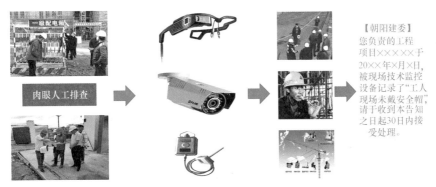

图11　利用智能终端自动提醒

系统上线实施提高了建设工程的监督管理水平，提升了监管的效率，确保了朝阳区建筑市场健康、有序的发展。利用 AI 技术已建立十余种专业的隐患识别模型，包括：未经过运行区域打手机、翻墙行人抓拍报警、翻越护栏报警、火灾报警、扬尘报警、扫地杆安装不到位、接火盘使用不规范等。

四、应用成效

（一）监督管理全覆盖

截至 2021 年 4 月，系统共记录朝阳区 2871 个工程在质量、安全、劳务、环保、消防以及市场一体化监督执法综合管理等方面的监督管理信息，其中包括 681 个在施工程。随着时间的积累系统覆盖的工程还在持续增加，系统功能会更加完善，服务内容将覆盖施工项目全生命周期的各个方面。

（二）检查标准化

通过两年课题专项研究的沉淀，制定标准化检查模式，系统自动生成统计分析图表，为朝阳区住房和城乡建设委员会每组每月检查工作的制定提供了科学依据，也为业务部门制定每月检查计划提供了科学的数据支撑。

（三）检查效率化

监管平台上线以来，监督组日常监督检查效率从每日检查 2 个项目提升至每日检查 8 个项目，共协助处理线上整改记录 8029 份，共计节省施工单位整改报告汇报时间 1500 余天（平均每份整改报告大约 1～3 条问题，8029 条整改信息大约相当于 3000 份整改报告，按照施工单位每提交一份纸质整改报告至朝阳区住建委需要 0.5 天计算，合计节省约 1500 余天）（图12）。

（四）管理效率化

平台通过智能眼镜实现远程智慧监管，原来一个组一天只能检查 2 个工程项目，现在一天可以检查多个。利用智能眼镜检查工程不仅可以免去监管人员到达现场的时间成本，使管理效率大大提高，线上填写的制式监督检查单也推动了精细化管理（图13）。

图 12　整改情况查询

图 13　远程监督检查

（五）落实责任主体

截至 2021 年 4 月，朝阳区共有 251 个在施项目做到自主上传自查记录，共计上传自查记录 12993 条（图 14）。

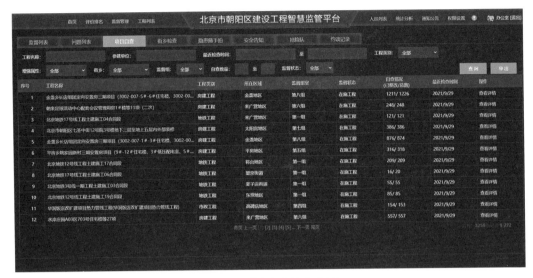

图 14 项目自查信息查看

执笔人：
北京市朝阳区住房和城乡建设委员会（齐向军、郝桐、李建斌、张瀛）
北京建科研软件技术有限公司（王玉恒）

审核专家：
赵宪忠（同济大学，教授）
李东（百川伟业（天津）建筑科技股份有限公司，总工程师）

5G 高清视频远程监管一体化系统在北京市大兴临空经济区发展服务中心的应用

中国联合网络通信有限公司

北京宜通科创科技发展有限责任公司

北京电信规划设计院有限公司

一、基本情况

（一）案例介绍

针对现有智慧工地网络解决方案在带宽、传输速率、设备连接数量、信号抗干扰能力、信号稳定性、信号覆盖范围等多方面的不足，中国联合网络通信有限公司研发了 5G 高清视频远程监管一体化系统，充分发挥 5G 优势特性，实现了海量底层设备链接、大型机械设备和机器人毫秒级远程实时试验操控、4K 和 8K 超高清视频实时传输、AI 算法精准实时响应、BIM 在作业面场景下的海量数据传输及应用，结合国家保密级云平台数据存储标准，最大限度实现建筑工地"人机料法环测"施工全过程、全要素、全方位监督和管理。该系统可以满足集团管理者、项目管理者、建设及监理管理者多层级、多方位管理需求，有利于加强监管力度、扩大监管范围、提升工作效率和监管质量、降低管理成本（图 1）。

图 1　5G 高清视频远程监管一体化系统平台

（二）公司介绍

中国联合网络通信有限公司（以下简称"中国联通"）是中国三大运营商之一，连续多年入选"世界 500 强企业"。中国联通拥有覆盖全国、通达世界的通信网络，积极推进固定网络和移动网络的宽带化，为广大用户提供全方位、高品质信息通信服务。在新技术领域，中国联通坚持实施 5G 网络共建共享，致力于成为智能城市的建设者和运营服务商。

北京宜通科创科技发展有限责任公司是由通信、IT、物联网、房地产专业人员组成的跨界合作团队，并依托已有的网络、物联网平台实施能力，面向建筑行业提供定制化的智慧建造技术解决方案，助力建筑企业在房屋建设领域和基础设施领域高质量发展。

北京电信规划设计院有限公司是联通集团下属全资子公司。公司专注于智慧城市、信息通信和建筑工程等领域，是集咨询规划、可研设计、工程总承包、系统集成、开发运营、测试评估、标准规范编制等为一体的综合性服务企业。

二、案例应用场景和技术产品特点

（一）技术方案架构

5G 高清视频远程监管一体化系统方案核心可总结为"1＋多＋N"。

其中，"1"是为建造场景开通一个定制化 5G 专属网络，实现建造全业务场景覆盖。同时，通过 5G 网络的部署，MEC 及切片的应用赋能感知层多设备接入并具备毫秒级网络时延响应能力，具体体现在支持海量移动智能化设备建造场景应用；支撑远程巡检、隐检、预检、协同在线作业、施工数字旁站；支持大型机械远程操控实现工程远程质量安全把控。

"多"即以云计算、大数据、物联网、区块链、BIM 等多项前沿技术共同构建平台底层。

"N"代表方案在平台基础上展现的 N 项创新应用能力。

平台基于 JAVA（计算机编程语言）等语言进行研发，在业务系统上采用分布式框架，配合微服务技术架构，具备复杂度可控、扩展灵活、独立部署、开发针对性强、维护成本低、国家通信保密安全等级等特点（图 2）。

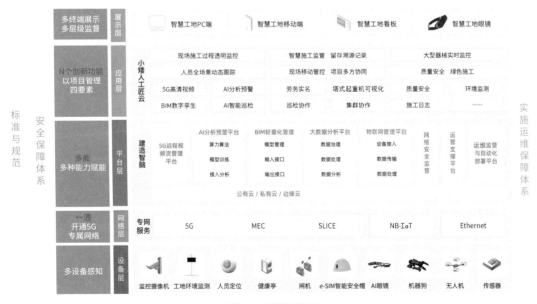

图 2　方案架构图

（二）自主技术关键创新点

1. 工地红线内"5G＋MEC＋切片"SA 独立组网

工地红线内部署 5G 专属基站，通过 SA 独立组网支持作业面 1080P 高清视频；4K、8K 超高清视频远程监控；平均传输速率 700Mbps。"5G＋MEC＋切片"高清视频支持 AI 人工智能预警和塔式起重机远程操控，时延 25 毫秒级数（图 3～图 5）。

图 3　红线内 5G 专属基站性能及优势

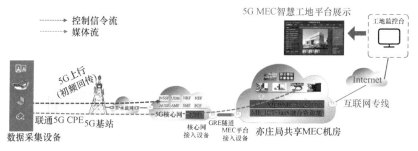

图 4　MEC 架构图

图 5　切片方案

2. 5G 高清视频远程监控技术

（1）固定摄像头远程监控

支持查询工地 4km 范围内 1080P、4K、8K 等高清视频监控，时延低至 25 毫秒、50 倍光学变焦。可用于钢筋绑扎、混凝土浇筑、基坑变形光学监测等工作场景应用，实现在施工过程中由整体到细节的全方位监控能力（图 6）。

图 6　固定点位摄像头白天与夜晚监控图

（2）移动摄像头灵活监控

利用"无线＋终端"的方式接入，无源供电（支持 10×24 小时待机）机器人、AI 眼镜等多种设备兼容部署，对质量旁站、危险区域、人无法进入的狭小空间等区域的质量安全等施工过程进行监控（图 7～图 9）。

图 7　便携式移动摄像头

图 8　5G 智能可穿戴设备（AI 眼镜及 5G 智能头盔）

图 9　四足机器人及履带式机器人

3. 5G 远程视频监控＋BIM 数字孪生协同溯源系统

根据 5G 远程视频采集的真实物理影像与 BIM 虚拟影像同步、实时、同角度相互正向或逆向映射，形成包括劳动队伍、施工进度、工程量等要素的增强现实数字孪生系统，为项目提高精益化管理水平提供大数据依据。

（1）正向，视频与BIM联动

项目管理人员操控物理影像视角，系统自动加载当前物理画面所对应的BIM模型视角，查看实时视频信息与BIM理论模型信息差异，标注真实发生的数据进入理论模型内，丰富BIM模型内部数据和信息使其更接近真实模型，为下一步工序安排提供有效数据。

（2）施工过程资料信息与BIM关联

根据工程需要对重点环节、关键部位建造过程的视频图像信息、物资进出场和检验批信息、质量验收信息等相关资料与BIM模型对应构件关联，真正做到施工过程数据广连接、可追溯。

（3）逆向，BIM模型溯源施工过程

无论是施工过程还是运维阶段，操作BIM模型视角，系统可自动加载同视角过程影像图片信息和数据，方便检索查找施工过程信息，为质量、安全提供快速溯源帮助（图10）。

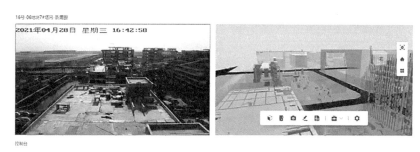

图10　5G远程视频监控＋BIM数字孪生协同溯源系统

4.基于5G视频的AI预警系统

5G网络将工地便于联网的设备整合起来，形成庞大的数据源，利用该数据训练的AI算法模型，对5G回传的视频数据进行智能分析，形成完整的"5G＋AI"预警系统。对工人未戴安全帽、口罩，未穿反光衣，误闯周界防护区域，烟雾、火焰等情况进行监测，检测场景识别准确率及召回率均可达85％以上（图11）。

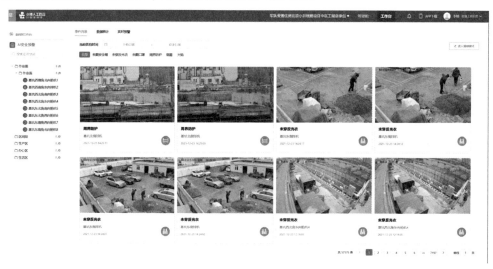

图11　AI预警系统

5. 区块链加密"5G＋MEC＋切片"智慧施工远程视频监控一体化系统云存储

通过自主区块链 BaaS（区块链即服务）平台，支持国密算法，结合云存储实现对远程监控视频的持久化存储与安全加密防护。实现对用户身份信息、用户对关键视频的操作信息（如下载、上传等）、关键视频数据信息进行加密，操作记录可溯源、云上数据安全防护（图 12）。

图 12　区块链加密系统云存储

（三）应用场景

本技术方案适用于城市更新建设、基础设施工程建设、房屋建筑工程建设等各种类型建筑工程，对周边网络环境现状没有特殊要求，红线内建设专属 5G 基站，网络覆盖施工现场，专属服务项目建设全过程。

三、案例实施情况

（一）工程项目基本情况

北京大兴临空经济区发展服务中心项目位于北京大兴国际机场临空经济区，是北京大兴国际机场的重要配套服务保障项目和 2022 年北京冬奥会的重点项目。项目总建筑面积 17 万 m^2，建筑高度 42m，于 2020 年 6 月 1 日开工建设，计划 2021 年 12 月投入使用（图 13）。

图 13　项目 5G 网络覆盖图

(二) 应用过程

本工程属于新冠疫情期间在建工程，经历北京地区新冠疫情反复停工、冬奥重保项目工期压力以及施工队伍和项目管理人员施工调配不足等情况，项目采用5G专属网络覆盖作业面、地下室、楼宇内部，利用5G高清视频远程监管一体化系统，辅助项目新冠疫情期间全过程管理，实现了项目高品质施工，保障了项目施工安全，工程如期交付。

本系统应用包括集团面向项目监管、建设及监理面向项目监管、项目面向工地现场"人机料法环"多维度监管。实现对项目的数字化、可视化、智能化全过程监督管理。

1. 集团面向项目监管

施工总承包的上级单位对在建工程项目有严格的质量、安全、进度、人员及健康、绿色等监管要求和标准，集团相关职能部门对项目有月度、季度、年度相关监管和考核。受新冠疫情管控和工期紧的诸多因素影响，在劳务和管理人员不足的情况下，通过远程视频监管项目施工过程，发现潜在的项目管理风险，提出有针对性的合理化建议，远程指导项目作业和管理（图14）。

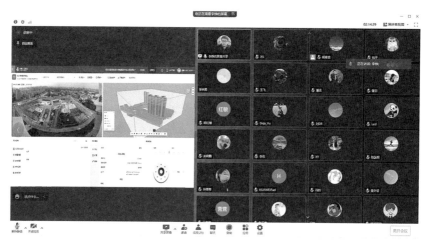

图14　5G高清视频远程协作及作业指导

2. 建设及监理面向项目监管

为落实住房和城乡建设部对建设单位工程质量首要责任的要求，利用5G高清视频远程监管一体化系统移动视频的灵活性，对项目混凝土浇筑、土方回填、防水工程等关键工序的隐检、预检、旁站进行质量过程管控，加强对关键材料生产和施工过程的追溯管理，有效落实参建各方质量主体责任（图15）。

图15　移动摄像头数字旁站监控

3. 项目面向工地现场

（1）施工进度保障

项目管理者通过查阅"5G远程视频监控＋BIM数字孪生协同溯源系统"，可呈现施工现场真实场景结合与其同位置同视角的BIM模型，管理者可获悉工程整体进度情况以及当日实际工程量，同时，也可通过该系统进行历史视频信息回溯，确保项目管理人员对施工整体进度的把控。

（2）施工质量保障

基于5G网络搭载的移动高清监控设备可近距离对钢筋绑扎过程、模板支护过程、混凝土浇筑及养护过程进行质量监控，对混凝土蜂窝麻面进行质量评估，及时调整后续技术方案，保障工程质量高品质完成（图16）。

图16　混凝土浇筑质量监控

（3）施工安全保障

"安全生产、预防为主、综合治理、共筑屏障"。采用本系统与建筑技术安全保障预警体系融合，构建智能监控和防范体系，有效弥补传统方法和技术在监管中的缺陷，实现对人员、机械、物料、环境等的全方位实时监控，变被动"监督"为主动"监控"，真正做到事前预警、事中常态检测、事后规范管理。图17所示为基于塔式起重机可视化系统，实现塔式起重机多维度监管。

四、应用成效

（一）提高工作效率，实现绿色协作、智能建造、数字增效

为积极响应"双碳"要求，5G高清视频远程智能监管一体化系统可提供多人、多地、实时、同步、在线沟通和工作交流，提高工作效率、提高协同工作质量，降低管理成本。

平台信息						
设备名称	3号	租凭到期时间	2020-08-10 14:06:41	塔机开始工作时间	2020-08-10 12:10:39	塔机结束工作时间	2020-08-10 11:45:01
备案编号		拆卸日期	2020-08-10 14:06:41	报警次数	350	转发位置	

图 17　塔式起重机双 360°监控构件吊装作业安全

按本项目估算，依据交通运输部发布的《绿色交通标准体系》中涉及的有关交通碳排放核算方法标准，参照建筑集团单位对本项目质量安全季度大检查考核进行计算，考核人员每人每年约产生碳排放量 14t，而使用本系统检查人员则可通过基于 5G 的高清视频实时远程监控、视频回溯、数字信息查验等方式交替实行（现场/远程）检查工作，降低碳排放。

（二）增强多层级监管能力、实现提质增效

为加强项目管理各方责任主体落实到位，采用本系统可以补充监管力度、溯源施工过程各要素数据、减少监管盲区，同时，辅助智慧工地管理，实时在线视频巡检、云端信息存储、区块链影像回溯等功能大幅提升监管能力。在新冠疫情严控期间，5G 网络将视频覆盖变得高效简单，固定点视频重点部署安装，移动视频按需补充调整，将原计划 45 天由 22 人现场管理变成 4 人 5G 远程监管考核，高清视频监管及时、有效、到位，影像存储全面、安全、可追溯，在提升监管质量、加大监管力度的同时降低监管成本，为提高工地监管效率开创新思路、新方法、新案例。

（三）减轻劳动强度，实现人力资源节约

通过应用固定及移动视频监控、巡检、AI 安全预警等功能，项目经理每日巡检时间从原来的 2.5 小时大幅缩减到 40 分钟内，有效降低项目经理的疲劳程度，提高管理人员工作效率。

（四）借鉴意义及推广价值

一是提升建筑施工数字化水平，引领数字化转型。智慧施工产品从多个层面实现建筑施工数字化，5G 高清视频可追溯系统增强监管能力，"5G＋MEC＋切片视频"辅助塔式起重机远程试验操控降低劳动强度、提升人员安全，同时实现轻量化 BIM 模型数字孪生协同溯源和劳务实名制管理，从安全、进度、质量、成本等多个方面提升建筑施工阶段数字化发展。

二是提升建筑行业绿色发展、监管能力，推进建筑监管新模式。智慧施工产品提升施工过程溯源能力、数字监管旁站、远程实时监管能力、隐患自动预警能力、标准化施工日

志、物料全产业链监管、环境能耗数据监测、机器人巡检及检测等，支撑建筑行业绿色发展。监管部门及业主人员远程监管，助力实现全民监管生产施工，提升我国建造质量水平。

三是促进建筑业与 ICT（信息与通信技术）融合，加速新基建步伐。智慧施工融合建筑业需求及 ICT 行业技术，作为智慧城市建设的重要一环，有效促进国家新基建政策推进；产品融合 5G 网络建设，落地项目加快推动 5G 通信基础设施建设的步伐。

执笔人：
中国联合网络通信有限公司（成湘龙）
北京宜通科创科技发展有限责任公司（季文翀、仇祎博）
北京电信规划设计院有限公司（陶咏志、栾晓鹏）

审核专家：
赵宪忠（同济大学，教授）
李东（百川伟业（天津）建筑科技股份有限公司，总工程师）

隧道施工智能预警与安全管理平台在新疆维吾尔自治区东天山隧道的应用

北京市市政工程研究院

一、基本情况

（一）案例简介

本案例通过应用隧道施工智能预警与安全管理平台，实现了隧道施工有害气体自动监测、施工现场人员定位与考勤管理、施工信息和监测数据同步、灾害智能预警与应急预案、低温环境下的气候参数自动监测采集等功能，解决了隧道工程施工作业环境复杂，施工安全风险高，监控和预警滞后等问题，提高在复杂严苛工况下的智慧化隧道施工水平和施工监测效率，有效保障隧道施工安全顺利实施（图1）。

图1 隧道施工智能预警与安全管理平台

（二）申报单位简介

北京市市政工程研究院创立于1959年，是北京市属重点科研院所，主要从事市政工程技术的研究开发、质量检测、技术咨询与技术服务，拥有地下工程建设预报预警北京市重点试验室，致力于我国隧道及地下工程施工数字化、信息化和智能化水平的提高。

二、案例应用场景和技术产品特点

(一) 技术方案要点

本平台由多元信息自动采集、动态风险管理与分析预警和网络动态虚拟隧道施工三部分构成，通过自动监测、实时预警、风险管理等系列技术手段解决复杂条件下隧道施工的技术问题，提高抗风险能力（图2）。

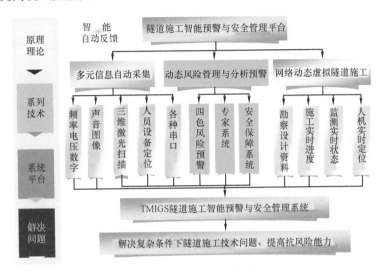

图 2　平台体系架构图

平台由"链"基本单元构成（图3）。其中"链头"为网关基站，负责"链"与云端服务器的通信；"链身"为传输基站，起信号中继作用；"链关节"有采集基站连接传感器、水准仪、全站仪等设备。

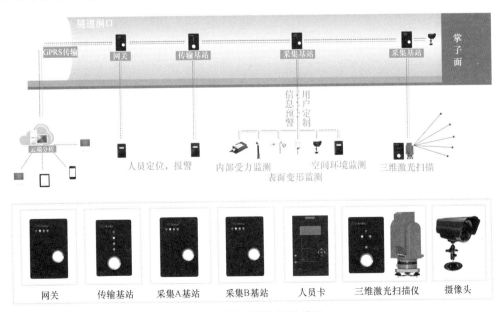

图 3　平台"链"结构单元

（二）主要成果及关键技术经济指标

公司获得相关成果包括授权发明专利 6 项、实用新型专利 13 项、软件著作权 27 项、发表论文 24 篇（SCI/EI12 篇）、出版专著 1 部，编制国家行业标准及团体标准 2 部，获得包括北京市第五届发明创新大赛金奖等各类奖项 8 项。

（三）平台主要特点和创新

本平台具有 5 个突出特点：（1）信息采集综合化。集成传感器信息、人机定位信息、突发事件监控信息采集等，实现施工信息采集与综合分析。（2）决策管理信息化。集成多元信息采集、安全风险管理、安全预警及应急救援等功能，实现智能的决策管理。（3）数字孪生可视化。将高风险的隧道及地下工程施工过程真实地模拟到网络平台上，构建数字孪生隧道。（4）灾害预警智能化。通过隧道施工监控、地质超前预报以及灾害事件监控，实现隧道施工灾害的全天候智能预警。（5）应急反应联动化。结合专家经验和安全提示信息，四级预警及应急预案，形成联动反应的应急响应机制。

平台的主要技术创新体现在以下几个方面：（1）基于"链"结构的不同系列，功能基站的有机组合，快速构建不同需求的隧道信息传输骨干线路，通过复制"链"或组合"链"解决各类不同的隧道技术需求。（2）构建了"网络动态数字孪生隧道施工场景"，将网络动态隧道施工的勘察、设计、施工数据与真实的隧道施工信息同步，对施工现场进行远程交互操控。（3）构建了"上行信息、下行指令，交互有序、快慢有度"的"心跳"机制，仿真人体的"心率"功能，建立了紧急应对灾害的快速反应机制。

（四）与国内外同类先进技术的比较

相对于国内外同类的技术和产品，本平台有 3 点优势：（1）将多元信息采集、综合分析、实时预警有机融合，实现"综合智能预警"；（2）采用以监测点基本属性为最小单元的"四色预警的风险管理方法与技术"，构建了"网络动态虚拟隧道"，与实际隧道施工同步；（3）通过隧道施工"监控量测全面自动化"，建立并实现隧道施工各职能部门的"紧急应对灾害联动响应机制"。本平台在功能方面更为综合，具有多元信息安全预警、人员设备定位管理、实时自动监测、数据处理与专业分析、三维可视化展示与交互等多种功能。

（五）市场应用总体情况

平台主要应用于信息化施工与安全保障、地下工程突发事件预警与应急响应（过程灾害预警）等方面，适用于隧道、桥梁、道路、地质灾害、滑坡 、大坝、地表构筑物等各种目标体及各种复杂环境的全天候智能实时监测预警与安全管理。平台已在北京 108 国道南村隧道、陕西省包家山隧道、北京地铁大兴线、北京怀柔头道穴隧道、新疆东天山隧道等多个项目中成功应用。市场应用情况表明，平台在地下工程施工现场全方位高效直观管理、提高施工过程的安全度等方面发挥了重要作用。

三、案例实施情况

（一）工程概况

隧道施工智能预警与安全管理平台的应用以新疆维吾尔自治区东天山隧道项目为例，

该项目位于新疆维吾尔自治区哈密地区，隧道单洞长达 11.775km，是 G575 线巴里坤至哈密公路建设项目控制性工程（图4）。隧道区域地形、地质条件、水文及气象条件复杂，地处高海拔地区，地震烈度高，隧道保温抗冻要求高，隧址区不良地质问题突出。同时，作为天山寒区特长公路隧道，具有"长、大、高、寒"的显著特点，是目前国内设计施工难度最大、风险最高的公路隧道之一。

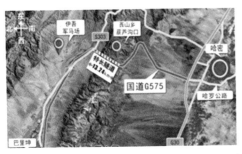 

图 4　东天山隧道建设工程

（二）平台部署安装

本案例根据东天山隧道的实际情况制定了以下部署方案（图5）：隧道洞口为人员考勤区域，洞口到隧道施工掌子面为人员定位区域，每隔100m布设一个传输基站完全覆盖整个隧道。在隧道施工掌子面等危险区域，安装数据采集基站和相应传感器，传输基站的安装间距减少到30m，以提高人员定位精度。洞口安装网关基站，通过 GPRS 网络或者以太网口连接到远程数据管理中心。

图 5　平台部署方案

平台主要硬件设备安装包括：网关基站安装、数据传输基站安装和数据采集基站安装，以及主要监测传感器安装等（图6）。其中，网关基站设置在隧道洞口，置于网络信号相对较强的位置。数据传输基站安装在隧道内，以每隔 250m 的间距进行布设。采集基站和有害气体监测传感器则安装在隧道掌子面附近的开挖台车上。

图 6　平台主要硬件设备安装

平台服务器和软件系统部署按照分布式数据处理的设计，将系统应用、基础数据库、电子地图部分集成在同一个服务器上。结合东天山隧道项目公司现场网络化视频监控，构成施工现场实时可视化和多元信息智能预警与安全管理的智慧监控系统（图 7）。

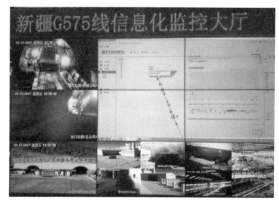

图 7　平台服务器和软件系统的部署

（三）平台应用

1. 隧道施工掌子面附近有害气体自动监测。东天山隧道进口段独头掘进超长和穿越断层距离累计长，在隧道施工掌子面附近极易产生有害气体。因此，本案例在东天山隧道施工工作面附近安装有害气体监测传感器，对 CO（一氧化碳）、CH_4（甲烷）、瓦斯等有害气体浓度进行 24 小时不间断自动监测，保障施工安全（图 8）。

2. 基于物联网的隧道施工现场人

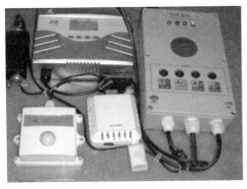

图 8　东天山隧道施工掌子面附近有害气体监测

员定位与考勤管理。由于东天山隧道单洞长达 11.775km，施工现场区域广，人员分布分散，隧道内通信盲区增大，难以实时定位人员及作业轨迹。本案例采用 Zigbee 等多种物联网定位技术，实现隧道现场的人员实时定位和作业轨迹同步跟踪。平台的考勤系统自动统计生成每日考勤、每月考勤报表，人员定位信息经过处理后生成人员分布图表和在洞内的运动轨迹，通过在隧道俯视图的图例动画直观显示和查看隧道内人员和设备的考勤、定位和预警等综合信息（图 9）。

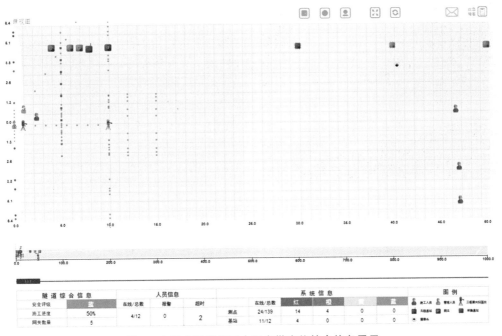

图 9　东天山隧道施工人员考勤定位综合信息显示

3. 数字孪生隧道施工信息和监测数据同步。东天山隧道由于存在隧道单洞涌水量大、反坡排水、超长距离通风等问题，隧道施工难度和挑战极大。本案例采用数字孪生技术，实现隧道断面、围岩和支护等施工信息和现场监测、自动预警信息同步，大大降低施工难度。

首先，平台利用东天山隧道内轮廓设计相关数据，由虚拟仿真平台对隧道进行三维断面建模并进行隧道线形绘制（图10）。

图 10 东天山隧道三维建模及隧道线形绘制

其次，进行隧道基本信息绘制和围岩分级信息绘制，包括隧道概况、大事记、勘察设计与施工信息等，同时绘制围岩分级地质特征信息（图11）。

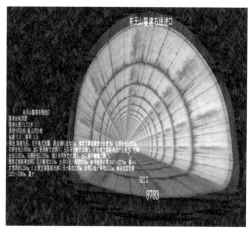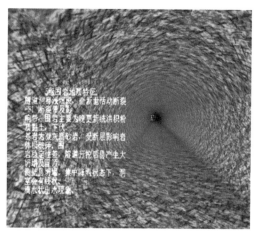

图 11 东天山隧道基本信息绘制和围岩分级信息绘制

根据隧道不同区段围岩级别设计的初支类型和不同区段设计的二次衬砌类型进行隧道支护信息绘制（图12）。

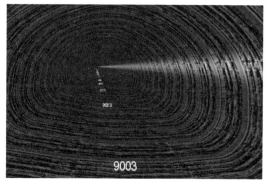

图 12 东天山隧道衬砌信息绘制

　　最后，远程数字孪生隧道通过客户端访问服务器上的数据库，获取和显示现场监测的实时数据，对监控量测数据显示参数设置，并在虚拟隧道中行进和漫游，在检测点的里程位置打开数据显示窗口，查看检测点的数据。同时，将人员和设备的实时定位信息与周边环境和里程信息相结合，进行 3D 可视化展示（图 13）。

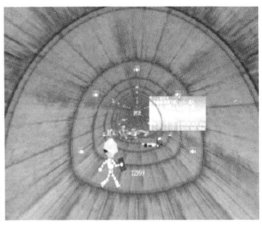

图 13　数字孪生隧道的数据同步及人机设备状态 3D 显示

　　4. 灾害智能预警与应急预案。东天山隧道隧址区域存在大规模高压富水断层，洞口浅埋软弱破碎围岩段落长，施工风险等级高。本案例基于四色预警机制，根据不同测点预设标准值或阈值，综合预警级别、预警内容、处置措施、多种指示信息提示等进行洞内、洞外的联动反应，实现智能预警。同时，通过制定施工应急预案、智能响应与灾后救援技术，建立软硬件结合的网络化灾害应急响应机制，降低隧道施工风险（图 14）。

图 14　平台灾害智能预警与应急预案

　　5. 天山寒区低温环境下的气候参数自动监测采集。东天山隧道位于天山寒区，隧址区海拔高度 2000m 以上，年最低气温零下 32℃，最大冻深 2.53m，无霜期仅 134 天，冻害防控、风吹雪防治及隧道防冻保温要求高，隧道施工连续跨越四个冬季，施工环境极为恶劣。本案例在隧道进口、出口、1号斜井和2号斜井施工入口处建立4座气象监测站，实现风速、风向、温度、湿度、光照度、大气压力等环境参数自动监测，为施工建设提供全方位的气候信息（图15）。

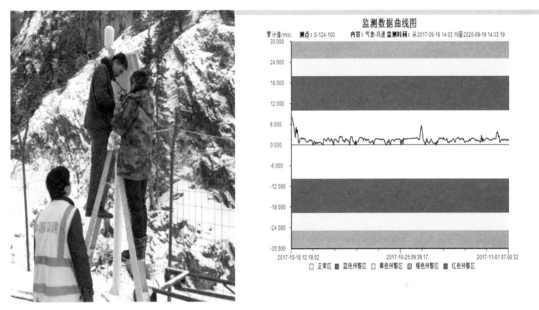

图 15　天山寒区低温环境下的气候参数自动监测采集

四、应用成效

（一）解决的实际问题

1. 提高隧道施工监测的数据实时性。平台解决了隧道施工过程中，当监测数据较多的时候，其处理分析过程较长，经常出现无法满足监测信息及时反馈的问题，尤其是对隧道工程中地质复杂、数据传输网络不够稳定的地段，平台通过采用多网络数据融合技术，保证监测信息能够得到及时有效反馈，在隧道施工过程中及时发现险情，并及时发出预警，避免出现安全事故。

2. 改善隧道施工监测数据管理的易用性和直观性。随着隧道施工监测数据越来越复杂，传统的二维监测方式在数据处理方面越来越困难，风险监控和预警信息不直观，监测结果易出现较大差异。平台通过建立数字动态孪生隧道，将隧道施工现场复杂的监测数据实时同步到网络三维动态数字孪生隧道中，将二维的交互方式提升为三维可视化交互，解决了二维监测系统存在的人机交互界面复杂，数据显示抽象，容易产生误判和迟滞等问题。

3. 提升隧道施工监测对野外作业环境复杂化和多样化的适应能力。平台针对东天山隧道的"长、大、高、寒"的工程特点，结合数字孪生隧道和物联网技术，通过平台功能的科学组合，解决了该项目建设中数据传输网络单一、施工人员考勤管理与人员定位难以实施，以及寒区天气及复杂施工环境下的智慧施工监测等问题，为隧道施工的安全顺利实施提供了重要的保障。

4. 建立灾害智能预警与应急预案联动机制。多数隧道施工监测侧重于对施工过程中灾害的预警，在应急救援预案方面则关注较少。平台基于四色预警机制，通过制定隧道塌方、突水突泥、瓦斯和岩爆等施工应急响应与灾后救援预案，建立软硬件结合的网络化灾害智能预警与应急响应联动机制，从而解决了实际应用中发现险情时灾害预警与灾后救援的联动性问题。

（二）实际应用效果

平台在东天山隧道工程应用中，通过建立数字动态孪生隧道，将复杂的监测数据直观化，将二维的交互方式提升为三维可视化交互，改善了东天山隧道监测数据管理系统的易用性和直观性，有效提高隧道施工监测的效率，保障隧道施工的安全顺利实施。

（三）应用和推广价值

在工程实用性方面，平台通过数字孪生隧道与施工现场数据的实时同步，实现在复杂工况和严苛恶劣的工作环境下实时掌握现场真实信息，降低地下工程施工引发地质灾害的风险，提高施工监测效率和安全水平。尤其是对于城市地铁隧道工程，平台在保护地铁、保障人们生命安全以及整个城市的交通体系安全中起到重要作用，具有很高的工程应用价值。

执笔人：

北京市市政工程研究院（张智明、叶英）

审核专家：

赵宪忠（同济大学，教授）

李东（百川伟业（天津）建筑科技股份有限公司，总工程师）

钢结构施工管理平台在北京丰台站建设项目的应用

中铁建工集团有限公司

一、基本情况

（一）案例简介

该案例以国内首座双层车场铁路站房工程——北京丰台站建设为依托，建立基于"BIM＋GIS技术"的钢结构施工管理平台，通过BIM模型信息自动集成、工厂ERP（企业资源计划）系统自动抓取和施工APP系统自动采集等手段，将多源生产和管理数据集成到钢结构构件和零件中，以信息数据反向驱动前端BIM模型可视化交互，覆盖钢结构从设计、深化、加工、物流、现场、交验等共6个阶段16个环节的精细管理，为工程的19万t钢结构共计11253个构件的建造管理提供了及时、高效的管理途径，节省了1900t钢材，实现了钢结构全生命周期的信息化管控。

（二）申报单位简介

中铁建工集团有限公司成立于1953年，是世界企业、世界品牌双500强企业——中国中铁的全资子公司。目前，集团拥有7大区域总部，2个经营指挥部，16个区域分子公司，6个事业部，形成了投资、规划、勘察、设计、咨询、施工、监理、物业管理一体化的全产业链发展格局和全过程绿色管理体系，年经营规模超2000亿元。累计荣获国家级奖项、专利、工法等荣誉761项，自成立以来先后承接国内外铁路站房300余座，共计荣获鲁班奖、国家优质工程、詹天佑奖等159项国家级奖项。

二、案例应用场景和技术产品特点

（一）技术方案要点

钢结构施工管理平台通过原始BIM模型内信息自动集成、深化图纸和文档手动上传、工厂生产信息ERP系统自动抓取、物流终端自动上传、现场施工APP自动采集和内嵌智慧工地模块等方式，主要用于对钢结构项目构件全生命周期管理。平台以构件为单位，包含了钢结构深化设计、生产加工、构件出厂、构件运输、现场安装、交付验收全过程的管理。适用于基于BIM、GIS的物联网应用，系统可将监控设备、环境监测、人员数据、塔吊数据、基坑监测点数据、大体积混凝土测温数据等集成用于管理。平台支持通过接口获取其他系统数据扩展，实现数据的无缝衔接，多系统数据同步，平台支持将倾斜摄影的GIS数据等清晰展示。

（二）关键技术经济指标与创新点

1. 基于"BIM＋GIS"双引擎的钢结构全生命周期管理平台。平台由目前主流的服务器、网页端、手机 APP 端云平台架构模式组成，采用主流的 MVC 架构，具备由单项目向企业级多项目、多层级应用延伸能力，主框架为 BIM 和 GIS 双引擎热驱动，充分利用 BIM、云计算、大数据、物联网、移动互联网等技术，将现实中钢构件与虚拟平台的模型双向数字孪生，承载站房 40 万 m^2 的 BIM 模型和周围 $6km^2$ 的 GIS 模型在网页上轻量化运行，基于 B/S 端的架构体系，能够使平台通过公网覆盖到各级管理和作业人员，有效提升应用效果。基于平台信息集成与数据结果可视化分析，能提高对钢结构各阶段环节的管控能力，实现随时的信息追溯，并在双引擎基础上，结合现场智慧工地建设的各系统做到同一平台三维集成，打通各独立业务系统间的数据连接和信息复用，扩大平台集中处理业务能力，提高现场的管理和应急响应能力（图 1）。

图 1　平台主界面图

2. 实现与生产和管理业务无缝契合的功能设计。基于平台功能，将钢结构生产和管理重要环节转移到平台内实现，减少额外数据录入工作，使用手机 APP 下沉至每一条焊缝和每一名焊工，以简单的扫码、拍照方式及时采集信息，使项目管理人员对钢结构的生产与管理依托平台做到及时和准确掌控，解决传统管理系统与生产融合不紧密的问题。

3. 实现多源异构数据自动集成与处理。建立每一个钢构件和焊缝的唯一编码，采用的 BIM 模型信息提取和信息自动集成方式包含了各阶段的技术、质量数据，为质量追溯提供保证，实现了多源异构数据的集成与实时分析，并根据现场构件状态信息驱动 BIM 模型和生产设备工作，利用平台管理钢结构深化设计、工厂加工进度和质量、物流运输及验收、现场安装和焊接、竣工交验等具体工作，提高钢结构信息化管理能力和水平（图 2）。

（三）与国内外同类先进技术的比较和市场应用总体情况

目前，国内在钢结构全生命周期管理系统方面的应用较少，部分钢结构公司在工厂内部采用对应管理系统。而本平台采用先进的引擎和多源异构技术，以三维模型作为主要交互界面，相较普遍的二维图标界面更加友好、方便，以手机 APP 端底层数据互通，支持嵌入业务的生产能力，平台支持的文件格式种类达 21 种，其小、中、大等模型轻量化能

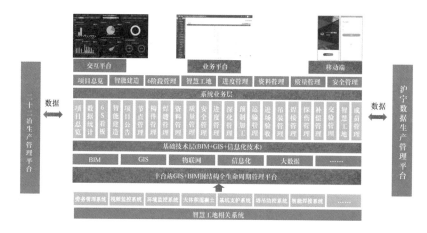

图 2　钢结构平台架构图

力相较同类型产品运行速度更快，在超大模型方面运行优势明显。

在市场应用方面，目前，市场上没有成熟的针对钢结构全生命周期的管理平台产品，部分大型施工企业开始自主研发相关管理平台，但贯穿钢结构全生命周期的平台和案例较少，更多的是以单点和局部应用为主，没有充分利用各阶段和各环节所产生的信息集成。北京丰台站的钢结构施工管理平台在信息的采集和集成度、多级用户的体验交互以及平台与智能设备的对接方面有一定创新。

三、案例实施情况

（一）工程项目基本情况

北京丰台站位于首都北京，具体地理位置为北京市西南三环与四环之间、老丰台站以东 1km 处原丰台东货场内，站房总规模 39.88 万 m^2，站场规模 17 台 32 线，建筑总高度 36.5m，工程总投资 71.8 亿元，为国内首座将高速车场和普速车场重叠布置的高铁站房。站房地上共四层、地下三层，局部设置有夹层，其中地下二、三层分别为地铁 10 号线和地铁 16 号线的轨道站台层（图 3）。

图 3　北京丰台站效果图

北京丰台站钢结构总用钢量为 19 万 t，工程结构形式主要采用框架结构体系，框架柱均为田字形或口形钢管混凝土柱，框架梁采用劲性钢骨混凝土梁，其中最大劲性钢结构柱截面尺寸为 5.2m×3m 和 4.55m×2m，最大劲性钢结构梁截面尺寸为 5.2m×1.0m 和 3.9m×2.9m，单个构件重量大，最大钢结构柱重量可达 70.2t。屋盖钢结构为大跨度异形屋面桁架，分为南北进展厅屋盖与高速场雨棚两部分，采用"钢桁架＋十字形钢柱"结构，屋盖顺轨向为倒三角组合钢桁架，垂轨向为箱型梁，次桁架为三角钢管桁架，屋盖最大跨度 41.5m，四周悬挑 9～16.2m。钢结构工程整体具有构件数量多、尺寸大、节点复杂和施工管理难度高等特点（图 4）。

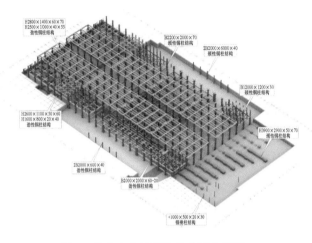

图 4   北京丰台站钢结构分区布置图

（二）实施过程

1. 钢结构 BIM 深化模型导入与初始信息集成。在建立完成钢结构编码体系后，在钢结构深化软件中人为将钢结构编码、焊缝、材质、尺寸等信息赋予到 BIM 模型中，利用 BIM 软件的 IFC 导出功能生成标准 IFC 文件后导入到平台中，实现管理载体由桌面软件端向平台端转化，平台上每个构件有 BIM 模型中的信息作为基础设计信息（图 5）。

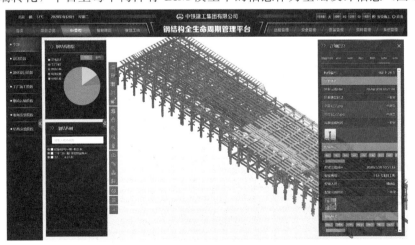

图 5   基于模型构件的信息集成

2. 深化设计进度和成果实时管理。当深化设计人员完成一定构件的深化设计后，在平台中选择相应的构件，将深化设计成果上传至深化阶段的成果管理模块，则该构件的深化完成时间和构件状态自动转变为工厂加工状态。以整体 BIM 模型为背景的平台会将模型变化成不同颜色以此代表构件所处的阶段，管理人员可以宏观了解深化设计进度整体进展，也可以通过构件号或者定位模型查看具体深化设计效果，改变了传统深化设计管理过程中的进度信息滞后、深化设计成果分散不易查看的弊端（图 6）。

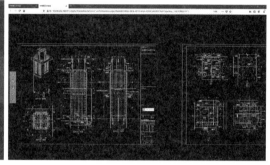

图 6　钢结构平台的深化阶段管理

3. 工厂加工原材料采购和生产管理。在平台研发完成后，建立到钢结构公司 ERP 系统数据接口，以构件编码为唯一检索依据，自动抓取工厂 ERP 系统构件的原材料采购时间、质量证明文件等信息，将抓取到的信息赋予到平台内对应编号的构件上，采用信息三维可视化分析的方式驱动筛选构件，方便管理人员实时了解构件的采购状态。在钢结构下料加工生产环节，使用平台的自动套料和切割模块，可以对批量构件进行基于原材料节约导向的超级算法套料，形成基于钢板规格尺寸的套料切割图。每个构件编号与所在的切割图编号完成对应后，将套料切割图通过工业互联网发送至智能切割终端，将每一张切割钢板信息与切割图关联，则可实现构件与钢板号的信息自动对应，为后续的质量追溯至钢板号提供准确信息。同时，利用数据端口将所有套料图发送至平台上，通过对每张钢板的原材料利用率统计，可最终统计出工程整体的原材料利用率，这也推动了 BIM 套料工作的实现，为材料节约提供实时数据分析（图 7）。

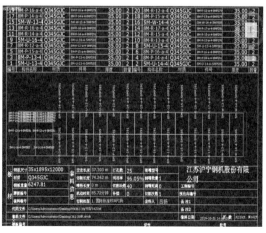

图 7　钢结构工厂阶段管理

4. 钢结构构件出厂管理。在钢结构的出厂环节，所有报验均采用平台的手机 APP 完成。由工厂加工人员向驻场施工和监理人员发起报验，APP 会自动抓取平台系统内已有的报验信息，如合格证、检测报告、二维码等到报验单中，免去信息的二次录入，监理和施工人员可以通过一键验收的方式对出厂构件予以通过。基于此项环节管理，强化钢结构构件的出厂管控，杜绝构件资料不全、非指定工厂加工的问题（图 8）。

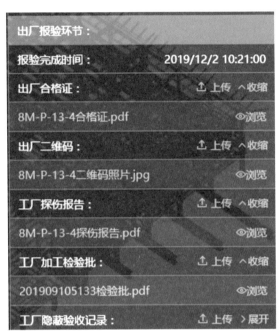 

图 8　钢结构出厂报验管理

5. 构件物流运输实时管理。在构件的物流运输阶段，通过平台实时采集构件所属运输车辆的 GPS 位置和时间信息，在平台内 GIS 模块上以可视化方式生成构件的当前轨迹和历史轨迹。管理人员可以在平台内通过物流阶段的筛选查看处于运输阶段的构件和部位分布，改变传统构件物流运输信息主要依靠电话、层层上报的低效方式，依托实时物流信息可以最大化的减少现场构件堆积所占场地，为构件工厂化加工和到场即吊的施工组织方式提供保障（图 9）。

6. 工程智慧工地集成化三维管理。利用平台的三维模型背景，将基坑自动监测、高支模自动监测、大体积混凝土自动测温系统、群塔防碰撞和吊钩可视化、人员管控系统等点位集成到平台模块内，在平台内实现集成化管控。各系统建立到平台数据接口，管理人员直接在平台内操作处理各模块，其中

图 9　钢结构物流运输管理

视频监控系统通过对现场施工的主要部位全覆盖，24 小时自动记录监控数据，三维操控调取数据。基坑自动监测模块对临近国铁正线、地铁线路的深基坑自动采集高程、位移数值，当发生报警后平台内以突出颜色表达，并推送至主要管理人员手机中，实现及时快速

处理。群塔防碰撞和吊钩可视化功能，可实时了解各塔吊三维运行数据、驾驶员和机械信息，观看吊钩可视化画面和作业画面，及时处理塔吊运行的报警和预警。人员模块将人员的基础信息和出勤情况供应给其他各模块做调用，方便快速调取人员数据等，通过基于三维平台的智慧工地集成管控，方便管理人员对施工现场的动态信息获取，提升智慧工地管控水平（图10）。

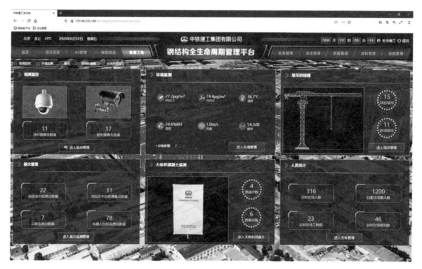

图 10　钢结构智慧工地集成管理

7. 钢结构安全和质量管理。为将钢结构施工过程中产生的安全和质量问题实现闭合管理，各级管理人员在现场发现任何安全或质量问题后，可随时通过平台 APP 端的安全和质量模块，以拍摄照片、描述问题、指定整改人三步走的方式发起待整改问题，并可进一步将问题的空间位置与钢结构 BIM 模型关联，平台实时推送至整改人手机端，由整改人根据问题描述情况，了解问题位置，组织安排整改，并在手机 APP 端拍照上传整改完成情况，发起人对整改情况满意后可进行问题销号。整个管理过程简单易用，能够实现问题的动态清零，改变了目前大多数依赖微信群而导致信息没有归集、分类和易于丢失的弊端。安全和质量管理人员可以定期依托平台的问题分析功能，对问题的类型、发生位置、频次等信息进行分析预判，加强预防措施的投入。

同时，借助 APP 随手拍模式，各级管理人员可以拍摄提交现场的好做法，由主管安全和质量的负责人审核通过后发布到亮点广场模块，供全体技术和管理人员学习、借鉴，也为工程积累优秀施工和管理做法（图11）。

（三）典型做法

1. 强化工厂、现场智能生产设备配备和联网化。不但建设一套完整的钢结构全生命周期管理平台，而且由主要领导牵头与上游钢结构加工厂和现场钢结构施工项目部共同对接，要求对工厂内钢结构切割、焊接、组拼等设备升级换代，以智能化生产设备实现钢结构生产制造。所有生产设备具备联网功能，能够将生产信息、作业任务等信息与控制系统在线传输，也能够通过数据接口形式接入到钢结构平台中，实现数据二次高效利用。

2. 在组织机构上成立专门的 BIM 及信息化中心部门。传统项目管理模式主要是设置

图 11　钢结构安全质量管理

工程技术部、物资设备部、财务部、经营预算部、安质环保部、办公室和实验室等五部两室的组织架构，面向施工生产的人员配备，在智慧化管理等需要跨部门、综合性强的业务方面缺乏相关机构和人才，导致管理效果不佳。因此，通过建立灵活的组织机构模式，在重点项目建立 BIM 及信息化中心，负责推动智慧化建造管理工作，抽调各分子公司具有丰富经验和管理能力的人员担任相关负责人，实现组织架构的创新。

四、应用成效

（一）解决传统钢结构管理手段不足、系统分散信息集中追溯难的问题

通过搭建覆盖钢结构从设计到加工到现场安装等全过程的管理平台，以 BIM、GIS 双引擎为基础，以每个唯一编号的钢构件为管理单元，采用多种方式获取不同阶段信息，统一集成到每一个构件中，在基于精准分级授权管控下，各级管理人员和作业人员可以在平台中快速获取对应构件的详细信息，包括设计变更、深化图纸和模型、加工原材和质量证明文件、物流信息和现场安装信息等（图 12）。

（二）解决传统管理系统信息复用率、准确率不高，依赖人工录入，且与现场实时生产行为脱节的难题

通过 BIM 模型信息直接集成、工厂生产信息和其他现有信息接口互通、以手机 APP 的扫和拍进行信息关联以及少量的人工补录四种方式，全面提高信息获取的方

图 12　构件精细模型及详细信息

便程度和准确性，让分布于钢结构各阶段的信息发挥最大价值，提高信息的复用率（图13、图14）。

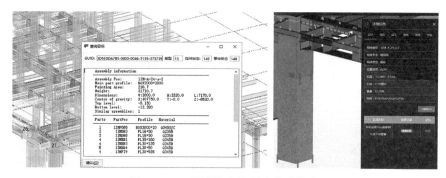

图 13　BIM 模型信息和平台集成信息

图 14　焊工拍照、扫码

（三）解决传统二维管理系统交互体验不佳，效果不直观的难题

在丰台站钢结构管理过程中，根据管理目标要求，可以由构件所包含的数据反向驱动 BIM 模型进行颜色变化、显示与隐藏，以此达到可视化三维空间分析的效果，交互方式更加友好，也为基于平台对钢结构的管理实施打下良好基础（图15）。

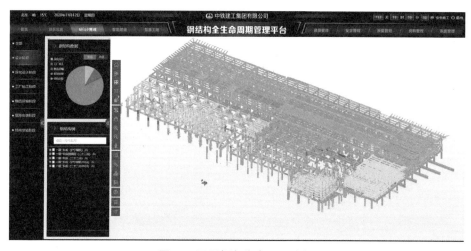

图 15　不同颜色代表不同阶段

（四）解决钢结构深化进度掌控不全，成果共享难的问题

通过平台集成每个构件的深化设计图纸和深化设计模型，通过是否完成驱动整体钢结构模型颜色变换，既可以实时了解整体的深化设计进度分布宏观情况，也可以让管理人员获得每个构件的深化设计成果，提高对深化设计管控能力。

（五）解决总包单位对工厂构件加工原材料利用管理的难题

利用平台管控钢结构工厂每一个构件基于 BIM 的智能套料切割图，并自动接入钢结构工厂 ERP 系统抓取钢材采购信息，通过分析每张钢板的材质信息和原材料利用率，实现汇总分析整体钢结构原材料利用率的目的，节约原材料成本，提高企业社会环保效益。

（六）解决构件出厂报验程序执行力度不够，标准不统一的难题

利用平台 APP 管理出厂报验环节，每根构件必须经过驻场施工人员和监理在 APP 上同意后才允许出厂，杜绝未报验构件出厂现象。

（七）解决物流信息掌控不准，现场临时构件堆场难题

通过建立物流阶段管理模块，可以由平台自动收录构件自出厂后的每个位置信息，实时掌握构件当前位置和预计到场时间，减少重复沟通，为现场生产安排打下基础。实现到场即吊，最大化减少构件现场堆积所占的场地，同时，基于历史轨迹的追溯，可以确保每根构件均为指定工厂生产，杜绝构件委外加工现象。

（八）解决现场安全、质量隐患检查与整改落实难的问题

通过手机 APP 拍照发起问题，并指定整改责任人的问题发起和记录模式，改变目前大多数习惯于微信群沟通，信息没有归集的弊端。同时，管理人员通过平台功能对现场好做法随施工进行记录收集，定期由专人将其发布在亮点广场，全体管理人员可以学习其好做法，实现知识分享和总结的目的。

执笔人：
中铁建工集团有限公司（董无穷、吴长路、许慧、蔡文刚、武向阳）

审核专家：
赵宪忠（同济大学，教授）
李东（百川伟业（天津）建筑科技股份有限公司，总工程师）

北京首开智慧建造管理平台
在苏州湖西星辰项目的应用

北京首都开发股份有限公司
北京建科研软件技术有限公司

一、基本情况

(一) 案例简介

北京首开智慧建造管理平台是北京首都开发股份有限公司站在建设单位角度打造的"互联网＋项目管理"综合管理平台，平台充分利用了大数据、云计算、BIM、GIS、移动互联网、物联网等新一代信息技术，是一个贯穿工程项目规划设计、建设施工、竣工验收全生命周期的信息化管理平台。平台的上线运行实现了公司各项目建设的降本增效，提升了传统项目建设中复杂数据信息智慧管理的水平。

(二) 申报单位简介

北京首都开发股份有限公司是拥有 30 多年开发经验的大型国有房地产上市企业。主持开发的国家体育馆、奥运村、奥林匹克水上公园等项目获鲁班奖、詹天佑奖。截至目前，公司资产总额超过 3000 亿元，年销售额超过 1000 亿元，累计竣工面积逾 5000 万 m^2，年开复工面积超 2000 万 m^2。

北京建科研软件技术有限公司（以下简称"建科研"）成立于 2002 年，是专注于建筑行业信息化的软件公司，产品涉及政府监管、智慧工地、工程造价、标准服务、工程资料五大板块。公司先后承担了 3 项国家级平台建设，参编了 18 本国家、地方标准，完成了数十项重点工程建设项目的"智慧工地"建设。公司以"做建筑行业信息化持续领跑者"为目标，坚持为客户提供"专业、智能、实用、高效"的产品与服务。

二、案例应用场景和技术产品特点

(一) 技术方案要点

北京首开智慧建造管理平台基于大数据、云计算、BIM、GIS、移动互联网、物联网等新一代信息技术，采用"云平台＋移动智能终端（APP）"的设计架构，由智慧建造、智慧监管、智慧考评三部分组成（图 1）。

北京首开智慧建造管理平台主要由智能采集层、通信层、基础设施、数据层、应用层组成。平台覆盖项目建设的全生命周期，解决了项目建设多主体参与，协调难；项目分布广，管理难；项目数据分散，聚合难；缺少量化标准，评价难等建设工程行业问题。通过信息化、数字化和智慧化的集成建造和数据互通，实现智慧建造。

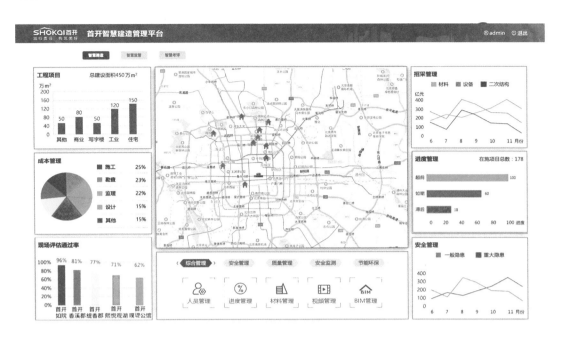

图 1　北京首开智慧建造管理平台全览图

（二）关键技术和创新点

1. 依托中国工程建设标准服务平台，囊括国家标准、行业标准、地方标准、协会标准在内的 9337 本工程建设标准规范，并进行实时更新，北京首开智慧建造管理平台将所有标准规范拆分到分部分项，标准的信息化支撑北京首开智慧建造管理平台建设（图 2）。

图 2　中国工程建设标准服务平台

2. APP 内置制式的表格和量化考评标准库（图 3）。制式的表格在 APP 中并不是以表格形式存在，APP 中输入相关内容后通过后台自动生成对应的资料表格；内置完整的量化考评标准库，考评专家通过 APP 即可进行现场考评，建立了一套智慧化考评机制，实现各在建项目量化考核。

图 3　APP 内置制式的表格

3. BIM 与工程资料挂接（图 4）。平台实现将 BIM 挂接工程资料，精准定位施工工序与相关资料之间的关系，建设方可通过 BIM 模型查看资料，实现后期高效运维。

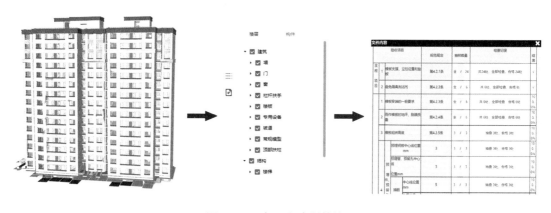

图 4　BIM 与工程资料挂接

4. 创新建设单位监管模式。平台针对监管方式落后、监管效率过低、对监管对象扰动过大和监管效果差等建筑行业施工现场监管的痛点，自主研发建筑行业专用智能眼镜（图 5、图 6），有效提高建设单位监管效率、提升监管水平。

图 5　创新监管模式

图 6　创新监管架构图

（三）产品特点

1. 平台实现公司在建工程从开工到竣工的全过程、全生命周期智慧管理。构建项目全生命周期管理系统的框架结构，实现不同阶段不同工程项目跟踪和转化管理，完善数据分析管理功能，实现全公司在建项目全生命阶段信息互联互通，提高公司项目各阶段信息传递效率，对项目进行精准调度管理，为不同项目重点推进情况月度通报、季度分析和全年考核，提升公司在建项目管理效率和服务水平。

2. 平台实现公司在建工程全业务覆盖智慧管理。涵盖所有在建项目综合管理、安全管理、质量管理、安全监测、节能环保、考评管理等模块，聚焦工程施工现场，真正做到事前预警，事中常态监测，事后规范管理，实现更安全、更高效、更精益的工地施工管理，打通从一线操作到远程监管的数据链条，提升建筑工地精益生产管理水平，实现公司在建项目的数字化、精细化和智慧化生产目标。

3. 平台实现公司在建工程全主体多层级人员参与智慧管理。实现项目全主体参与包括建设、施工、勘察、监理、设计、第三方考评机构、检测单位、材料供应商等参与方协同建设，围绕施工过程管理，建立互联协同，实现多主体、多层级智慧管理。

（四）应用场景

北京首开智慧建造管理平台实现公司各在建项目全过程、全主体、全业务覆盖、全技术支撑的智慧建造；依托智能眼镜实现智慧远程监管；依托完整的量化考评标准库建立各项目智慧考评机制，极大提升施工管理水平，主要在公司房建、市政、轨道交通等不同类型的工程项目中应用。

三、案例实施情况

（一）案例基本信息

北京首开智慧建造管理平台是北京首都开发股份有限公司站在建设单位的角度打造的"互联网＋项目管理"综合管理平台。平台于 2019 年 12 月上线运行，截至 2021 年 5 月已经积累管理 178 个项目，其中在建项目 84 个。采用"云平台＋移动智能终端（APP）"的设计架构，由智慧建造、智慧监管、智慧考评三部分组成。

（二）平台主要应用

1. 智慧建造

应用首开智慧建造管理平台对公司各在建项目进行全过程、全业务、全主体的实时管理，实现各项目人员管理、安全检查、安全验收、风险管控、质量检查、质量验收、监理旁站、进度管理、环境监测等智慧化管理（图 7）。

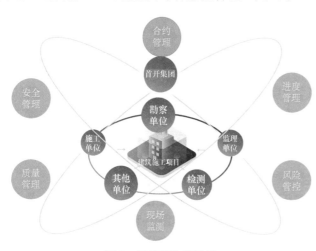

图 7 智慧建造模块图

（1）人员管理。通过平台实现对各在建项目劳务人员进行实名制管理。工程项目相关负责人对进入施工场地的人员进行实名制登记，包括项目管理人员、各参建单位、各劳务分包单位等。将各类人员信息，如所在单位、班组、工种等信息录入备案，平台自动生成劳务人员电子花名册，实现进入施工现场的人员考勤电子化管理。公司可实时进行各项目劳务用工监测，有效落实建设单位劳务实名制管理（图 8）。

（2）安全检查。针对各在施项目，建设、施工、监理单位管理人员利用安全检查 APP，依据《建筑施工安全检查标准》JGJ 59—2011，面对建筑施工安全 10 大分项、19 个子项开展日常检查、专项检查、量化考评工作，平台自动形成相应的安全资料表格、自动汇总形成安全评价分数。同时，针对检查过程中发现的隐患问题能够选择相应的检查及整改依据，录入隐患详情，上传隐患照片，确定责任人及整改截止时间。责任人能够通过手机接收相应检查信息，整改完成后现场整改人员通过手机 APP 反馈整改结果，检查人完成复查实现隐患闭合。通过安全检查模块的应用，有效落实了建设单位安全管理责任（图9）。

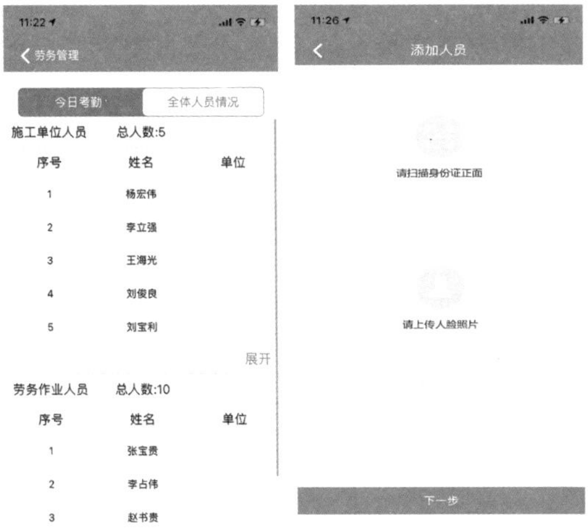

图 8 APP 人员管理    图 9 安全检查 APP 图

通过手机端 APP 进行施工现场的日常、专项安全检查工作，平台可自动汇总并记录整个检查过程，建立安全检查台账，导出数据报表。

（3）安全验收。使用 APP 对施工现场进行安全验收工作。APP 内置建筑施工安全方面需要验收的项目及对应的标准规范内容，其标准规范内容与中国工程建设标准服务平台联动，可实时更新。选择相应的安全验收类型（生活区、办公区、脚手架、模板支撑体系、安全防护、临时用电、塔式起重机、起重吊装、机械安全），平台自动显示相应的验收规范。APP 将展示对应验收内容，输入验收内容形成验收记录，平台能够对验收记录进行汇总，并生成相应表单，涉及流转的可以在平台上流转，最终导出、打印（图10）。

图 10 安全验收 APP 图

通过安全验收模块的使用，公司可查看该项目施工单位、监理单位或项目安全验收记录，安全验收按验收结果和安全验收分项进行统计分析展示，公司和项目分别统计验收数量和不合格数量，自动计算合格率，可进入分公司或项目查看详细情况，针对在施项目可实现全面掌控。

（4）风险管控。首开智慧建造管理平台风险管控体现"将风险管控在隐患前面，把隐患管控在事故前面"的安全管理思想。建设单位权限分别统计风险级别对比、风险变化趋势、风险因素对比、专业类别对比，点击统计数据可查看详细信息。结合平台内置风险源数据库，再根据首开自身情况增减风险库清单形成首开的自身风险库。

首开智慧建造管理平台可按风险等级、风险分类、风险因素、风险源等筛选查询，查看风险详情及管控措施、技术措施、管理措施和应急措施。

（5）质量检查。系统内置了建科研开发的中国工程建设标准服务平台，国标、行标、地标等工程质量管理相关标准，可按分部分项分类显示。平台包含随机检查、分项检查、专项检查，系统自动汇总检查结果。

现场日常检查可直接选择分部分项，平台自动关联对应规范条文。发现问题直接拍照取证，然后设置部位、选择依据的标准条文，对不合格项定人、定时布置整改，质量检查责任人与劳务管理挂接，将违章人员推送至劳务管理模块中，实现劳务管理中奖惩管理可追溯。平台汇总，定性、定量给出检查结果。平台可按照分公司和项目分别统计验收数量和不合格数量，实现质量实时监控及可追溯。

（6）质量验收。按照《建筑工程施工质量验收统一标准》GB 50300—2013 的要求，APP 内置房屋建筑工程规定的分部、分项以及检验批项目，每个检验批项目的主控项目和一般项目的验收内容内置在软件中，选择对应的检验批开展现场验收，质检人员可以通过手机 APP 实现检验批的快速验收，将一般项目中的允许偏差项目标注在平面图上形成原始记录。平台根据 APP 现场采集的数据自动生成检验批验收资料表格，并形成对应原始记录，能够导出打印（图 11）。

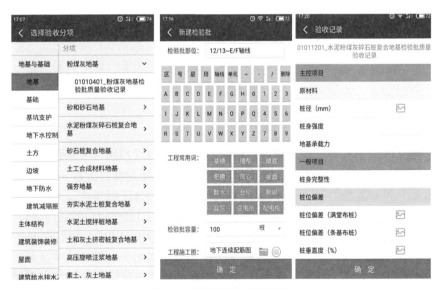

图 11　项目质量验收流程图

（7）监理旁站。APP 内置常用旁站项目，人、机、料、法、环旁站内容，旁站时间自动计时。APP 现场录入旁站信息，将监理旁站工作标准化。

（8）进度管理。平台将各项目出±0、结构封顶、装修等关键节点设置为里程碑管理节点，对比实际进度与计划进度，对超过里程碑节点制定相应的进度保障措施以及奖罚政策，实现对里程碑精准管理，对于项目交付起到了至关重要的作用（图12）。

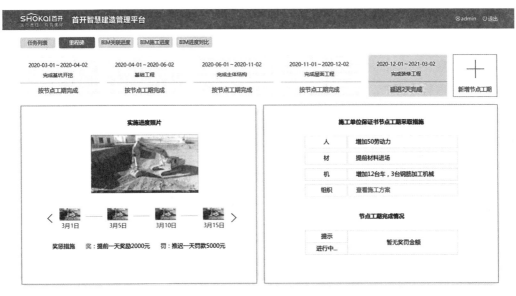

图 12 进度里程碑管理图

（9）环境监测。在平台端和 APP 端可查看分公司和项目 PM2.5、PM10、噪声、气温、污染物浓度等环境监测数据的统计分析，各项目现场环境数据实时掌握。PM2.5、PM10 超标时可自动启动现场喷淋系统，对于公司绿色文明施工起到至关重要的保障作用（图13）。

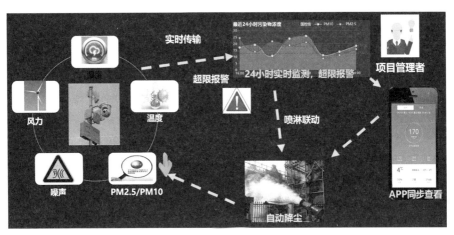

图 13 环境监测管理流程图

2. 智慧监管

智慧监管业务依托于智能眼镜得以实现。智能眼镜使用新一代无线视频传输技术和人脸识别技术，与首开智慧建造管理平台移动端相结合，实现手机无线网络和后台视频联动。

智能眼镜将各施工现场巡检画面实时回传，现场巡检人员与后端支持人员、公司管理人员双向连通，实时交流。现场巡检人员通过视频记录现场巡检画面和问题，后端支持人员、公司管理人员可通过视频画面针对发现的问题提出更准确的隐患判断和整改要求，最大程度保证现场隐患不被遗漏，有力提升现场巡检工作成效。尤其是在新冠疫情期间，减少人员流动，不仅有利于控制新冠疫情传播，也节省大量差旅成本和时间成本（图14）。

图 14　不同项目平台端远程监管

公司各部门管理人员对该现场施工进行检查。部门管理人员现场发现安全问题，通过智能眼镜抓拍照片，自动生成安全检查记录。智能眼镜还可识别多种安全隐患，识别到隐患后自动上传云平台，对于安全隐患数量多的项目有针对性的管理。

3. 智慧考评

首开智慧建造管理平台引入第三方考评机制，企业公示排名并采取末位淘汰制度，有效推动参建单位主动落实主体责任，提高集团建设工程项目安全质量保障能力，实现项目供方量化考核。

考评专家使用 APP 进行现场考评，手机 APP 内置完整的量化考评标准库，考评专家通过 APP 即可现场考评数据形成记录，对隐患整改情况进行复查，自动计算汇总考评得分（图15）。

图 15　项目 APP 应用流程图

项目统计第三方考评的得分和隐患数量，形成排名（图16）。

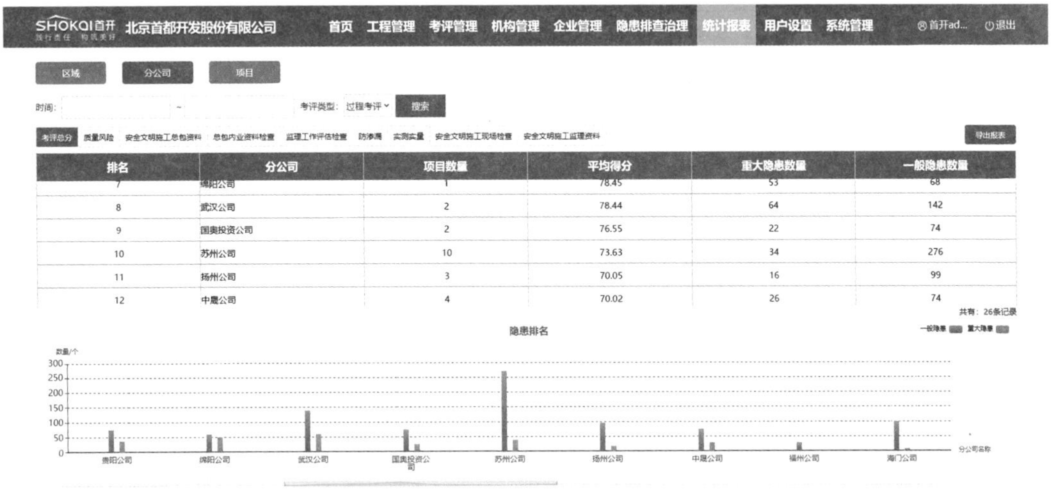

图16　第三方考评结果图

四、应用成效

（一）解决的实际问题

北京首都开发集团有限公司利用北京首开智慧建造管理平台建立智慧建造、智慧监管、智慧考评三大业务子系统，实现了施工项目信息采集现场化、数据记录真实化、信息传递扁平化、管理考核可量化、现场管理实时化等智慧管理。切实解决行业四大难题：一是解决施工、监理、勘察、设计均为独立主体，工作协调难的问题。二是各在建项目数据存在于不同主体，缺少统一承载工具，数据分散、聚合难的问题。三是解决项目分布全国各地，质量、安全监管难度大的问题。四是解决针对施工、监理等参建单位，缺少统一考核标准与手段，量化考核难的问题。

（二）应用效果

1. 提升项目管理水平。北京首开智慧建造管理平台固化和业务流程优化，落实内控建设要求，极大地提升项目五方责任主体专业化协同，实现项目设计、生产、监管、运维的标准化和流程化，减轻各部门人员的工作负担，降低企业运行风险，提升公司整体管理水平。

2. 打通信息孤岛。北京首开智慧建造管理平台的使用，达到各项目部门之间数据共享与交换，将分散、独立存在的海量数据变成有价值的项目管理信息，使公司管理人员能够充分掌握、利用这些信息，辅助进行项目管理决策，消除了信息孤岛，整合人、财、物及信息等资源。依托业务流程的标准化、规范化，加强施工过程控制，避免人为因素造成的安全、质量问题，通过实时数据抓取和数据分析，形成了集中、共享的协同工作平台，提升整体工作效率。

3. 提高监管效率。智能眼镜的使用，拉近地域空间，消除地理位置的影响，减少管理中间环节，提高公司远程监管效率。新冠疫情期间有效预防、及时控制和消除新冠肺炎的危害，减少人员流动，推进项目施工进度，解决新冠疫情下工程监管所面临的难题。实现远程监管，远程技术指导，自动识别隐患等智慧管理，监管频次增加，成本不增加，效果倍增，同时减少约 5.8 万元/人的年度差旅成本，达到云端监管的效果。同时，利用平台集成的各类传感器，通过智能设备代替人工进行全天候 24 小时监控，第一时间推送预警报警信息，提升传统人工管理效率 50％以上，同时填补人工无法监控以及危险的场景。

4. 降低管理成本。智慧考评已在北京首都开发股份有限公司所有开发工程项目第三方质量、安全考评工作中使用，公司、分公司质量安全管理人员、第三方机构考评专家、项目监理单位和施工单位质量安全管理人员全面使用平台和 APP。通过平台已经进行 6 次工程建设项目考评，降低管理成本，提高工程质量验收合格率，提升公司工程建设管理水平和公司品牌的美誉度，效益明显。

利用"APP＋平台"方式进行考评管理，可以提高考评工作现场检查、复查、评分计算的效率，减少考评管理工时。2020 年度在施 178 个项目标段，按照每月 4 家考评单位各完成一次考评任务，对所有项目标段做一次考评。每个标段每次考评、复查和评分计算 2 天时间，其中异地项目 93 个。每个项目标段每次考评需要土建、水、电至少 3 位考评专家。使用平台后，每次考评减少到 0.5 个工日。其中本地考评每工日 300 元，异地考评每个工日 600 元。节支总额估算：异地考评：600 元×0.5 工日×3 人×4 次×93 个项目＝334800 元；本地考评：300 元×0.5 工日×3 人×4 次×85 个项目＝153000 元；节支总额：334800＋153000＝487800 元，经济效益显著。

执笔人：

北京首都开发股份有限公司（胡瑞深、周革、包继丰、王立学）

北京建科研软件技术有限公司（王玉恒）

审核专家：

赵宪忠（同济大学，教授）

李东（百川伟业（天津）建筑科技股份有限公司，总工程师）

复杂空间结构智能建造技术在国家会议中心二期项目的应用

北京建工集团有限责任公司
北京市建筑工程研究院有限责任公司

一、基本情况

（一）案例简介

针对国家会议中心二期项目复杂空间结构施工，北京建工集团有限公司总结多年大型土木工程结构健康监测工程经验，引入 BIM、云计算、云存储、人工智能等多项新技术，自主研发大跨重载结构卸载过程监控系统及基于北斗系统的曲面滑移监测系统，在此基础上创新应用三维激光扫描及建筑机器人，形成一套适用于复杂空间结构的智能建造技术，保障施工精度及安全，有利于提升复杂空间结构体系设计、施工及运营水平。

（二）申报单位简介

北京建工集团有限责任公司成立于 1953 年，是全球 250 家最大国际工程承包商、中国 500 强企业。在建筑行业信息化不断发展的浪潮中，公司积极推动信息技术与工业自动化的深度融合和落地应用，重点攻关建筑信息化研究应用、装备智能化应用，将建筑信息化、智能化技术在公司全产业链推广。

北京市建筑工程研究院有限责任公司成立于 1956 年，是原北京市建工局下属科研单位。公司主要从事建筑结构施工、工程施工机械、工程防水与施工、工程保温材料、桩基地基基础检测、工程检测与建筑工程司法鉴定、建筑节能等建筑工程应用技术及产品研究开发。2000 年正式转制为北京市高新技术企业，2008 年成为中关村高科技企业，是北京建工集团有限公司下属的一所多学科、综合性、自主开发型建筑科技企业，也是北京市重点科研院所之一。

二、案例应用场景和技术产品特点

（一）技术方案要点

复杂空间结构智能建造技术以大跨重载结构卸载过程监控系统及基于北斗系统的曲面滑移监测系统为主，辅助应用三维激光扫描及建筑机器人，集 BIM 技术、云平台技术、"互联网＋"等技术于一体。

总体思路参照"人体神经系统"，采用无线传输技术、太阳能功能、低能耗光电仪器等硬件，以及数据云存储、云计算等软件，自主开发用于大跨重载结构卸载过程和曲面滑移的三维可视化动态监测平台，采用模块化设计，包括传感器系统、数据采集系统、数据库管理系统、安全预警系统、安全评估系统、三维可视化动态显示系统。每个系统模块完成一个特定的子功能，获取施工阶段各工序下结构全尺度、全时段、高精度的实测数据，解决了传统建造模式中存在的依赖于管理者和技术人员的经验、缺乏科学系统的方法、时变性高等问题，为建筑工业化转型和发展提供解决思路（图1）。

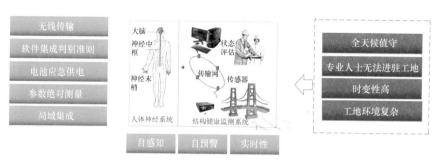

图1　总体思路

大跨重载结构卸载过程监控系统采用自动化数据采集系统方式，综合应用BIM技术、云平台技术、"互联网＋"技术相结合的全自动监测系统，通过与数值模拟模型对比分析获取结构全过程安全状况分析与评定，定量控制卸载施工的安全和质量，以无线监测为主建立结构健康监测系统，集成安全评估方法和应急响应策略，实现钢结构长期监测和数据分析。

基于北斗系统的曲面滑移监测系统采用无线传输、太阳能、云存储等新技术，具有毫米级定位精度、双天线高精度航向测量等特点，可实现屋盖滑移全过程变形控制，保证施工顺利进行，且结构变形和拉索内力均满足设计规范要求，在结构监控与评估、设计验证和研究等方面具有重要意义。

三维激光扫描模拟预拼装，保证钢桁架构件的加工精度，并可对钢结构安装成果进行三维激光扫描变形监测，校核施工安装误差，确保结构质量安全。此外，应用焊接机器人进行弯曲箱型构件焊接作业，采用了埋弧自动焊行走轨道改装技术，解决了弧状箱型构件焊缝外观质量不稳定难题。

（二）创新点

1. 自主研发大跨重载结构卸载过程监控系统，实现结构全尺度、全时段、高精度实测。通过开发无线传输和云存储的自动化监测平台，研发与应用自感知自预警智能台架，采用自动化监测平台和自动报警预警APP相结合的方法实现台架使用过程中的报警预警，获取施工过程中关键受力构件应力的演化规律，数据采集到判别反馈的时间间隔小于30秒，采样频率可达上千赫兹。系统可定量和全天候值守，实现数据实时显示和自动报警，获取结构卸载全过程的关键数据，为施工安全提供坚实的数据支撑，为钢结构施工监测提供了新的解决办法。

2. 自主研发基于北斗系统的曲面滑移监测系统，实现秒级响应、毫米级精度。北斗系统具有毫米级定位精度、双天线高精度航向测量等特点，采用组合导航算法，自动化获取滑移全过程位置信息，实现对屋盖滑移全过程实时监测，为后期结构变形监测提供有效依据。

3. 采用焊接机器人应用于弧形杆件，实现弧状箱型构件精细外观焊接。针对弯曲箱型构件的形式，对常规埋弧自动焊行走方式进行改装，克服了常规小车埋弧自动焊无法焊接弧形箱体杆件的困难，解决了弧状箱型构件焊缝外观质量不稳定的难题。采用焊接机器人进行施工可以减少人工，提升施工效率。

（三）竞争优势

与传统的复杂空间结构施工过程监测及国内外类似监测技术相比，北京建工集团有限公司对复杂空间结构智能建造技术的应用研究，利用物联网等技术实现了相关参数的采集、传输、存储、分析和反馈的自动化，并可通过三维可视化平台进行直观展示，利用北斗系统有效解决因卫星信号失锁导致的定位结果中断等问题，进一步优化了在楼群、隧道和高架桥等复杂环境下定位定向输出的连续性和可靠性，形成了一套系统的适用于复杂空间结构体系的施工过程监测与运营健康监测方案。国内外的类似技术往往只能实现系统平台的一个部分，如数据为人工采集、显示为图表显示等，对于施工过程运营控制有所欠缺。

（四）应用场景

复杂空间结构智能建造技术适合超大、超长、超高、超复杂的工程施工控制，在现代体育场馆、展览馆、航站楼、高铁站中可得到广泛应用，施工过程监测与运营健康监测方案也可为楼群、隧道和高架桥等复杂环境下的施工过程监测与运营健康监测提供有效的技术支撑及系统的技术指导案例。

三、案例实施情况

（一）案例基本信息

复杂空间结构智能建造技术的应用以项目为例，项目位于北京市奥林匹克中心区，总建筑面积 408408.2m^2，功能定位是国家"一带一路"倡议的落地平台，首都"国际交往中心"的核心项目，同时也是冬奥工程，承担 2022 年冬奥会期间的 MMC（主新闻中心）转播功能，是所有冬奥场馆中开工最晚、体量最大、任务最重的项目（图 2）。

图 2　项目效果图

项目地上采用超长大跨重载多转换复杂结构体系，为长 456m，宽 144m，高 45m 的纯钢结构；屋面结构采用超长上凸式张弦杂交拱壳结构形式，整个屋盖结构长度为 252m，跨度 72m，最高点 51.850m，总重约 7000t；项目整体工期紧，施工难度较大（图 3）。

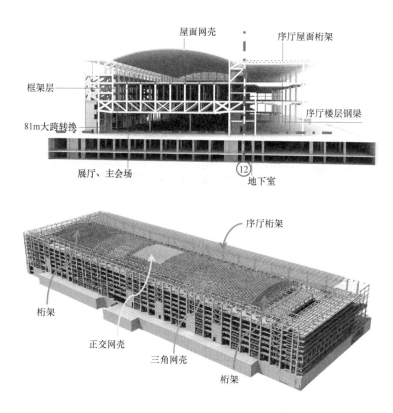

图 3　项目复杂空间结构示意

（二）实施内容

1. 大跨重载结构卸载过程监控系统。国家会议中心二期项目采用超大无柱空间卸载是国内首次大面积楼板混凝土共同参与受力的钢桁架卸载，通过自主研发大跨重载结构卸载过程监控系统，布置多达 403 个位移、应力等监测点，实现数据实时采集、传输、存储和分析功能，通过实测数据与数值模拟模型对比分析，获取结构全过程安全状况分析与评定，并通过对施工阶段各工序以及服役阶段各时间维度下的结构全尺度、全时段、高精度实测，为施工安全提供坚实的数据支撑（图 4）。

（1）监控系统功能。大跨重载结构卸载过程监控系统以 BIM 技术为依托，集成了安全评估方法和应急响应策略，可定量把控卸载施工的安全和质量；通过 4G 传输至云端存储和分析，当卸载过程中出现异常时，客户端可实现报警预警（图 5）。

（2）监测点布置与数据采集。选取主次转换桁架应力及变形较大的弦杆和腹杆、钢柱及临时支撑进行应力监测，现场监测点布置多达 403 个，获取各项数据，并与安全预警系统、安全评估系统进行数据交换，提供所需的各类报告和信息（图 6、图 7）。

图 4　项目卸载施工监测平台图

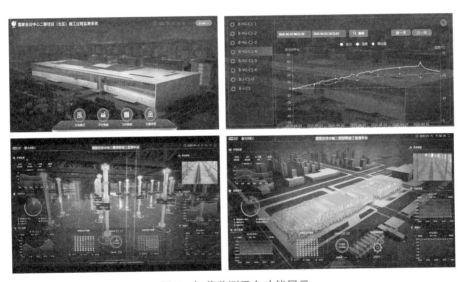

图 5　卸载监测平台功能展示

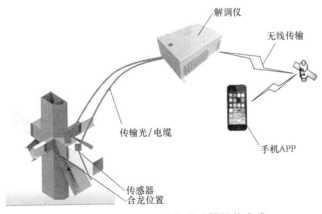

图 6　数据采集系统与传感器通信方式

图 7 监测系统安装

（3）数据对比分析。在施工过程中，通过日常监测获取结构杆件的应力和变形相应数据，再通过实际检测结果与仿真计算结果相比较，验证仿真计算的准确性，保证施工过程中结构安全和施工质量（图 8）。

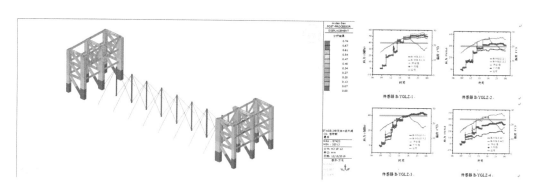

图 8 数据对比分析

2. 基于北斗系统的曲面滑移监测系统。本项目屋面为超长上凸式张弦杂交拱壳开合屋盖结构，项目自主研发的基于北斗系统的曲面滑移监测系统实现了秒级响应、毫米级精度，自动化获取滑移全过程位置信息，实现了索承网壳从加工至最终完成的全过程变形控制，施工精度远高于国家规范要求，并形成一套系统的适用于该种新结构体系的施工过程监测与运营健康监测方案，为类似工程的设计、施工、运营提供借鉴，使公司在以后类似项目的竞争上处于有利地位，掌握主动性（图 9）。

图 9　基于北斗系统的曲面滑移监测系统

（1）监测系统功能。监测系统包括传感器系统、数据采集系统、数据库管理系统、三维可视化动态显示系统、安全预警系统、安全评估系统。其特征在于：可实现各监控传感器数据实时采集，接收到的数据如果有异常，通过多种手段报警（弹出告警窗口、邮件、短信等），并将数据上传到云服务数据中心，监测中心根据接收到的大量数据对传感数据进行显示并进行数据分析、安全评估与预警（图 10）。

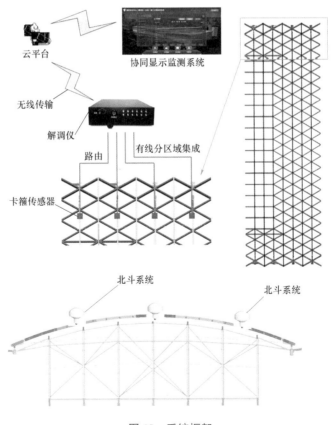

图 10　系统框架

（2）监测系统实施。通过仪器选型、仪器标定、安装和保护、线路优化布置等环节，确保仪器的精准安装（图11）。

图11　系统安装

（3）数据对比分析。北斗监控系统在正常工作状态下采集数据稳定正常，所有测试点位均能看到数据随着拉索施工的变化而变化。在整个拉索变化过程中水平一直处于0mm位置上下波动状态，波动差值为毫米级别；拉索二次张拉相对起拱值定量可控，实测数值与理论分析相差3％，张弦梁拉索施工控制良好（图12）。

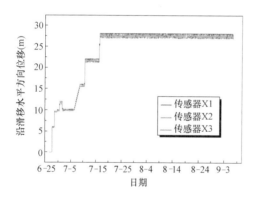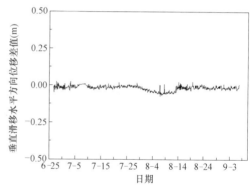

图12　数据对比

（4）结构健康监测。在结构运营期，将BIM技术与结构健康监测技术结合，把结构健康监测获取的结构健康状态信息加入到BIM（建筑信息模型）中，可以直观、形象显示结构的健康状态，便于及时识别结构整体与局部的变形、腐蚀、支撑失效等一系列的非健康因素和采用措施，可以更加全面、有效进行结构运营期的管理。

3. 三维激光扫描及建筑机器人

（1）三维激光扫描模拟预拼装。对工程14.2～20m桁架层全部采用工厂三维激光扫描模拟预拼装，保证钢桁架构件加工精度，并对钢结构安装成果进行三维激光扫描变形监测，校核施工安装误差，确保结构质量安全（图13）。

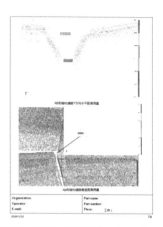

图 13　三维激光扫描技术应用及数据处理

（2）焊接机器人焊接弧状箱型构件。国家会议中心二期项目焊接质量要求高，焊接填充量巨大，钢柱最大截面 2.2m×2.2m，钢梁最大截面高度 2.3m，最大板厚 80mm，屋顶花园拱壳弧形箱体杆件累计焊缝长度 22000 多米。针对项目现场焊接特点，选用锂电池有轨焊接机器人进行大截面厚板焊接作业。针对本工程弯曲箱型构件的形式，改装了小车式埋弧焊的轨道系统，形成了弧状箱型构件精细外观焊接技术，克服了常规小车埋弧自动焊无法焊接弧形箱体杆件的难题，解决了弧状箱型构件焊缝外观质量不稳定的难题。

焊接机器人的效率是手工焊的 3 倍，大大提升了施工效率，可完成高效仿人工行走焊接，焊缝成型后，外观平整一致且无需打磨，UT 检测合格率可达到 95%，促进建筑钢结构焊接技术升级，改变现场焊接管理（图 14）。

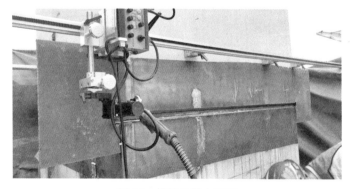

图 14　焊接机器人应用

四、应用成效

(一) 解决的实际问题

随着现代建筑对功能性和美观性的要求不断提高,复杂多样的建筑不断出现,给施工带来巨大挑战。针对复杂空间结构的施工过程监测和结构运营健康监测是建筑行业面临的重大难题,国内外相关技术在数据采集、数据显示等方面均有所欠缺。

为解决建筑行业这一问题,北京建工集团有限公司从实际需求出发,通过物联网和云平台的引入,实现数据采集、传输、存储、判定和反馈的自动化,并通过三维可视化平台进行展示,定量把控重要施工过程的安全性,并通过实测数据与仿真计算结果的对比确定施工质量,实现质量落地的有效可控,在结构运营期,将结构健康监测获取的结构健康状态信息加入到建筑信息模型中,直观形象地显示结构的健康状态,该施工过程监测与运营健康监测方案可为类似工程建设提供参考借鉴。

(二) 应用效果

1. 经济效益。一是采用施工现场锂电池有轨焊接机器人,UT 检测合格率可达到95%。二是自主研发大跨重载结构卸载过程监控系统、基于北斗系统的曲面滑移监测系统为项目施工安全提供坚实的数据支撑,避免施工风险,减少安全隐患带来的施工成本。三是利用新技术实时、全过程、自动传输等特性实现了传统监测手段无法实现的精度及时效要求。四是力学分析、结构优化及结构健康监测系统应用的过程及方式具有潜在长期经济效益。

2. 社会效益。一是施工现场自动焊接技术的应用,减少对高级焊工的依赖,提高焊接效率及焊接质量,促进建筑钢结构焊接技术的升级,改变现场焊接管理模式,应用前景广泛。二是实现对屋盖施工的全过程实时监测,提供了此种结构形式滑移全过程的关键数据,并为后期结构变形观测提供有效依据,避免人工操作的安全隐患、精度误差及延迟,为钢结构施工监测提供新的解决办法。三是与现有各类技术相比,本项目采用的智能建造技术可促进复杂空间结构体系设计、施工及运营水平的进步提高,融合减员增效、精益建造理念,为建筑工业化发展作出贡献。四是项目智能建造技术的应用,可为超大、超长、超高、超复杂的现代体育场馆、展览馆、航站楼等建筑的施工提供可复制推广经验,施工过程监测与运营健康监测方案也可为楼群、隧道和高架桥等复杂环境下的施工过程监测与运营健康监测提供有效的技术支撑及系统技术指导。

执笔人:
北京建工集团有限责任公司 (陈硕晖、齐翰、郭婷婷、张琴)
北京市建筑工程研究院有限责任公司 (兰春光)

审核专家:
赵宪忠 (同济大学,教授)
李东 (百川伟业 (天津) 建筑科技股份有限公司,总工程师)

"品茗"智能安全防控系统在阿里巴巴北京总部建设项目的应用

杭州品茗安控信息技术股份有限公司

一、基本情况

（一）案例简介

智能安全防控系统聚焦阿里巴巴北京总部建设项目现场安全管理过程，基于视频流和物联数据，结合多重智能化算法，对实名制出入口、塔机运行区域、电梯井口、楼层临边、基坑周边、物料堆场等关键施工场所，从安全角度进行全方位识别和管控。系统涵盖高速识别工人出入场、群塔动态三维防碰撞、工人安全着装、危险区域预警、火灾、物料防盗等多个场景，并联动相应的报警机制，一方面项目管理方可提前预知各类安全隐患并及时采取应对措施，另一方面现场智能系统会直接响应，如关闭闸机、停止塔机运行等，可避免安全问题发生或扩散，从而实现现场安全管理的主动防控和降本增效。

（二）申报单位简介

杭州品茗安控信息技术股份有限公司（以下简称"品茗"）成立于2011年，多年来一直深耕工程建设信息化领域，是数字建造技术和产品提供商。业务涵盖造价软件、施工软件、BIM软件、智慧工地、数字教育、智慧监管、基础设施等，以科技提升建筑生产效率。公司拥有170多项具有核心技术的专利权及软件著作权，在人工智能分析调度引擎、塔机安全辅助技术、数字建造中台体系关键核心技术等方面具有一定优势。

二、案例应用场景和技术产品特点

（一）技术方案要点

智能安全防控系统应用层包括三大应用，即无感考勤系统、塔机安全监控系统和慧眼 AI 系统，技术层为磐石中台。

无感考勤系统基于人脸识别技术，运用高清摄像头取代传统人脸识别仪，结合前置服务器算力，可快速检索人员身份，3~5m 即可实现多人智能识别（图1、图2）。

慧眼 AI 系统以前端视频流为基础，将工地安全场景分为"安全着装""周界安防""火灾预警""防疫监测""升降机人员安全预警"等多个维度，

图1　无感考勤通道

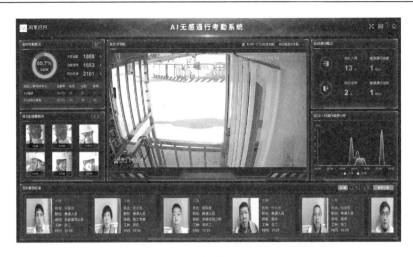

图 2　无感考勤系统界面

结合对应算法，联动前端音柱进行报警（图 3）。

图 3　越界检测视频截图

塔机安全监控系统包括塔机五限位管理、群塔防碰撞和区域保护三大功能。尤其是群塔防碰撞，采用多通道分组通信技术，将一个大规模的群塔分为多个组，每个组内采用一个通信频道，避免了无线通信数据冲突，解决了大规模群塔防碰撞通信的数据冲突问题，保证了无线通信的速度、通信的正确率以及通信距离，为群塔防碰撞提供了实时、稳定、准确的数据。若多台塔机有碰撞趋势，系统还会进行三级预警提示；若周围有学校、道路、建筑物，塔机在运行时会自动规避敏感区域。

平台系统架构以"磐石"中台系统为支撑，按照功能用途进行分层处理，以数据接入和协议解析为基础，使用 TiDB 和 OpenTSDB 作为存储的通用服务，并在此基础上使用离线计算、实时计算及规则引擎进行报表统计、预测分析和模型抽象等服务，最终为上层企业可视化展示提供依据。

（二）关键技术经济指标

1. 无感考勤的通行效率相比传统考勤模式实现了大幅提升，传统全高闸考勤的通行效率约 12 人/分钟，无感考勤的通行效率约 30 人/分钟。

2. 慧眼 AI 系统获得第三方检测机构报告，识别准确率为 99.1%。

3. 塔机安全监控系统获得 10 余项国内专利，通过了 CE 认证、CMA 认证、TÜV 国际认证，曾经实现 100 多台塔机同时施工的零碰撞记录。

4. 目前，"磐石"中台已经适配约 20 多种前端智能硬件，并提供强大的接口规范和配置策略。

（三）创新点

1. 算法领先：慧眼 AI 方面，基于人工智能技术，并深入理解建筑行业业务规则，科学设计多场景匹配算法，经多重训练，完成对业务的适配，常用算法 16 种，包括安全帽识别、反光衣识别、明火识别、烟雾识别、区域入侵检测、越界检测、摔倒识别、吸烟识别、物品移动、徘徊识别、安全带识别、无感通行、人员聚集检测、人员统计、车辆冲洗识别、疲劳识别。

塔机监控方面，算法支持平臂塔、动臂塔、轨道塔及三种塔机混合式防碰撞，并具备塔高自适应功能。

2. 设计独特：塔机系统融合前端智能硬件及黑匣子控制机制，巧妙运用 433 通信协议（使用 433MHz 无线频段），穿透性强、传播更远，同时，规避常用频段的通信干扰，实现准确高效的信息传递。

3. 防疫三合一：该项目开工日期为 2019 年 12 月 23 日，期间新冠疫情传播，项目设置防疫实名制，采用独特的面部识别技术，无需重录底图，节省大量时间，并规避不同色差口罩所带来的问题，"体温、口罩、人脸"的三合一通行效果，既减少投入，又提高通行效率。

4. BI 面板自定义：看板布局方式多样化，包括自适应布局、绝对布局和 Tab 布局，多 Tab 轮播，零编码面板拖拽式操作，多种面板自由组合、同一页面同一面板自由组合等。

5. 架构科学：慧眼 AI 系统支持算法后置和算法前置两种方式，算法后置可利用工地现有摄像头资产，并具备灵活调整摄像头算法的功能；算法前置主要应用于升降机人员安全监测，在匹配升降机作业模式的前提下，降低部署成本，提高部署效率。

6. 中台技术：基于"磐石"中台提供的 Web、APP 推送机制，可以为三方应用的数据实时展示提供有力的技术支持。同时，通过其提供的分布式文件服务、消息总线、缓存服务、权限授权等公共组件服务，给三方集成提供了公共的组件化模块，使得第三方二次开发可以基于现成的服务实现敏捷式开发。其中 IoT 平台可接入设备类型达到了 23 种，接入设备数量达到了 6 万台，单节点秒级计算能力 1 万以上。流程中心可根据企业的应用场景设计流程，并和应用场景中的业务单据进行绑定，实现不同企业组织同一应用场景配置不同的流程，以满足差异化的管理需求。报表中心提供强大的类 Excel 报表设计器，能设计各种类型的报表，按需配置。

（四）应用场景

无感考勤、慧眼 AI、塔机安全监控系统主要应用于工地现场管理的安全防控领域，包括实名制出入口、塔机作业区和各关键工作面。"磐石"中台以支撑整个信息平台为主，并适配前端主流智能硬件，保证物有所用，数有所值。

三、案例实施情况

（一）案例基本情况

智能安全防控系统的应用以阿里巴巴北京总部建设项目为例，该项目工程造价 27.64 亿元，总建筑面积 470375.58m²，其中，地上建筑面积 248186.32m²，地下建筑面积 222189.26m²，外墙装饰主要为框架式半隐框玻璃幕墙、金属幕墙，幕墙总面积 103500m²（图 4）。

图 4　项目效果图

（二）实施过程

1. 塔机安全监控系统的应用。该项目现场有 17 台塔机同时作业，由于分布空间密集，塔机数量多，单凭人工操作极易发生事故。为防止工人违规作业，尤其是吊重超标，需要对塔机进行全方位保护，包括塔机区域安全防护、塔机防碰撞、塔机超载、塔机防倾翻等功能，并加以制动控制。塔机主要安装五限位传感器，即高度、幅度、回转、力矩、吊重，加之风速判别，软件上配置防碰撞算法模块，考虑到阿里巴巴现场传输的便捷性，去除地面模块，直接在大屏展示。另外，添加区域保护软件设置，主要是实现和周围房屋、变电设备、道路之间的安全防控。部分塔机还安装了吊钩视频，进一步协助司机看清吊钩下方，高效作业（图 5）。

图 5　现场塔机安装图

2. 无感考勤管理应用。本项目施工现场共有6个出入口，在3个出入口位置安装"3通道全高闸＋人脸识别"模块。由于工地施工现场劳务工人众多，全场有约4000人同时施工，在每天进出场的高峰期由于人脸识别模块识别速度慢，消耗在3个实名制出入口的通勤时间长达5～7小时，严重影响作业时间。因此，实施时在主出入口安装无感考勤系统，包括摄像头、前置主机、网络音柱、电视机等，经现场调研，反复测试，调整算法，调整摄像机位置角度（避开太阳直射），并组织人员多次在现场进行行走测试，从进和出两方面进行试错，保证快速通行的前提下没有误识别发生。

3. 慧眼AI应用。该系统涉及近20种算法，目前，已在工地多个区域进行部署，包括实名制出入口、钢筋堆场、施工升降机、车辆冲洗处、高压变电区域等。塔机大臂前端的球机一机三用，一是吊钩视频拍摄，二是全景延时摄影，三是枪球联动（图6）。

图6 塔机大臂顶端球机

阿里巴巴总部建设项目采用云端部署的方式，将三大应用部署在阿里云上，底层采用品茗自研的"磐石"中台，对应用系统进行针对性支撑。平台对接方面，可与云筑网无缝对接。

四、应用成效

（一）解决的问题

1. 生产效率问题：以高精度摄像头取代传统闸机的人脸识别仪，实现快速抓拍、智能分析和图片留底，全高闸通勤速度大幅提高。

2. 人员安全问题：以AI算法为基石，前端摄像头提供原始影像流，运用边缘服务器提供的强大算力，识别近20种的人员安全场景，有效规避安全隐患，并减少由于安全问题带来的物质和精神损失。

3. 机械设备安全问题：187种防碰撞算法与9种塔高自适应算法，算法设计基于塔机运行过程中的各种碰撞场景，如高塔机下垂钢丝绳与低塔机起重臂的碰撞，对塔机自身限位限重、群塔防碰撞及塔机运行区域保护进行全方位管理，实现安全管理的"最后一公里"防控和零事故。

4. 平台融合问题：阿里巴巴北京总部建设项目的四大平台，涉及四种不同的技术路线和底层架构，以磐石中台为引擎，实现前端智能硬件融合、数据分发、流程自定义等多个高级功能，保证了阿里巴巴北京总部建设项目信息化体系的平稳运行。

（二）应用效果

1. 多维度效率翻倍，助推生产效率提升

在实名制出入口部署高清网络摄像机，提高全高闸通勤速度（调整至1～3秒/人），拍摄人脸并和数据库进行合法性比对，人员进出场只需按常规行走速度即可，大大提高通行效率，间接提高项目的生产效率。塔机行为智能分析，优化资源配置，平均提高效率30%左右；AI全方位识别，24小时值守，提高管理效率。

2. 人员 360 度安全管理，塔机安全"零事故"

（1）将视频 AI 算法与工地监控相结合，提供安全帽、反光衣、火焰、烟雾、区域入侵和越线越界等全方位多角度智能识别算法，期间杜绝了物料被盗、司机吸烟、升降机超载、人员聚集等现象，保持现场施工安全有序。

（2）实施塔机安全监控系统，截至目前，塔机安全管理系统共预警 800 多次，告警 300 多次，断电截停 20 余次，有效规避风险 1000 多起。其中，防碰撞预警 600 多次，最终实现阿里巴巴北京总部建设项目施工现场塔机运行"零事故"的成绩。

3. 优化资源配置，降本增效

（1）优化资源配置。运用塔机智能分析系统，盘活现有塔机资源，将 2 台相对闲置的塔机变为接近全负荷运行状态。

（2）降本增效。利用 AI 技术，解决阿里园区人手严重不足的问题。如在管理区域不变的情况下，保安人数减少 2 人。由于 AI 摄像头的投入成本很低，且能做到 24 小时不间断监控，在实名制出入口、物料防盗、高压变电区等多个场景发挥重大作用。

4. 数字管理，联动决策

现场 31 个系统，基本做到数字化全覆盖。经过中台技术的提炼和对接，多个平台联动决策，赋能阿里巴巴项目部管理团队，为减少未知隐患，优化工作计划，分析潜在问题，决策未来方法提供扎实的技术支撑。

（三）推广价值

1. AI 边缘计算：以边缘端算力为核心，一方面，极大提升计算速度和质量；另一方面，由于算法内置在边缘服务器内，并由边缘服务器将算法动态分配到不同的摄像头上，而不是由内置算法的特种摄像头完成，因此，做到了和前置摄像头的无关性，可利用现有视频资产，减少投资费用。

2. AI 落地场景：目前，近 20 种成熟 AI 产品可高度匹配工地现场管理实际，且一些算法如区域入侵、越界、火警、疲劳等是普适性的应用场景，可在其他行业推广应用。

3. 中台策略：品茗的"磐石"中台是一个中性化的系统，可广泛应用于不同架构的信息系统，在建筑行业就可适用于工地现场管理、企业级管理和政府级管控。

执笔人：
杭州品茗安控信息技术股份有限公司（金永斌）

审核专家：
赵宪忠（同济大学，教授）
李东（百川伟业（天津）建筑科技股份有限公司，总工程师）

全景成像远程钢筋测量技术在河北雄安新区宣武医院建设项目的应用

金钱猫科技股份有限公司

一、基本情况

（一）案例简介

全景成像远程钢筋测量技术是工程质量安全监管的辅助手段，有利于提升施工智慧化监管水平。通过该测量技术可以实现以下功能：一是测量施工作业面上的钢筋间距或直径等，测量结果可以与 CAD 图纸进行比对；二是自动识别楼层、查看工程进度、自动推送巡检任务；三是自动扫描、全景拼图、云端存储以及对工程进度溯源；四是标定测量水泥浇筑前后厚度；五是实现深基坑、高支模监测目标现场实景图像定位功能。

（二）申报单位简介

金钱猫科技股份有限公司是一家拥有全景成像远程钢筋测量等核心技术的智慧工地集成服务企业。公司是 AAA 级信用企业，已获 200 多项国家发明专利、实用新型专利及软件著作权，通过了软件研发 CMMI5 认证（图 1）。

图 1　生产过程图

二、案例应用场景和技术产品特点

（一）技术方案要点

全景成像远程钢筋测量技术采用单目高分辨率变焦摄像机，利用激光、云台协同完成对焦和聚焦，实现在 50m 远距离测量施工作业面上的钢筋间距或直径，精度可达±1mm。同时，将施工过程录像存储，工程竣工后，水泥虽然已经覆盖，但可随时调阅平台上的图像进行复核测量，判断测量数据是否达标，防止偷工减料，并可以溯源。

（二）关键技术经济指标

全景成像测距摄像机除具有普通鹰眼摄像机的视频监控功能外，还增加了自动扫描、全景拼图、图像测量、自动识别楼层（工程进度）、自动推送巡检任务、查找 CAD 图纸等功能，而使用成本与普通鹰眼全景摄像机接近。每栋楼的使用成本预计 1 万元左右。随着用量增大和竞争的加剧，成本将进一步下降。

（三）技术创新点

全景成像远程钢筋测量技术是一种创新的远程智能测量技术，通过该技术建立"互联网＋"监管模式，解决现场近距离测量技术工作效率低下、人员安全难以保障等一系列监管问题，有效提高智慧工地的监管水平。全景成像远程钢筋测量技术和现场近距离测量技术的主要技术创新点对比如表 1 所示。

与现场近距离测量技术对比　　　　　　　　　　　　　　表 1

序号	全景成像远程钢筋测量技术 （采用全景成像测距摄像机）	现场近距离测量技术 （采用卷尺、手持激光测距仪等）
1	具备视频监控全部基本功能，满足测量功能的同时可以对工地施工作业面进行安全监管	没有视频安全监控功能
2	从传统的现场测量转变为远程智能测量，解决了监管只有在现场才能测量带来的工作量大、人员安全等问题，可对施工全过程进行有效监管	监管人员在现场才能测量，需要投入大量人力、物力，并承受施工现场复杂环境带来的人员安全问题，无法保障对施工全过程进行有效监管
3	每天对施工面进行自动扫描形成施工面全景图并上传存储，起到对工程全生命周期的监控和溯源作用	只能对现场指定目标物进行测量、记录，不能对工地作业面进行整体成像形成全景图，无法对工程全生命周期进行有效的监管和溯源
4	系统可以自动跟踪三维坐标，测量结果可以自动检索 CAD 图纸进行比对	无法自动跟踪 CAD 图纸实时比对，只能依靠人工将测量结果与图纸进行比对
5	可由随机选派的执法检查人员远程随机抽取节点进行测量检查，检查情况实时上传存储，做到全程留痕，实现责任可追溯。满足"双随机、一公开"监管要求	因人员要到现场，难以杜绝人为因素导致违规测量、偷工减料的情况。难以满足"双随机、一公开"监管要求

（四）与国内外同类先进技术的比较

目前，国内外同类技术多使用传统的全站仪，主要依靠人工控制水平与垂直制动螺旋，在角度调整过程中通过目镜观察，直至十字丝对准目标点，才能完成单个目标点的采样。操作全程需要人工参与，螺旋调整过程需要集中精力，当需要连续完成多个目标点的采样时，整个采样过程费时、费力，且人工难以远程、精确、高效地完成。

全景成像远程钢筋测量技术是一种代替人眼对目标进行识别、跟踪和测量的机器视觉人工智能技术，能够实现远程、高效地测量。

（五）市场应用总体情况

全景成像远程钢筋测量技术是施工过程质量安全监管的辅助措施，可广泛用于房屋建筑和市政基础设施等工程领域。目前，该技术已在河北雄安、山东、广东、广西、吉林、福建等多地大量应用，效果良好。

三、案例实施情况

（一）案例项目简介

全景成像远程钢筋测量技术的应用以河北雄安新区宣武医院建设项目为例。该项目总建筑面积约 15.8 万 m^2，是雄安新区启动区建设的第一所大型综合性三级甲等医院（图 2）。

图 2　河北雄安新区宣武医院项目图

（二）实施过程

1. 项目准备。雄安新区印发的《落实新区智慧工地远程视频监管的通知》（雄指办发〔2021〕2 号）（以下简称《通知》）要求，凡雄安新区在建和新建的房屋建筑和市政基础设施工程施工现场均应部署全景成像测距摄像机等设备。雄安新区宣武医院建设项目建设单位在办理工程安全监督备案手续时，提交施工单位与集成运营服务商签订的全景成像测距摄像机相关设备运营服务合同等合法性文件，作为开工前安全条件检查和安全措施备案的重要依据。在雄安新区宣武医院建设项目智慧工地远程视频监控建设中，金钱猫公司作为设备制造商向项目提供了智慧工地集成运营服务，包含设备技术、安装、运维和拆机的一站式服务。

2. 费用出处。从全国已推广智慧工地建设的省份来看，"智慧工地"业务的工程应用费用通常在安全文明施工费中列支，该项费用在工程造价中为不可竞争费用。雄安新区参照各地模式，将全景成像测距摄像机等远程视频监控设备使用费在安全文明施工措施费中列支。

3. 安装部署。在雄安新区宣武医院建设项目应用中，全景成像测距摄像机部署在塔式起重机等施工现场制高点。数据通过有线或无线网络连接到云端服务器，部署架构如

图 3 所示。

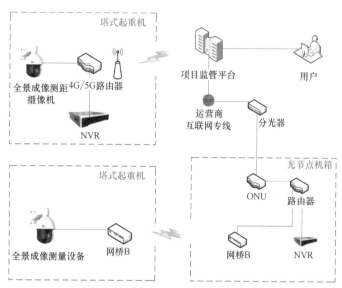

图 3 全景成像测距摄像机部署架构

要求在雄安新区宣武医院建设项目的桩基、深基坑、钢筋工程和高边坡等工程施工前安装全景成像测距摄像机，在所监控单位工程完成结构工程后（高边坡工程在完工后）方可拆除。根据能够覆盖到所有同类型单位工程为原则确定全景成像测距摄像机安装数量，雄安新区宣武医院建设项目共设计安装了 5 台全景成像测距摄像机，覆盖全部施工作业面。设备安装位置在塔式起重机一级平台处，如图 4 所示。

图 4 全景成像测距摄像机安装示意图

4. 技术要求。根据住房和城乡建设部评估认定，技术上要求全景成像测距摄像机应经中国计量科学研究院测试（CNAS），主要性能应符合中国建筑业协会《智慧工地全景成像测量标准》T/CCIAT 0021—2020 要求。

5. 工程应用。根据《国务院办公厅转发住房城乡建设部关于完善质量保障体系提升建筑工程品质指导意见的通知》（国办函〔2019〕92 号），要求加强对工程建设全过程的质量管理，突出建设单位首要责任、落实施工单位主体责任。在雄安新区宣武医院建设项目施工过程中，项目建设、施工单位对每个施工作业面的钢筋间距或直径进行随机测量并上传云端进行存储；监管人员可以查看云端存储的测量数据或随机测量；发现质量问题，及时整改，防止偷工减料，确保主体工程质量安全。

雄安新区宣武医院全景成像测距摄像机具体工程应用如下：

（1）无人值守时，可以进行自动巡检监测，发现未戴安全帽、明火、区域入侵等危险行为时将自动告警。

（2）可随时人工查看施工作业面的工作情况。

（3）点击鼠标可自动显示楼层位置和层高，查看工程进度。

（4）可查找鼠标所点工程作业面位置对应的 CAD 图纸。

（5）可以在 50m 远距离，直接在视频图像里对施工作业面的钢筋间距或直径等进行测量（图 5），精度可达±1mm，测量结果可以与 CAD 图纸进行比对。

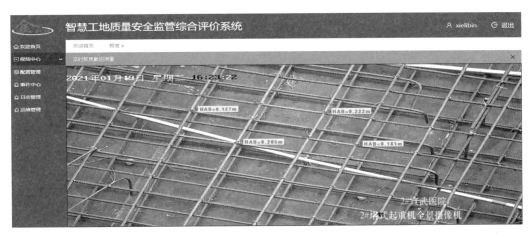

图 5　全景成像测距摄像机测量示意图

（6）自动扫描施工作业面的节点图，进行全景拼图（图 6），上传云端存储，对工程进度可以溯源。

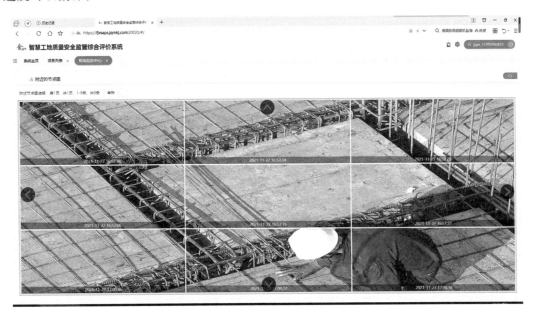

图 6　全景拼接应用示意图

6. 应用拓展。全景成像远程钢筋测量技术除实现以上工程应用外，还可以实现以下应用拓展：

（1）该技术应用于测距巡到位系统（图 7），可以通过自动识别新增楼层，自动推送巡检任务。有效解决传统巡检因新增楼层无法自动通知，不能及时进行安全检查等弊端。

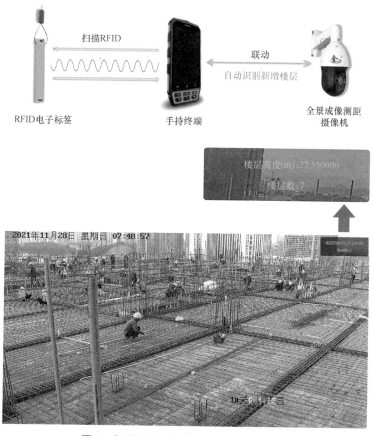

图7 与测距巡到位系统联动应用示意图

（2）该技术还可以与塔式起重机吊钩视频监控系统联动（图8），实现远程测量图像定位等功能；在解决施工现场塔式起重机司机的视觉盲区等问题的同时还为工地垂直度、平面度等测量留出应用空间。

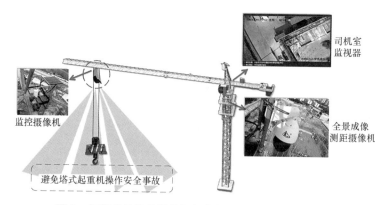

图8 与塔式起重机吊钩视频监控系统联动应用示意图

（3）可以通过标定混凝土浇筑前后的高度，自动计算显示混凝土浇筑的厚度（图9）。

图 9　混凝土浇筑厚度测量应用示意图

（4）在深基坑、高支模监测中，可实现监测目标现场实景图像定位的能力（图 10）。

图 10　深基坑监测应用示意图

（5）可对施工现场取样人员、见证人员及样品进行现场拍照、三维定位、图像识别并上传平台，为样品检测提供比对鉴证（图 11）。

图 11　见证取样鉴证应用示意图

（6）可自动扫描施工围挡，监控占道施工；发现围挡超标占道施工，自动预警（图12）。

图 12　围挡测量应用示意图

（三）保障措施

雄安新区各级主管部门高度重视智慧工地建设工作，积极督促建设项目部署安装全景成像测距摄像机，对已完成部署项目，减少现场检查频次；对未按时完成或使用设备不符合要求的项目，通报约谈，纳入雄安新区信用体系对相关责任单位和责任人予以扣分等处罚，加大现场检查频次，保障落实到位。同时，将智慧工地视频监控建设作为工程项目评先选优的条件；未按要求完成智慧工地视频监控建设的项目及企业，不得参加评先选优。

四、应用成效

（一）解决的主要问题

通过分析《关于全国建筑市场和工程质量安全监督执法检查违法违规典型案例的通报（二）》中15项典型案例发现，有9项与钢筋的直径、数量、间距等偷工减料有关，占通报中质量安全问题的60％。2021年，中央广播电视总台"3·15晚会"也专题报道了建筑工地"瘦身钢筋"问题。说明加强对建筑工地钢筋间距、直径等质量安全问题监管是十分必要的，雄安新区宣武医院建设项目通过部署全景成像测距摄像机进行远程视频监管，助力监管机构了解掌握工程施工现场情况，并起到震慑作用。

（二）应用成效

全景成像远程钢筋测量技术具有良好的社会经济效益，主要体现在以下方面：

1. 远程智能监管，减少质量安全事故。建立"互联网＋"监管模式，能够远程实时查看或测量可见施工作业面钢筋的间距、直径是否规范，防止因层层转包，拉大钢筋间距或采用"瘦身钢筋"等偷工减料的现象发生。

2. 全生命周期监管，可以溯源。实行对工程建设全生命周期监控，工程验收时，可随机抽查存储的图像测量数据。监管过程透明公正，可以溯源，有效防止偷工减料，保障施工质量安全。

3. 远程监管，降低管理成本。通过远程监管，减少政府监管需投入的人力、物力支出等。尤其在新冠疫情期间，远程无接触监管方式符合疫情防控的要求。

4. 多端实时监管，提高管理水平。通过施工单位定期自查自测数据主动上传至云平台，监管部门抽查数据检验方式，将自上而下的监管转变为施工单位全面参与、自查自纠，满足"双随机、一公开"的监管要求，提高管理水平。

5. 提供一站式服务，保障实施到位。提供一站式服务（含设备安装、运维、拆机等）的租赁模式，减轻施工单位负担。全景成像测距摄像机租赁费为每月 1800 元/套，费用占安全文明措施费比例低。采用一站式服务运营模式，保证智慧工地建设的全过程均有人管理、有人维护，避免智慧工地建设流于形式。

执笔人：
金钱猫科技股份有限公司（林大甲）

审核专家：
赵宪忠（同济大学，教授）
李东（百川伟业（天津）建筑科技股份有限公司，总工程师）

大连三川智慧施工管理系统在大连市绿城诚园项目的应用

大连三川建设集团股份有限公司
北京和创云筑科技有限公司
方维建筑科技（大连）有限公司

一、基本情况

（一）案例简介

大连三川智慧施工管理系统依据装配式建筑特点，研发了进度管理、质量管理、安全管理、合同管理、材料管理、设备管理、劳务管理、档案管理、成本管理、BIM 应用等功能模块，通过将 BIM 模型与施工计划、实施进度、质量管理等关联，强化对人、机、料、法、环等要素的管控，实现工程建设全过程可视化动态管控，加强了集团对人、财、物、信息资源的统筹调配，减少项目实施中的不确定性和不可控性，提升数字化、精细化、智慧化管理水平（图 1）。

图 1　大连三川智慧施工管理系统

（二）申报单位简介

大连三川建设集团股份有限公司成立于 1957 年，是集工程咨询、工程设计、工程总承包、装配式建筑、项目管理为一体的高新技术企业，是国家级装配式建筑产业基地，致力于建筑全产业链一体化综合运营与服务。

北京和创云筑科技有限公司成立于 2019 年，是中关村高新技术企业，是国内建筑行业软件及解决方案提供商。公司致力于将信息化、大数据、人工智能、物联网技术应用于装配式建筑领域，为行业中的每个人、项目、组织构建数据驱动的解决方案。

方维建筑科技（大连）有限公司成立于 2018 年，致力于为中国建筑业提供企业信息化及协同管理、数字化设计、数据安全等支撑软件和工程咨询服务。

二、案例应用场景和技术产品特点

（一）案例技术方案要点

大连三川智慧施工管理系统是依据装配式建筑特点和标准，以流程化、标准化的方法实现建筑模型与数据库信息交互，系统通过将 BIM 模型与施工计划、实施进度、质量管理等连接，实现全过程可视化管理，突破项目管理瓶颈，减少实施中的不确定性和不可控性，提高信息传递效率，降低出错概率，实现项目上下游参与方全过程 BIM 应用、信息共享互通，实现数字化、智慧化、可视化项目管理（图 2）。

图 2　大连三川智慧施工管理系统业务架构

（二）关键技术经济指标及创新点

大连三川智慧施工管理系统为产业链内企业公用平台，可上下游无缝共享，即：生产企业可以看发货后的情况，施工企业可以看构件的生产进度，能够为政府管控为主线的信息化平台提供数据支撑，形成大数据。

（三）应用场景及市场应用总体情况

大连三川智慧施工管理系统已在多个项目中推广使用，建立并规范了一整套数字化应用知识体系。工程应用类别包括住宅类、公共建筑类、工业厂房类、市政道桥类、绿化类等。应用内容模块包括：项目信息管理、进度管理、质量管理、安全管理、合同管理、材料管理、设备管理、劳务管理、档案管理、成本管理、BIM 应用等（图 3）。

首页管理看板			预警及待办提醒		
合同管理			物资管理			技术管理		质量管理	
合同评审	合同登记	预算管理	资源管理	计划管理	采购管理	技术策划	技术标准	质量策划	质量计划
产值计划	产值统计	甲方报量	库房管理	租赁管理	结算支付	方案管理	图纸管理	质量检查	质量整改
签证变更	工程结算	工程付款	物资供方管理		统计分析台账	科研管理	知识库	检验试验	质量评定

成本管理			劳务/专业分包管理			安全管理		环境管理	
成本资源管理		目标责任成本	资源管理	合同管理	结算管理	安全策划	安全教育	环境策划	节能减排
计划成本	实际成本	四算对比	付款管理	任务/用工管理		危险源	安全考核	环境因素识别及控制	
统计分析	成本指标还原		劳务/分包队伍管理	价格平台		安全检查	安全整改	环境监测	隐患整改

资金管理		投标管理		机械设备管理		增值税管理	生产及工期管理		
资金计划	资金往来	信息跟踪	文件评审	基础资源	供方管理	销项进项管理	总/期间进度计划		偏差分析
备用金	其他费用	保证金	投标记录	购置管理	租赁管理	预缴及纳税申报	现场影像管理		业主沟通
台账及统计分析		投标总结	统计分析	维修保养	统计分析	增值税分析	形象进度记录		工期预警

系统管理	移动应用

图 3　大连三川智慧施工管理系统模块

三、案例实施情况

(一) 案例项目概况

大连市绿城诚园项目（即：大连市体育中心 B1、D 区配套开发二期地块项目）位于大连市甘井子区山东路西侧、川岭路北侧，总建筑面积约 23 万 m²，主要由 8 栋高层和 16 栋小高层组成，项目采用预制混凝土叠合板、预制楼梯，铝模板免抹灰施工工艺（图 4）。

图 4　项目效果图

(二) 应用过程

大连三川智慧施工管理系统通过 BIM、云计算、大数据、物联网、移动应用和智能应用等先进技术的综合应用，对施工六大生产要素人工、机具、材料、方法、环境、测量进行数字化、精细化、智慧化管理，从而达到施工现场实时感知、全面掌控、智能决策的目的。

1. 人机料法环测——人

系统通过人脸识别、自动水印、云计算、GIS、人工智能等，依托系统数据穿透，实现工人及管理人员信息采集、施工现场考勤、入场培训教育、劳动合同、特种作业证书、统计报表、奖惩管理等实名制管理。助力建筑企业低成本全面安全复工。

本项目建设单位在项目进场的第一时间，便要求全面落实工地现场实名制管理，加强人员新冠疫情防控，并与平台系统单位对接，现场全面推进人脸识别闸机及手机 APP 实名制系统（图 5、图 6）。

图 5　使用人脸识别闸机进行实名制管理

项目部在使用系统实名制模块对现场实名制进行综合管理方面有以下优势：

（1）考勤打卡无需排队，手机端、人脸识别闸机并行考勤，节约时间。新冠疫情期间防止人员密集。

（2）移动定位＋人脸识别＋自动照片水印，防止作弊与代打卡，避免伪造考勤记录现象。

（3）针对其他项目恶意讨薪黑名单用户，可直接在系统中预警。

（4）实名制系统下游可与人脸识别闸机及手机 APP 直连，上游可与市、区住房和城乡建设局实名制系统对接，同时满足企业和行业主管部门的管理要求。

另外，通过信息化系统和各类智能硬件设备，企业级管理者可实时查看各分公司和项目劳务用工数量、工人出勤情况、现场工种情况、视频监控等。项目层级可以查看本项目

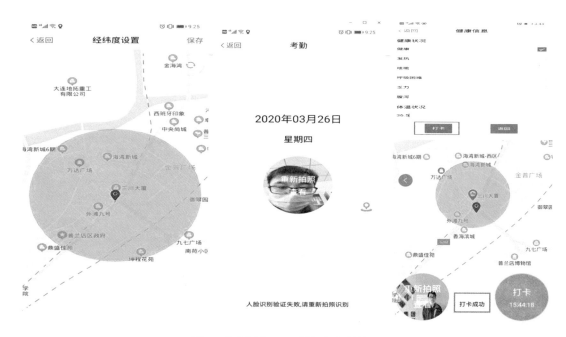

图 6 使用手机 APP 进行实名制管理

劳务用工数量、工人出勤情况、现场工种情况、安全教育培训记录、工资发放情况等（图 7）。

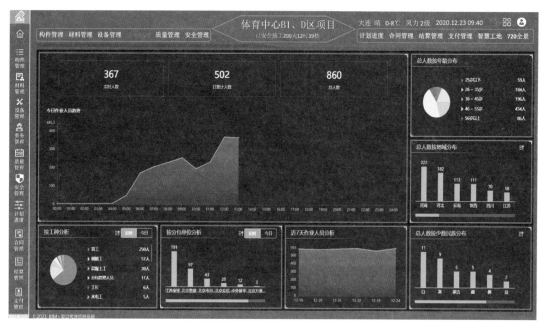

图 7 劳务实名制综合分析

2. 人机料法环测——机

随着近些年我国科技水平的提高，企业工程机械领域逐步朝着高科技化进步，设备结构也越来越复杂，而这些先进的工程机械在投入使用后，对企业的经济效益有了很大提升，对企业发展起着举足轻重的作用。虽然工程机械使用效果良好，但仍存在一些问题制约着工程机械安全使用，如环境因素、条件因素等。因此，做好对工程机械的维护与保养是一个企业高速发展的前提，对工程建设质量、安全、进度等方面具有重要意义。

项目在使用系统设备管理模块时，将施工现场机械设备分为四类：即：特种设备、大型机械、小型机械、智能设备，根据不同类型设备的管理特点，分别建立状态监测和预警机制。同时，基于项目实时成本管理理念，利用专业物联网传感器，对设备的使用频次和工作饱和度进行工效分析（图 8、图 9）。

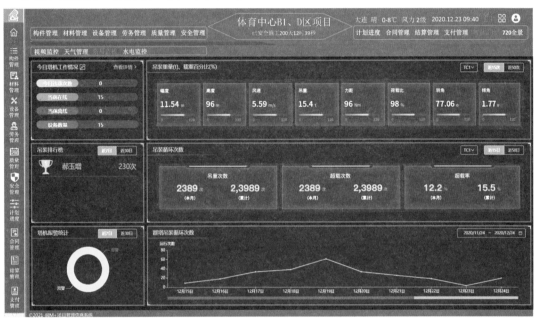

图 8　塔式起重机、升降机综合分析

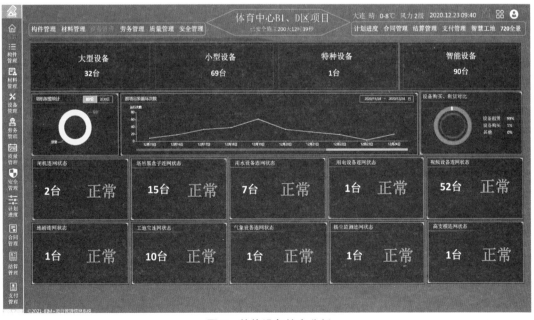

图 9　其他设备综合分析

3. 人机料法环测——料

古有"物勒工名"的制度，器物的制造者要把名字刻在上面，以方便管理者检验产品质量，成为提高手工业产品质量的一种重要管理手段。现今，在装配式建筑质量追溯管理中，无线射频芯片、二维码等成为新时代"物勒工名"的手段（图10）。

系统特色

一物一码，以单个部品构件为基本管理单元，赋予其唯一身份，相当于发身份证。

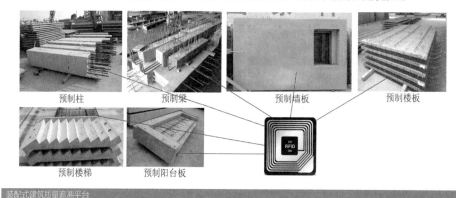

装配式建筑质量追溯平台

图10　部品部件芯片发放

项目在物资材料管理过程中，充分利用"互联网+物联网"技术，要求部品部件等厂家采用无线射频芯片、二维码等技术手段，为每一个构件制作"身份证"。质量管理人员使用配套的手机应用程序扫描二维码或者使用芯片扫码枪扫描，就能知道构件产自哪里、用于什么项目，了解模具组装、预留孔洞、混凝土浇筑的检查检验结果以及报验人、签收人、质检人都是谁，成品检验结果又是如何，包括入库、运输、安装定位也都有迹可循（图11、图12）。

构件进场验收信息、安装信息、施工过程记录、现浇信息、施工日志等，是记录装配式建筑构件从进场、安装到验收资料归档等全过程信息(对接构件生产管理系统)。

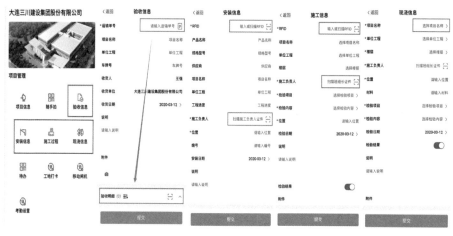

图11　质量追溯系统过程记录

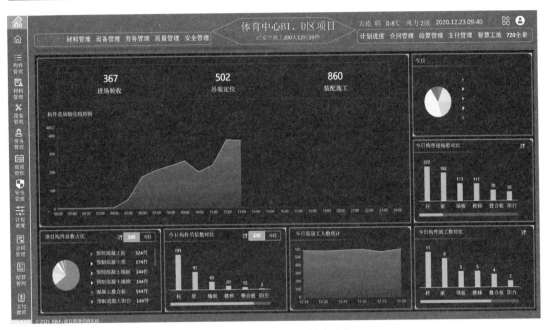

图 12　部品部件使用综合分析

4. 人机料法环测——法

（1）轻量化、可视化施工模拟与技术交底

项目现场为了施工过程可视化，选用一模到底的 BIM 轻量化工具，该系统支持 Revit、SketchUp 等各类模型的导入，系统后台通过模数分离技术自动轻量化，并将模型所有信息存入数据库中。现场使用者只需在网页端或手机端即可完成模型浏览、进度模拟等功能（图 13）。

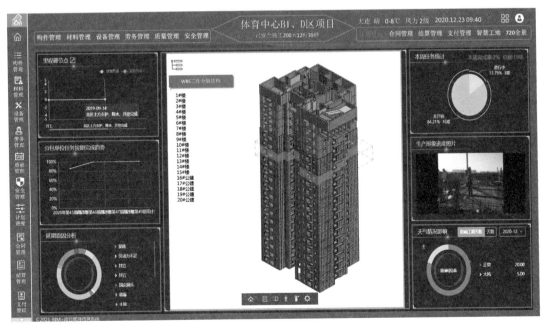

图 13　BIM 施工模拟

同时，系统提供全程动态的可视化的解决方案，从而提高项目现场交底时效（图14）。除此之外，系统还支持现场进度计划与部品部件的关联，为厂场（构件工厂、施工现场）一体化提供基础保证。

图 14　BIM 可视化交底

（2）技术方案知识库及二维码调取

项目现场为了提高编辑方案和规范调用的灵活性，选用本系统知识管理模块，其内置最新的建筑行业国标、行标等标准型文件，项目技术人员也可根据实际需求进行企业标准的上传，在编辑方案或日常规范查询时，可通过关键字或强条检索（图15）。

图 15　技术方案知识库

同时，项目部技术人员把各项技术交底形成各自的特殊"身份证"，结合影像资料数据转化为二维码形成动态更新"资料库"，施工过程只要轻松扫一扫，便可随时查看内容，规范现场施工与操作。

5.人机料法环测——环

项目为加强扬尘环保管理，选用系统环境管理模块，该模块通过物联网智能硬件设备和视频监控，对工地施工区域内的空气中颗粒物浓度（PM2.5、PM10）、风速、风向、温度、湿度等指标进行数据监测，并将监测数据和监控视频接入环保局扬尘在线监管平台，方便主管部门对施工扬尘防控进行监督管理（图16）。

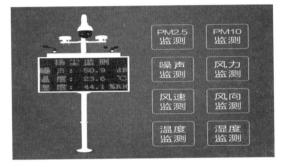

图16 扬尘监测设备

同时，项目部充分使用图形监测和预警系统，利用大连三川智慧施工管理系统，将环境监测设备监测到的值实时回传并将数据建模，以直观的图表形式呈现，管理人员可远程、实时监控项目环境情况（图17）。

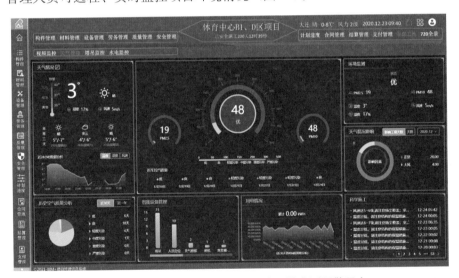

图17 大连三川智慧施工管理系统环境监测预警平台

6.人机料法环测——测

项目实测实量，是指应用测量工具，通过现场测试、丈量而得到能真实反映产品质量数据的一种方法。项目在推进质量管理体系时，利用本系统质量管理模块，首先建立行业级规范标准数据库和企业级经验知识数据库（图18、图19）。然后利用AI监控监测设备和BIM技术，提升项目管理人员日常巡检和实测实量的时效（图20）。同时，利用系统提供的强大的数据分析功能，按照责任人、分包单位、责任区域、问题发生趋势等对现场的检查数据多维度实时分析，并形成分析报表作为公司管理决策的依据。分析数据可通过手机端或电脑端实时查看，从而保证相关领导实时掌握现场质量管理现状（图21~图23）。

图 18　行业级规范标准数据库

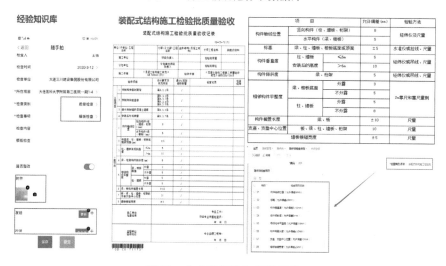

图 19　企业级经验知识数据库

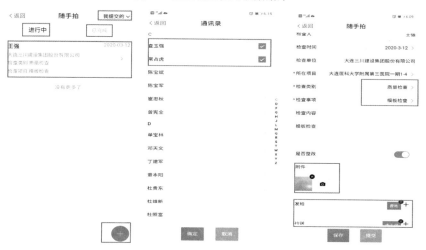

图 20　测量检查功能

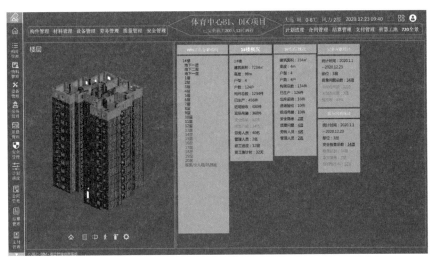

图 21　基于 BIM 的测量检查问题分析

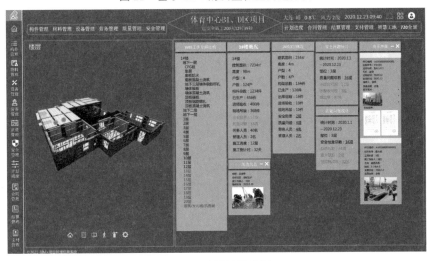

图 22　质量数据分析

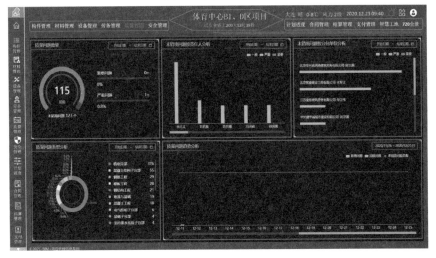

图 23　质量指标分析

四、应用成效

通过在该项目中使用大连三川智慧施工管理系统，不仅让施工管理更加安全可靠，还能让智能化信息化管理流程达到更高标准，明确各种安全隐患指定责任人进行提前预防，有效避免出现各种意外疏漏，大幅降低施工过程中出现的损失，提高施工安全性，让施工工程管理更省心与专业。本项目通过智慧建造，主要可以产生以下成效：

（一）宏观方面

1. 事前预防：可使管理动作前置，实现从事后被动补救到事前主动预防的转变，并实时对事故预警、报警进行处理，防患于未然。

2. 动态管理：监管单位、施工企业、现场管理人员及其他相关机构均可在任何时间、任何地点根据授权查看施工现场实时情况并进行监管。

3. 安全分析：通过对现场所采集数据的定性及定量分析，便于管理人员把控工地的施工状态，为科学决策提供数据支撑。

4. 关键节点：重视人—机—料—法—环的关系和本质，把人既看成管理对象，又看成管理动力，强化管理的内在逻辑及驱动力。

（二）业务应用效果

落实工人实名制及工资发放，避免非法欠薪和恶意讨薪；设备监控监测自动报警，提高施工安全性；对构件等材料进行质量追溯，规避假货和问题材料；提高现场工人培训、交底效率，建立工艺工法库；监测扬尘数据，满足环保要求，智能解决环保问题；全面测量管控，提高成品质量，规避施工过程"人管"不漏洞；"BIM协同＋智慧建造"促进各方工作联合管理，降本增效。

（三）经济效益

通过在本项目中使用大连三川智慧施工管理系统，不仅保障建设质量的日常安全监督管理，其数据采集功能大大减少工作的随意性和盲目性，为科学决策提供依据。

1. 利用现场实名制系统数据分析，科学制定进度计划和工人排班计划，通过可视化系统高效快速对工人交底，减少人工成本。通过计划成本与实际成本的对比，对用工数量进行优化排班前后比较分析，本项目累计节约人工费约占项目人工费总额的5％。

2. 通过先进的机械监控监测方法，提高大型机械工作效率及小型机械台班产量，真正做到优化资源配置。通过计划成本与实际成本的"两算"对比核算，对机械用工台班量进行资源配置优化前后比较分析，本项目累计节约机械费约占项目机械费总额的4％。

3. 利用BIM工具对项目现场进行施工可视化模拟、碰撞检测、细部节点优化、钢筋下料优化等，累计优化施工方案30余个，让新一代数字化技术与建筑业深度融合，成为驱动生产方式变革的新动力。

执笔人：

大连三川建设集团股份有限公司（王强、高义民、葛铁柱、刘润娇）

审核专家：

赵宪忠（同济大学，教授）

李东（百川伟业（天津）建筑科技股份有限公司，总工程师）

辽宁省沈抚改革创新示范区全过程咨询服务项目管理平台

精简识别科技（辽宁）有限公司
国泰新点软件股份有限公司

一、基本情况

（一）案例简介

辽宁省沈抚改革创新示范区全过程咨询服务项目管理平台（以下简称"项目管理平台"）是针对示范区工程建设项目具有建设集中、建设周期短、建设要求高的特点，以"全过程咨询服务、工程总承包施工、平台可视化管理"三位一体模式的项目全生命周期管理为理念，搭建的智能建造监督管理平台。平台包含监督管理端、用户使用端、移动采集端，可同时面向项目管理人员及施工现场一线作业人员，有助于解决工程建设的时间、成本、质量等实际问题。

（二）申报单位简介

精简识别科技（辽宁）有限公司是辽宁省内专注于建筑业数字化转型升级平台运营和服务的企业，通过整合建筑业上下游资源，承揽建筑业全产业链的综合商务及技术服务。

国泰新点软件股份有限公司是国家规划布局内重点软件企业、高新技术企业、全国版权示范单位，专注于智慧城市中的智慧招采、智慧政务、数字建设等领域，为政府部门及相关行业提供以软件为核心的智慧化整体解决方案。

二、案例应用场景和技术产品特点

（一）案例技术方案要点

项目管理平台分为：访问层、应用层、支撑层、基础资源层（图1）。采用多层 B/S 应用结构模式，充分运用本地化算量、定额组价、物联网、互联网、BIM、大数据、云计算、AI 等技术实现信息技术与现场管理深度融合，从而进行更准确的数据采集、更智能的数据挖掘分析、更智慧的综合预测，保障工程质量、安全、进度、成本建设目标的顺利实现。

（二）关键技术经济指标、创新点

1. 项目全生命周期管理。项目管理平台引入"全过程工程咨询＋工程总承包（EPC）"的"建设组织＋平台信息化管理"模式，涵盖从项目立项审批、招标投标、工程施工、竣工验收、结算审计等项目建设的各个阶段，形成跨阶段、综合性、一体化的项目全生命周期管理。

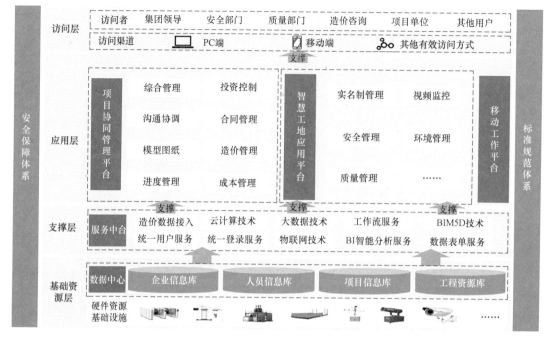

图 1　项目管理平台体系架构

2. 多方一体化协同管理。平台包含工程项目可研编制、监理、造价咨询、审计、纪检等参建、监督管理及纪律监察单位，整合项目审批系统、多规合一系统、招标投标系统等各类系统，实现各方主体在线一体化协同管理。

3. 多项目区域一体管理。按照整个项目新建区域，实现多项目区域一体管理，包括CAD图纸合并、BIM模型合并、GIS地图合并等，形成多个项目在平台上共为一个整体，对 CIM 平台建设和城市数字化孪生奠定坚实的基础。

4. 虚拟现实协同化应用。通过无人机航拍将实景进度质量同步至平台并关联进度形成现场进度报告，实现航拍实景与 BIM 模型实时比对，做到计划及结果可视化，实现虚拟现实协同化应用，并为创造实景漫游提供充足条件。

5. 全面数字化升级赋能。在项目管理平台建设过程中应用互联网、人工智能、物联网、BIM、CIM、GIS、大数据、云计算等新信息技术，做到数字化升级，技术全面赋能业务，极大提升管理效率和质量。

6. 价格动态指标化控制。围绕项目进度实现精细化管理，通过 BIM 模型、CAD 图纸、智能算量、指标市场化计价等多种维度数据集成应用管理，达到动态化、立体化、实时化、标准化价格管理和控制。

（三）与国内外同类技术产品比较

本项目管理平台具有如下四个方面的优势：

1. 横向贯通、纵向联通。工程数据通过作业产生，管理通过数据传递，消除信息孤岛，实现横向整合、纵向贯通。

2. 数据关联、追溯便捷。实现以项目为主体的全生命周期之间工程数据关联，对现金流、物资流、作业流、文件流、信息流等核心业务的闭环管理。

3. 精细管理、责任明晰。对工程项目进行多级任务分解与人员组织分解，以项目任务为驱动引擎，引导责任人完成项目各项任务，实现精细化的管理。

4. 全面分析、辅助决策。通过数据横向统计与比对分析，实现项目评估，提供多维度的数据分析比对和趋势预测等功能，为领导决策提供准确科学的分析数据和依据。

（四）市场应用总体情况

目前，沈抚改革创新示范区内所有新建市政基础设施项目均应用项目管理平台，投资额约 50 亿元，涵盖道路工程、雨污水工程、绿化工程、桥梁工程、交通工程等所有市政专业。涉及道路 33 条，总里程 33.49km；给水管线 41 条，总里程 52.37km；电力管廊 24 条，总里程 35.96km；桥梁工程 11 座；绿化面积约 184809.2m² 等。此外，还包含两个公园项目，共占地面积 74.26hm²；两条河，治理河长 37.24km。建设单位、全过程咨询单位、工程总承包单位、行业监管部门、审计单位、纪检监察等各参建或监督单位均通过项目管理平台实现工程协同化管理、信息资源整合。

三、案例实施情况

以辽宁省沈抚改革创新示范区政府投资类基础设施项目为例阐述项目管理平台在监督管理端、用户使用端、移动采集端方面的服务过程、典型做法和创新举措。

（一）监督管理端实现项目全程、全天、全时整体管控

1. 项目现场智能化对比，施工进度精细化掌控。项目开工后，借助无人机航拍进行现场录像，定时定点将项目现场实际航拍视频进行上传，实现同一标记点不同时间段的视频对比，随时掌控施工进度（图 2）。同时，航拍视频还能与现场进度计划以及对应模型进行关联，在 BIM 模型上设置锚点，与模型位置一致，通过累计视频之间的对比可以达到预计工程整体进度的目的。

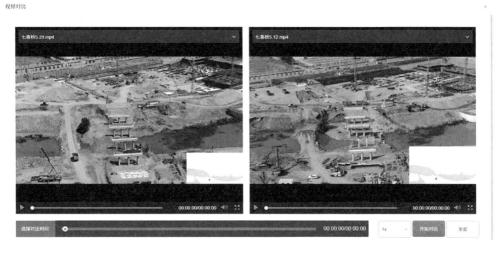

图 2　施工进度航拍对比

2. 智能监控实时追踪，全面筑牢安全屏障。通过在工地重点部位安装环境视频监控

设备，满足 24 小时全天候实时监控需求，做到实时网络查看与本地系统视频存档相结合。

同时，集成各个施工现场独立的视频监控系统，改变传统的去现场抽查视频监控的方式，做到线上统一监督管理，有效提升监管效率。另外，通过 AI（人工智能）解析功能实时监控未戴安全帽、未穿反光衣等违规情况并截图存档（图 3），对安全事故起到预警作用。

图 3　AI 视频分析

3. 环境数据实时监测，全面助力低碳环保。通过在建筑工程施工现场重点监测区域安装设置扬尘噪声等监测设备，实时采集现场 PM2.5、PM10、噪声、气象单元等相关环境数据（图 4）。另外，系统可将实测数据与预设预警阈值进行自动比对，超值数据可自动报警，通过与喷淋系统联动，及时处置污染问题，并结合工作流程通知相关人员。

图 4　环境数据实时监测

4. 严控安全质量管理，杜绝安全隐患。实现对建筑材料、工程主体结构、施工过程关键节点等各要素和各环节的质量管理验收，对建筑工程施工安全状态的监督管理，对安全质量问题（图 5）、安全质量巡查、安全质量复查的信息进行汇总统计，对发现的质量安全问题进行全过程闭环管理，切实保障建筑工程质量与施工安全。记录并跟踪全程整改情况，便于监理及相关部门随时查验，杜绝类似隐患再次出现。

（二）用户使用端实现精细化、流程化、协同化管理

1. 深化招标投标管理，实现项目管理全程闭环。以项目为主线，可对历次招标记录进行结果信息备案、审核，为管理者提供所有项目招标情况的查询功能（图 6）。目前，项目管理平台已与"辽宁省投资项目在线审批监管平台""辽宁省房屋建筑和市政工程招投标监管平台""辽宁省沈抚改革创新示范区综合交易平台"等涉及备案、监督、交易各

图 5　安全质量问题

环节的平台进行信息化对接，实现项目全流程闭环管理。

序	标段编号 ◇	标段名称 ◇	招标备案状态	审核状态 ◇	操作
1	210101TP001003232001001	玄苑二路道路新建工程（伯官大街-四环路）、伯官西街…	已备案	备案通过	Q
2	210101TP003000745001001	沈抚改革创新示范区综合执法局办公楼改造工程项目	已备案	备案通过	Q
3	210101TP003000653001001	知识产权保护中心项目基坑支护工程施工	已备案	备案通过	Q
4	210101TP003000739003001	示范区沈抚大道照明亮化工程项目可行性研究报告编制…	已备案	备案通过	Q
5	210101TP003000734001001	浑河城3#-2地块二期、3#-3地块一期建设项目	已备案	备案通过	Q
6	210101TP003000718001001	浑河城3#-2地块二期、3#-3地块一期项目施工监理一标…	已备案	备案通过	Q
7	210101TP003000718001002	浑河城3#-2地块二期、3#-3地块一期项目施工监理二标…	已备案	备案通过	Q
8	210101TP003000685001001	沈抚改革创新示范区人民文化公园二期工程总承包（EP…	已备案	备案通过	Q
9	210101TP003000684001001	辽宁省沈抚改革创新示范区2020年新城建设项目（三环…	已备案	备案通过	Q
10	210101TP003000652001001	科技创新大厦项目施工总承包	已备案	备案通过	Q

图 6　招标情况查询

2. 施工人员实名管理，用工动态实时掌握。通过从业人员实名制管理（图 7），企业可以随时掌握建筑工程从业人员有关情况，实现企业对人员、工资、考勤等信息的联动管理。

序	人员名称	人员证件号码	进出场日期	进出场状态	修改	查看
1		320************1X		退场	∠	Q
2		320************11		进场	∠	Q

图 7　人员实名制管理

3. 合同结算追溯清晰，工程变更程序规范化。项目管理平台使用了《一种将 XML 结构化文件的内容导入数据库的方法和装置》专利技术，实现通过合同登记方式将中标预算或变更预算导入，作为合同履约和资源计划依据的功能。在项目执行过程中建立完整的合同台账，可对这些信息进行检索（图 8），并对合同责任进行界定，从而提高合同的管理效率和管理质量。

图 8　合同信息检索

4. 图纸查看更加便捷，责任到人实现闭环管理。该功能使用《利用 Word 程序生成表单的方法和装置》专利技术，所有图纸电子化管理，解决图纸变更不及时，图纸分类混乱的问题（图 9）。通过项目管理平台，可以将所有图纸进行分类，批量上传、实现统一管理，并且图纸问题责任到人，管理人员输出图纸会审单更加便捷。

图 9　图纸管理

5. 移动服务高效便捷，有力打破时空束缚。为便于各方及时上报相关材料及接收信息，针对系统常用功能开发了移动端 APP，通过手机即可完成相关的操作（图 10），保持数据与电脑端信息同步。

（三）移动采集端形成信息化、数据化、智能化呈现

1. 信息数据可视化分析，推动精准智慧决策。通过项目管理平台内大数据看板（图 11）对数据进行整合，以示范区为着力点查看整体数据。该功能使用《基于大数据人工智能的开放数据 API 网关系统》专利技术，其中监控分析服务与网关核心相互独立，可在不直接干预网关运作情况下，对网关日志进行实时分析和离线分析，进而得到智能分析结果。

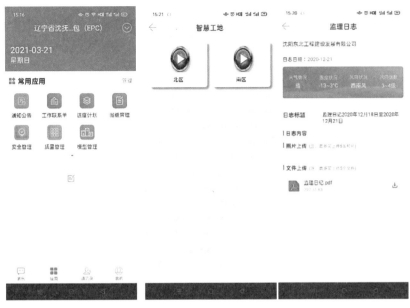

图 10　移动 APP 功能

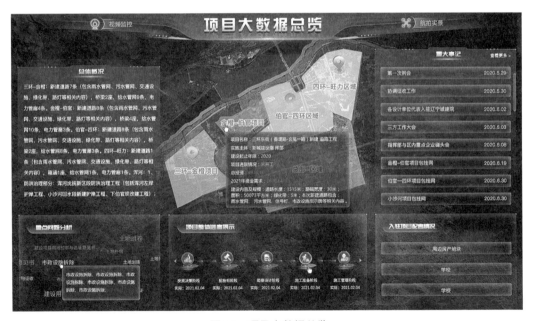

图 11　项目大数据总览

2. 整合打造模型"一张图"，BIM 轻量化实现高效浏览。针对系统目前涉及的项目，以 BIM 为基础，整合示范区内不同项目、不同制作方、不同时间节点等所有模型，通过各项目部上传的 BIM 模型，依托平台整体架构及统一的坐标原点、模型精细化标准，做到示范区内"一张图"。

另外，依托 BIM 轻量化，无需安装任何软件和应用即可在 Web（网络）端或手机端通过第三人称方式，以不同视角对 BIM 模型进行快速浏览，浏览过程中可以对不同构件进行查看。

3. BIM 动态成本管理，有力赋能增效降本。通过 BIM 动态成本管理（图 12），将《BIM5D 算量软件》已经集成的成本、进度模型实时同步至平台上，做到进度款自动结算，实现材料、人工未来一段时间内计划定额消耗用量，达成计划成本和实际产生成本智能对比的目的。该功能使用自主研发的《工程量计算方法和装置》（ZL201610781280.3）专利技术，根据所述目标构件的几何模型数据计算所述工程量，避免绑定链接工程文档过程，有效节省时间、人力成本，提高工程量计算效率。

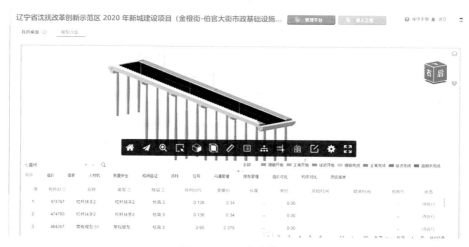

图 12　BIM 成本管理

四、应用成效

项目管理平台的使用，促进了全过程咨询管理的规范化和精细化，弥补了现场管理等方面信息化协同不足，给示范区及各参建方带来多种服务价值。

（一）强化投资管控，合理分析预算

在工程建设多阶段实现投资控制，借助前一阶段的预算，限制后一阶段造价目标，环环相扣的关键成本控制节点涵盖工程投资建设全过程，实现预算对比分析与赢得值分析。

某建设工程项目因各类变化调整，产生原变更金额达 3600 多万元。在保证工程质量与进度的情况下，通过平台预算对比分析控制，结合进度质量管理模块，帮助项目实际审减 600 多万元，实现预算有效管控。

（二）加强进度管控，实现成本控制

建筑工程施工进度控制的优势，对建筑工程的质量、成本、经济效益等各方面都将带来较大影响，有效控制工程进度既是按时完成工期的关键，也是保证施工单位成本控制和信誉的重要保证。

某项目因前期不可抗力因素影响，导致原进度滞后近 1 个月。在不影响成本变化的情况下，通过平台分析原进度计划与成本计划，帮助现场管理人员适配合理的进度赶工计划，从而保证项目如期交付。

（三）落实安全监督，排查隐患问题

施工现场人员众多，发生安全事故将造成不可挽回的损失。只有落实施工过程的安全巡检，完善隐患排查，及时发现并处理施工现场隐蔽问题，才能有效保障施工过程的安全。

某项目为最大限度降低夏季高发事故安全隐患，通过应用平台危险预警管控功能，实现安全事故零发生。

（四）借助信息化手段，提升工作效能

传统项目管理的手段与方式，在信息技术高速发展的今天，已经不能满足日常工作需求。借助新兴技术，将有效提高单位间跨部门协同工作效率和施工现场管理效率。

如某项目现场因图纸调整问题，需要监理单位联系甲方设计施工单位召开现场会议协调解决，处理周期往往需要一周。通过平台远程协同、在线会议的方式随时联系随时召开会议，提高现场沟通的工作效率，将事件处理周期压缩至2～3天。

同时，在项目建设、平台运行、与业主方及各参建方的沟通交流的过程中，也得到如下反馈：

1. 注重多方协作。建立涵盖项目全生命周期、项目全管理职能、项目全利益相关者的核心"互联网＋"平台，打造业主投资方与项目管理方、代建方、咨询方、设计方、施工方、监理方、运营方的多方协作平台，在空间分布上处于各地的项目建设参与方借助"互联网＋"管理模式，进行跨越传统时空和组织界限的项目建设和管理工作。

2. 进行项目总控。项目总控的实质是指项目业主投资方、管理方对项目各参建单位过程信息的实时总控，是对传统的工程总承包组织模式和思想的重大创新。通过工程信息总控实现业主投资项目的实时总控，既是一种项目信息处理的战略结构，也是"互联网＋"条件下项目管理的组织模型和管理流程。

3. 实现共同价值。项目参建各方在参与过程中必然存在利益冲突，但在全球化和客户竞争导向的经济环境中，所有项目建设参与方都应找到比经济价值更重要的能够形成行业规范、降低交易管理成本、促进行业发展等共同核心价值的基础。基于这个核心价值基础，业主与承包商之间，承包商与分包商之间，项目建设方与政府监管部门之间所有项目干系人之间的主导关系不再是基于承包合同的竞争关系，而是基于共同价值基础的协同关系。

执笔人：

精简识别科技（辽宁）有限公司（李智、齐朔南）

国泰新点软件股份有限公司（高子博）

审核专家：

赵宪忠（同济大学，教授）

李东（百川伟业（天津）建筑科技股份有限公司，总工程师）

吉林省工程质量安全手册管理平台

吉林省住房和城乡建设厅
中国再保险（集团）股份有限公司
北京中筑数字科技有限责任公司

一、基本情况

（一）案例简介

吉林省工程质量安全手册管理平台（以下简称"手册平台"）由吉林省住房和城乡建设厅委托中国再保险（集团）股份有限公司和北京中筑数字科技有限责任公司联合开发，于 2020 年 9 月 1 日正式上线，在长春市部分大型建筑业企业及延边州地区开展试点应用。手册平台是基于项目工序级的多方在线协同工作数字化平台，定位于政府智慧监管平台和建筑行业基础服务平台。平台对地基基础、主体结构等十大分部的钢筋、混凝土等分项工程进行管控，应用区块链、大数据、人工智能、云计算等技术，将工程项目资料涉及的各方审批人员、审批时间、审批地点、审批内容实时生成区块链记录，该记录不可篡改，落实质量责任可追溯。平台可服务施工、监理、检测、建设单位及政府监管部门，对上岗验证、验收内容和验收流程进行标准化管理，有利于落实企业主体及人员责任，实现工程质量安全管理的在线化、标准化和智能化，提升建筑工程品质，促进建筑业转型升级。

（二）申报单位简介

吉林省住房和城乡建设厅近年来高度重视工程质量安全手册管理平台的应用工作，并于 2020 年在长春市重点企业和延边州地区开展吉林省工程质量安全手册管理平台试点应用。2021 年扩大试点范围，要求全省申报施工标准化管理示范工地的项目应用手册管理平台。截至 2021 年 9 月底，全省已有 335 个项目应用手册管理平台。

中国再保险（集团）股份有限公司（以下简称"中再集团"）是中国唯一的国有再保险集团。在建筑业平台领域，中再集团服务国家治理体系现代化，协助多省市住房城乡建设、银保监部门建设 IDI（Inherent Defects Insurance，工程质量潜在缺陷保险）信息平台、工程安全生产责任险平台，建设多方信息通道，助力提升工程质量。

北京中筑数字科技有限责任公司成立于 2020 年，是一家从事建筑业信息化技术服务的公司，业务范围涵盖技术咨询、软件研发与运营、数据处理、建设工程项目管理四大业务板块，致力于以高标准的专业能力服务建筑业高质量发展。

二、案例应用场景和技术产品特点

（一）技术方案要点

手册平台由工程云资料、协同云管理、智慧云监管三大部分组成，应用于施工全过程质量安全管理，实现基于项目工序级的多方在线连接、工作协同、智能预警。针对当前工程项目建设过程中，数据线下化、孤岛化等现状引发的相关责任方质量安全风险看不清、管理不到位等问题，借助人工智能、大数据、区块链等先进技术手段（图1），打破建造施工过程中施工工序与数据割裂的信息化壁垒，推进工程质量管理标准化，将质量管理要求落实到每个项目和员工，实现质量安全责任可追溯，提高企业自控、政府监控和保险风控的能力。

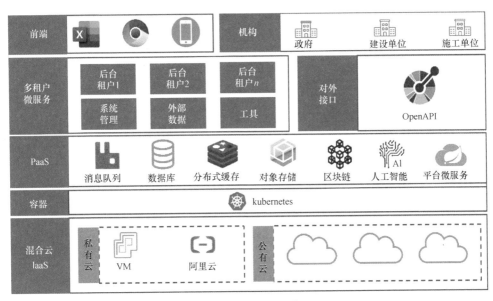

图1 平台体系架构

（二）平台特点

1. 手册平台实现上岗验证标准化管理，保障关键岗位管理人员和特种人员到岗履职。平台与公安部人员信息系统对接，用户通过人脸扫描方式进行人员注册和登陆，确保关键岗位管理人员和特种人员本人到现场履职，实时记录和规范人员行为。

2. 手册平台实现验收内容标准化管理，保障工程项目按照建筑工程标准规范表单进行验收。平台将相关国家规范要求制作成线上化表单，工程项目责任单位、责任人按照规范表单内容进行验收。对于相关验收条目摘录对应标准规范表述原文，以保障施工人员、验收人员明确相关标准规范要求，做好工程质量安全自查工作。

3. 手册平台实现验收流程标准化管理，保障施工全周期质量安全验收流程标准化。根据国家规范要求梳理各施工工序验收标准流程，验收记录线上流转、协同审签，支持施工记录和验收资料在线管理。

4. 手册平台指挥部大屏实现现场情况智能化管理。平台应用人脸识别身份验证技术，对危大工程安全技术交底现场参与人员进行识别，通过智能算法生成安全员未到交底现场、特种作业人员人数不足、无证等违规行为预警；应用数据分析技术生成起重设备台账，对设备基础未通过验收就开始安装、设备安装拆卸及顶升加节前未进行安全技术交底等违规行为进行预警；应用数据可视化技术，聚合项目基本信息、进度产值信息、质量管控信息、安全管控信息、人员到岗履职信息以及工程电子档案信息模块，多维展示项目生产管理数据，实时掌控项目现场作业要情和潜在质量安全风险，帮助企业智能管理。

（三）应用场景

手册平台适用于工程项目现场施工全过程管理。当前难以对工程项目关键岗位人员到岗履职情况进行有效把控，无法杜绝由于人员不到位引发的质量安全风险；现场施工过程记录数据有效性难以保证，缺少工程材料、质量安全现场问题管理抓手；工程资料真实性、及时性难以保障，工程项目现场资料与真实工程项目数据存在脱节情况；数据线下化、孤岛化严重，数据可用性差，难以提取、分析挖掘，难以支撑现场基于数据的科学决策，难以支撑质量安全量化评价。应用平台及时发现消除质量安全风险，保障工程项目数据及时性与有效性，分析数据价值支持科学决策。

三、案例实施情况

（一）案例基本信息

案例一：长春万科向日葵小镇项目位于吉林省长春市公主岭市范家屯镇，项目整体建筑面积约 70 万 m^2，总建筑面积 144 万 m^2。

案例二：延边州 2020 年新开工的项目已全面应用手册平台，延边州住房和城乡建设局各级部门全部开通监管账号，通过手册平台对下辖新开工的工程项目进行管理。

（二）应用过程

1. 建筑企业实现工程项目在线云协同与云管理

（1）实名录入。万科向日葵小镇项目实名制录入项目部人员 43 人，借助手册平台安全技术交底 AI 识别功能，在进行塔式起重机安装场景中，对现场特种作业人员进行身份识别，对安全员、技术员、现场监理人员到场情况进行管理（图 2）。

图 2 项目人员实名登录平台保障人员真实性

（2）在线协同。通过手册平台实现项目生产建设过程中产生的表单及对应验收数据线上化流转、留存（图 3），通过实时收集、分析生产数据，对违规、违法行为进行实时预警，提醒责任人及时监督、整改，形成管理闭环。该项目通过平台流转业务表单八百余张，主要涵盖地基基础、主体结构、屋面工程三大分部工程。

（3）智能风控。在检验批验收、隐蔽工程验收等关键工序验收过程中，手册平台通过技术手段硬约束，强制相关责任人在工程项目现场进行验收，并留存现场影像资料（图 4），验收人、验收时间、验收地点、验收工序、验收结果实时在线记录。平台对未按标准履行验收流程的行为及时预警，约束项目人员按标准化验收流程作业。

图 3　表单在线审批流转　　图 4　通过技术手段强制监理人员现场验收并留存影像资料

（4）智慧管理。为服务项目质量安全管理人员做好现场管理。万科向日葵小镇项目管理大屏集成项目信息、进度产值、质量管控、安全管控、到岗统计、电子档案 6 大模块（图 5）。管理人员通过项目信息模块可查看本项目下 43 栋单位工程分布及相关信息。进度产值模块支持以日为单位查看单位工程实施进度与产值完成情况。质量管控模块实时反映单位工程质量验收情况及质量问题预警情况统计。安全管控模块实时更新危大工程管理情况及安全问题预警情况。到岗统计模块展示人员到岗履职情况记录。电子档案模块实时展示工程资料生成情况。

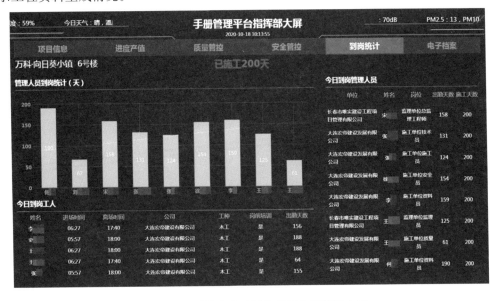

图 5　工程质量安全手册管理平台指挥部大屏

2. 住房城乡建设部门实现智慧监管，明确"什么人、在什么时间、什么地点、什么工序、做了什么事"

（1）扎实试点。延边州住房和城乡建设局各级部门开通监管账号，监管人员可在线查看工程质量安全风险预警、项目资料、工程项目管理人员到岗履职和风险预警整改情况，直达项目现场责任人员。手册平台使数据多跑腿，人员少跑路，政府监督人员去现场前已掌握工程实时进展等详细信息，做到心中有数，精准监管、差别化监管。

（2）推广应用。吉林省住房和城乡建设厅与延边州住房和城乡建设局先后9次在长春市、延边州地区召开试点项目培训宣贯会与试点工作调研调度会，持续推进手册平台落地。2020年8月，《吉林省住房和城乡建设厅关于开展工程质量安全手册管理平台应用试点工作的通知》（吉建办〔2020〕95号），明确自2020年9月1日起，试点地区和试点企业新开工的国有投资项目作为试点项目应用手册管理平台。2021年2月，《吉林省住房和城乡建设厅关于加快推进全省房屋建筑和市政基础设施工程档案电子化的通知》（吉建办〔2021〕24号），加快吉林省房屋建筑和市政基础设施工程档案电子化、数字化进程。4月14日，吉林省住房和城乡建设厅《关于推进施工标准化管理工作的通知》（吉建函〔2021〕252号），要求全省2021年新开工的房屋建筑和市政基础设施工程申报省级施工标准化管理示范工地的必须应用手册平台，大力推进手册平台推广应用。

四、应用成效

（一）解决的实际问题

当前，工程项目管理主要通过指派责任人员到工程项目现场进行日常检查，以及委托第三方专业机构到工程项目现场进行飞行检查等传统方式。手册平台通过工程云资料、协同云管理、智慧云监管功能，解决传统方式中对管理人员要求高、质量安全管理成本高的问题。借助数据可视化技术，将项目现场情况实时反应，协助管理人员实时把控项目质量安全风险，落实项目精细化、标准化管理。

（二）应用效果

手册平台于2020年9月在长春万科向日葵小镇项目应用，平台覆盖单位工程43栋，流转业务表单八百余张，覆盖总工程师、专业监理工程师、专业技术负责人、质量员、安全员、特种作业人员等11类角色人员近50人。平台运行期间发现并处理预警事项3类共计30余项，有力提升现场管理效果，减少了质量安全风险。借助线上实时审批流转功能，表单流转平均用时压缩至以分钟为单位，保证工程资料时效性。现场施工人员考勤记录以日为单位进行统计展示，到岗情况真实可查。

截至2021年9月底，手册平台已在吉林省335个项目运行，覆盖1160个单位工程，2800余名工程现场人员。平台产生业务表单77000余张，涵盖钢筋水泥原材料进场、检验批验收、隐蔽工程、危大工程验收等各类生产过程一线资料。手册平台运行效果获得各方高度评价。

（三）应用价值

1. 手册平台明确"什么人、在什么时间、什么地点、什么工序、做了什么事"，服务智能监管，助力落实建设单位首要责任和施工单位主体责任，提升工程质量安全管理水平。

2. 基于手册多方治理机制和平台基础，政产学合作探索降低 IDI 风险。通过数据为用、算法为芯，服务 IDI 底层风控和精准定价，借助市场化手段形成 IDI 新型风险共治机制，助力降低 IDI 等建筑行业保险风险。

3. 手册平台通过吉林省试点应用，不断扩大应用范围。手册平台在浙江、安徽等地推广，在 2021 年 3 月 25 日浙江省建筑施工质量安全标准化工作现场会上，向全省推广工程质量安全手册平台。

撰稿人：
吉林省住房和城乡建设厅（张旭东、张久慧、张军闯）
中国再保险（集团）股份有限公司（冯键）
北京中筑数字科技有限责任公司（曹四海）

审稿专家：
李东（百川伟业（天津）建筑科技股份有限公司，总工程师）
赵宪忠（同济大学，教授）

上海市预制构件信息化质量管理保障平台

上海城建物资有限公司

一、基本情况

（一）案例简介

上海城建物资有限公司基于多年构件生产管理经验，利用"互联网思维＋信息化手段"，开发了上海市预制构件信息化质量管理保障平台（图1）。该平台立足行业质量管理需求，由行业端—生产端组成，采用覆盖行业生产和应用全过程的信息化系统，对构件全生命周期质量进行监管，打造一定区域内的预制构件质量管理闭环，实现了传统产业的信息化融合。

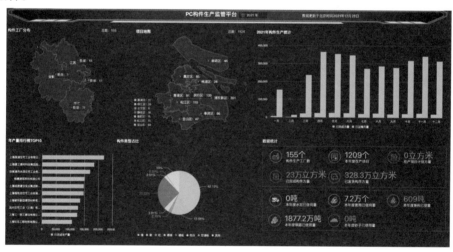

图1 上海市预制构件信息化质量管理保障平台

（二）申报单位简介

上海城建物资有限公司（以下简称"城建物资"）是以商品混凝土与新型建筑材料的研发制作、生产销售为基础产业，以绿色环保新型节能建材电子商务为支持产业，以科创培育产业投资为主导产业的"三维"产业融合发展的独资企业，年销售总额20亿元以上，是获得日本预制混凝土结构协会认证的混凝土预制构件企业，自2011年起承担了十多项装配式建筑课题，参与海内外项目近百项。

二、案例应用场景和技术产品特点

（一）技术方案要点

上海市预制构件信息化质量管理保障平台按用户性质不同可分为监管端和生产端（图

2)。监管端主要服务行业监管部门,通过平台对装配式预制构件生产企业及其产品质量实现高效监管;生产端是监管端的数据采集源头,是监管端产品质量控制和追溯的基础,通过对接"生产管理系统软件",导入相应的数据。生产端主要服务生产企业,对生产过程实现智能化管理。

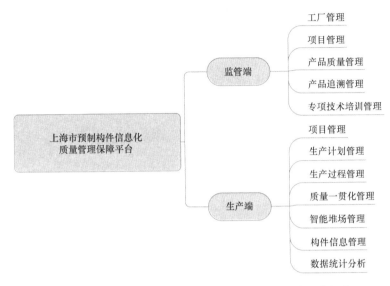

图 2　上海市预制构件信息化质量管理保障平台架构

上海市预制构件信息化质量管理保障平台实现了监管端和生产端的信息数据的连通和同步管理。生产端信息数据包含生产过程、质量追溯、交付过程等方面,监管端则在汇总生产端数据的基础上,拓展到资源匹配服务方面,包括产品质量管理、产品追溯管理、专项技术培训管理等服务模块,重点对行业内产品的全生命周期质量数据形成追溯体系。

(二) 产品特点

上海市预制构件信息化质量管理保障平台基于以往质量管理经验,通过信息化手段,实时掌握装配式预制构件行业数据动态,绘制上海装配式预制构件数据图谱,打造装配式预制构件质量管理闭环,提升装配式预制构件行业产品质量。同时,通过采集分析行业数据,结合大数据分析研判,摸索监管新思路,对预制构件产品实现"过程可视、质量可控、产品可追溯""风险提前预警,问题及时处置""均衡产能供给,补齐技术短板",使上海装配式预制构件行业科学、健康、有序发展。平台具有如下特点:

1. 连接生产端与监管端,全生命周期监管预制构件质量。平台打通了生产端、监管端数据传输,通过系统对接可直接获取企业的真实生产数据。平台数据采集的实时性与便捷性弥补了装配式预制构件传统监管模式的人工采集数据速度慢、重复录入、数据易丢失等不足。同时,通过二维码或 RFID 芯片采集预制构件产品在生产、运输、安装、运维全过程数据,实现生产可视化、质量可控制、产品可追溯,全生命周期监管预制构件质量。

2. 大数据分析行业发展趋势。通过对装配式预制构件全生命周期内数量巨大、来源分散、格式多样的数据进行采集、存储和关联分析,梳理行业需求,优化客户体验,预测行业风险并建立有效的安全机制，保障了行业优质企业良性发展，杜绝行业野蛮生长。

3. 通过互联网思维提升预制构件生产管理水平。生产端基于城建物资 30 余年的预制构件生产管理经验，利用互联网思维、信息化手段，开发出操作便捷化、管控一体化、车间数字化、生产精益化、堆场智能化、质量一贯化的生产管理系统，全过程、多维度一体化集中管理，实现了工厂车间的数字化、透明化、可视化、在线化和可溯化，有效解决生产企业发展痛点，提升装配式预制构件生产企业效率，优化企业管理水平，降低制造成本。同时使得传统构件行业精益生产成为可能，并通过数据沉淀为未来的大数据分析和智能决策提供基础条件。

（三）应用场景

平台适用于具有质量管理需求的预制构件生产区域，区域内存在一定数量具有一定信息化软件硬件基础的预制构件生产企业及行业监管部门，预制构件生产企业作为生产端，是数据采集的源头，通过对接"生产管理系统软件"，导入相应的数据，对生产过程实现智能化管理；监管端主要服务于行业监管部门，通过平台对企业及产品质量实现高效监管。

三、案例实施情况

（一）案例基本信息

1. 监管端。监管端功能模块主要包括工厂管理、项目管理、产品质量管理、产品追溯管理和专项技术培训管理。上海市工程建设质量管理协会利用平台监管系统对在沪备案的 141 家预制构件生产企业及其产品质量实现高效监管，以平台的电子质保书功能模块为监管抓手，集中装配式构件服务项目信息、构件质量相关信息、构件原材料相关信息。以平台的线上培训模块为管理抓手，对工厂的技术工人进行有效的监管和培训。

2. 生产端。上海住总住博建筑科技有限公司利用平台生产管理系统，已实现 22 万 m³ 预制构件产品的生产管理，在多方面提升了生产管理效率：自动排场效率提升 10 倍；资料整理效率提升 10 倍；装车效率提升 60%；统计效率提升 90%，统计准确率 100%，整个制造过程做到无纸化办公。

（二）应用过程

监管端功能模块主要包括工厂管理、项目管理、产品质量管理、产品追溯管理和专项技术培训管理。平台自使用以来共涉及装配式工程建设项目 800 余项，构件数量达到 240 万个，约 165 万 m²，并通过平台生成电子质保书 25 万余张，在平台内已开设 200 余次课程，培训 1 万余名装配式建筑产业工人，颁发 7000 多张培训合格证书，为行业健康、有序发展奠定了基础。

1. 工厂管理。平台工厂管理功能模块（图 3）从行业管理目标出发，实时采集所需的工厂信息、生产数据以及质检数据，并汇总、归纳出大数据要素。可对接市场上所有"生产管理软件"，使协会便捷地获取所有备案生产企业的数据。通过数据统计整理、关联分析，可高纬度的掌控构件生产行业动态，为协会调控产能、原材料监控、质量巡检、扶持政策制定等工作提供了数据支撑。

2. 项目管理。项目管理模块（图 4）通过采集备案企业生产管理系统的项目信息与上

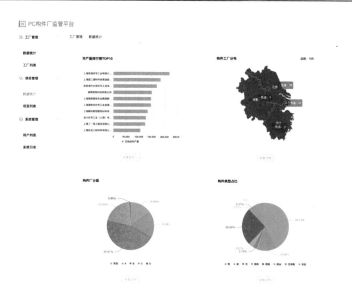

图3　工厂管理数据统计

海"土地招拍挂"对比，绘制上海装配式建筑项目信息地图，直观展示各区项目及不同阶段项目情况。截至2021年3月，平台管理项目数已超过800余项。可快速查看、搜索不同时间段内项目总数和计划生产、已完成及已运输方量，为协会统筹管理工作提供了数据支撑。

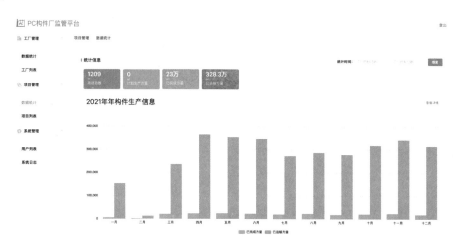

图4　项目管理数据统计

　　3. 产品质量管理——电子质保书。生产企业只需将符合要求的原材料信息、质检信息等资料上传即可获取电子质保书（图5）。电子质保书无需重复录入，且方便追本溯源。截至2021年3月，已发放21.5万张电子质保书，包含了超200万个预制构件，约140万 m^3。通过电子质保书与传统的现场巡查、抽检结合，形成了完整的产品质量管理链条，确保上海市构件成品"过程可视、质量可控"。

　　4. 产品追溯管理。通过"芯片管理＋物流数据监控"，可追踪任意出厂构件的去向，

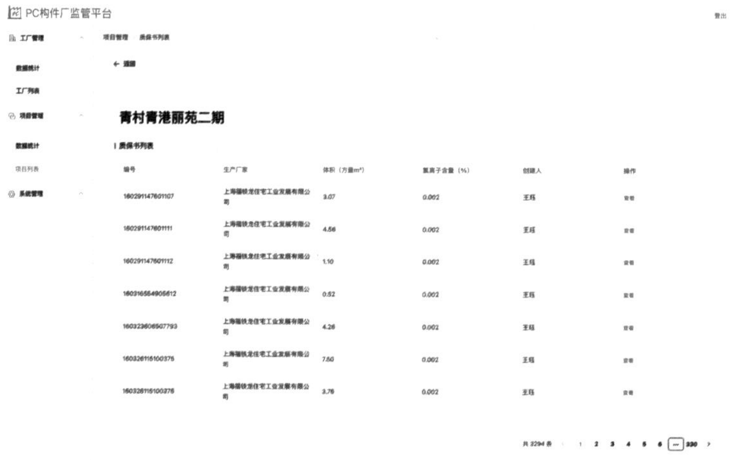

图 5　电子质保书

对构件在运输途中的风险隐患进行监控。构件质量发生问题时，可通过芯片定位及时、准确的回溯来源，做到"构件产品可追寻"。协会通过该功能打通了生产环节与施工、运维环节，对产品全生命周期进行监管。

5. 专项技术培训管理。通过平台为装配式行业工人提供专业技术培训并考核，使其满足现代化制造业的要求，为行业输送专业技术人才。"培训学籍系统"涵盖的数据监控功能可对企业关键技术岗位缺损进行预警，提示企业及时补充相关岗位技术人员，提示监管单位对缺损技术岗位工作进行巡查，避免相关环节质量风险隐患。通过培训大数据的分析，可及时发现能力的不足与知识的更新滞后，有针对性地研发相关课程，补齐行业技术短板。目前，平台已开设 200 余次课程，培训 10296 名学员，颁发 7169 张合格证书。

生产端（图 6）由物料跟踪、制造执行系统（MES）、数字化车间、智能优化、工厂移动 APP 等子系统组成，覆盖生产全过程，主要功能模块包括项目管理、生产计划管理、生产过程管理、质量一贯化管理、智能堆场管理、构件信息管理、数据统计分析。上海住总住博建筑科技有限公司是上海城建物资有限公司下属的构件生产销售企业，下辖 3 家自营工厂，10 家联营工厂，通过使用上海市预制构件信息化质量管理保障平台，实现对多点多工厂的远程质量管控，通过总部排产、集中产品类型生产、芯片记录全过程数据等功能，实现高效、优质的生产效果。

1. 项目管理。通过平台对工厂内所有订单项目进行管理（图 7）可直观了解企业订单。通过楼层图对生产与发货进度进行可视化展示，并对交付进度进行预警，帮助生产线合理安排生产计划。对于工程变更，系统按版本记录，便于后期查阅。

2. 生产计划管理。根据施工要求、节点自动分解生产订单、安排生产计划。确定工艺路径后，自动编制组模计划，支持手动、自动两种组模模式。生产计划管理可灵活按需组织生产，产线工艺调整便捷，生产任务实时把控，通过设置自动排程规则，有效缩短排产时间，计划调整灵活便捷，信息上下传递及时。

3. 生产过程管理。原料管理：原料采购与生产计划联动，有效控制库存成本；备料计划与作业计划联动，精准控制原料消耗。

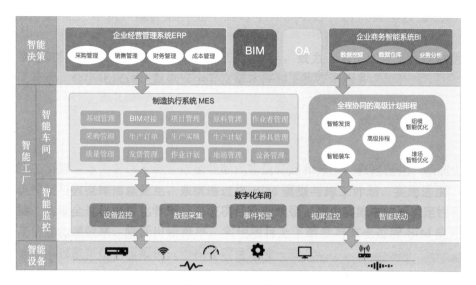

图 6　生产端功能架构

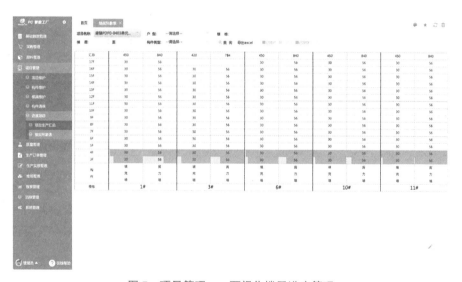

图 7　项目管理——可视化楼层进度管理

钢筋管理：自动生成部件计划提高工作效率；在线部件图纸便捷指导现场生产；钢筋切割方案有效降低原料成本。

设备管理：自动派发点检工单；在线实时查看报修设备故障；实现设备的全生命周期管理；设备健康状态在线管理；移动产线模台自动跟踪；养护仓温湿度实时监控；自动下达设备联动控制。

构件管理：实时收集生产实际信息，对生产进行有效管控；"二维码＋模台 RFID 跟踪"，追溯构件所有生产记录。

4. 质量一贯化管理。原料质检（IQC）：通过设定原材料检验模板及取样规则（可自定义），规范原材料质检流程，保证原材料质量合格，并留档质检数据。

制程质检（IPQC）：根据构件特点及生产流程可配置隐蔽检验、成品检验项目；通过

APP扫码检验，在生产过程中步步检测，对产品质量精准追溯。

成品质检（FQC）：构件生产完成后，可一键生成质检资料，随车打印，电子质保书自动关联试块强度实验报告。且系统设置完善的不合格品处理流程。

5. 智能堆场管理。物流、堆场发货规范管理（图8），发货任务自动生成；可视化堆场快速定位构件；扫码发货提高发货效率；调拨单实现构件运输管控，构件流向可追溯。

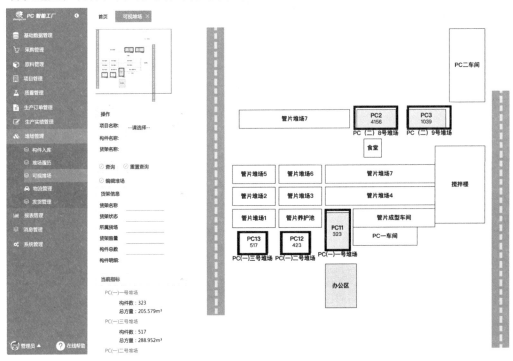

图8　堆场管理——可视堆场

6. 构件信息管理。通过二维码、RFID芯片系统，记录构件信息（图9），包括：构件基础信息、原料领用记录、隐检与成品检记录、养护仓温湿度记录、试块强度、出入库记录等。

7. 数据统计分析。实时统计生产数据，成本核算数据准确，通过数据沉淀，帮助工厂优化成本、质量、绩效等（图10）。

四、应用成效

（一）解决的实际问题

随着上海市工业化建筑配套政策以及绿色生产、施工政策的落地，本地的装配式建筑市场容量以几何级数增长，每年完成的装配式建筑面积自2015年的220万 m² 到2019年的1750万 m²。传统行业监管手段在现今的市场体量、繁杂的数据前逐渐显现出力不从心，导致构件成品质量、原材料质量控制、构件生产产能不均，行业人才不足等关乎行业健

图9　移动端构件信息页面

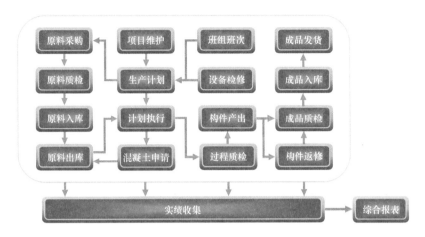

图 10　生产管理流程图

康有序发展的问题也与日俱增。

　　上海市预制构件信息化质量管理保障平台基于开发单位多年的构件质量管理经验,将关键质量数据通过各类数字化方式汇集到平台,绘制上海市装配式预制构件数据图谱,打造质量管理闭环。一是质量数据数字化,关键质量数据全链条透明,形成有效质量监管。二是技术工人培训可控化,对行业内的从业人员进行全覆盖性培训,形成质量源头可控。三是产能供给均衡化,通过总分模式,线上完成产品类型与产线类型的自动匹配,形成效率与质量的兼顾。四是生产数据可视化,通过芯片等技术手段,将生产数据伴随产品全生命周期,形成质量追溯性。

(二)应用效果

　　在长三角一体化战略背景下,区域产业融合发展迅速,在上海市备案的长三角区域装配式预制构件生产企业超过 140 家。截至 2021 年 3 月,上海市工程建设质量管理协会利用"上海市预制构件信息化质量管理保障平台"实现对 141 家构件生产备案企业的全面监管,改变协会传统监管模式下的数据采集难、质量追溯难等问题,提高了行业信息化管理水平。

　　截至 2021 年 3 月,上海住总住博建筑科技有限公司利用生产管理系统已实现 22 万 m^3 预制构件产品的生产管理,整个制造过程做到无纸化办公,各个质控点的数据可结构化存储和分析,过程质量数据通过接口的方式可实时上传到"上海市预制构件信息化质量管理保障平台"。通过平台生产端管理系统,在自动排产、资料整理、出库装车、数据统计等方面提升生产管理效率。

执笔人:
上海城建物资有限公司(谢斌)

审核专家:
李东(百川伟业(天津)建筑科技股份有限公司,总工程师)
赵宪忠(同济大学,教授)

江苏省建筑施工安全管理系统
智慧安监平台

江苏省建筑安全监督总站
南京傲途软件有限公司

一、基本情况

（一）案例简介

为实现工地的数字化、精细化、智慧化管理，江苏省围绕人、机、料、法、环等关键要素，建立建筑施工安全管理系统智慧安监平台（以下简称"智慧安监平台"）。该平台包括政府端和项目端，政府端包括在建工程、安全监督、机械设备、危大工程等四个模块和一个展示与分析平台；项目端包括现场隐患排查、人员动态管理、扬尘管控视频、高处作业防护、危大工程监测五个模块和一个集成展示与分析平台。整个平台可以将施工现场的塔式起重机安全、施工升降机安全、现场作业安全、人员行为安全、人员动态信息、工地扬尘污染、超危工程监测情况等内容进行数据自动采集、集成分析和展示。推动工程安全管理水平稳步提高，加快管理部门之间数据融合与业务协同，促进政府监管效能提升。目前，全省 137 个县级以上建筑安全监督机构统一采用安全监管信息化管理平台，节约投资超过 1000 万元。

（二）申报单位简介

江苏省建筑安全监督总站于 1999 年成立，为全额拨款事业单位，2013 年被江苏省人力资源和社会保障厅、江苏省公务员局批复列入参照公务员法管理，主要职责是负责对全省建筑行业的施工安全实施监督检查。

南京傲途软件有限公司是一家为政府、企业、研究机构提供软件应用系统定制开发的国家高新技术企业、双软认证企业和江苏省民营科技企业。公司服务的政府机构、企业、工地用户已超数万家，并主编或参编多项重要标准。

二、案例应用场景和技术产品特点

（一）技术方案特点

为实现智慧安监，首先将传统的政府业务平台提升至智慧化监管平台，并能够与施工现场的信息化系统实现实时互通，因此，提出智慧安监的主要技术内涵（图1）。

1. 施工现场人员定位技术。通过在安全帽上增加具有定位功能的模块，结合施工现场布置的信号锚点，实现人员立体定位功能，并可获取人员进出信息、人员活动轨迹等。

2. 人员安全教育技术。结合施工现场的安全隐患特点和 BIM 模型，采用 VR（虚拟

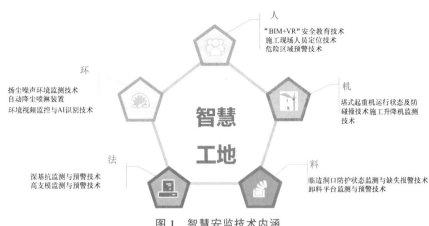

图1 智慧安监技术内涵

现实）技术对建筑工人进行安全教育和体验，并对体验后的感受与其工种相结合进行分析。

3. BIM技术的危大工程标识与管理。将深基坑、高支模作为重要的危大工程监测技术，集合工程设计阶段BIM模型，将危大工程进行标识，并与其在施工过程中的监测数据采集结合在一起，进行自动化管理。

在以上技术的基础上，通过物联网技术将现场的数据采集到工地端集成平台上，并通过全省统一的数据接口与政府端智慧安监平台实现数据层、业务层、界面层的融合，最终实现一个完整的智慧安监可实施的框架以及基于该框架的智慧安监平台。

智慧安监平台的核心是改进施工中对人的管理和行为交互方式、物的监控和状态交互方式，建立人、机、料、法、环互联协同机制模型，形成工地端和政府端的整体数据收集、安全监控、风险预警、事故追责、经验共享等信息化智慧生态圈，实现工程安全的智能监管。

（二）关键技术及行业比较

1. 创新智慧安监集成技术。设计一种新的三层框架，实现多种数据的融合；提出一种基于SaaS的界面融合技术；实现跨系统的界面融合，完成一套"三位一体"智慧安监平台（图2）。

2. 编制房屋建筑工程施工现场安全检查用语及数据交换标准，规范安全监督检查内容描述及处置措施，解决省、市、县（区）三级安全监督系统数据互联互通和政府端、企业端、项目端安全检查数据融合难题。

3. 开展基于BIM的深基坑安全动态监测与预警技术研究。数值模拟深基坑的支护体系及周边土体受力情况，初步判定重要监测点位；建立BIM动态安全监测模型，通过监测数据反馈驱动模型，实现深基坑安全风险动态评估，快速定位危险源，精确分析数据，及时预警和报警，辅助决策。

4. 创新基于NB-IoT（窄带物联网）技术的建筑行业智能安全帽应用，运用物联网技术与相关定位技术，把人的行为信息数据进行统计分析，实现人员定位、轨迹跟踪、区域告警、临边防护接近预警等功能，提升施工管理效率，保障现场安全生产。

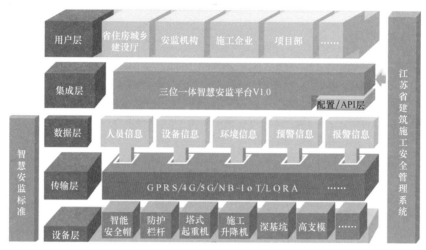

图 2 "三位一体"智慧安监平台架构

（三）产品特点

1. 基于前期标准化和信息化建设的基础工作，完成关键智能化技术研究。开展智慧安监集成、智能安全帽应用、深基坑监测预警等关键技术研究，为智慧安监的应用提供有力的技术支持。

2. 采用基于 SaaS（软件即服务）技术，完成智慧安监平台的研发，实现政府端及施工现场数据的互联互通。

3. 平台已在江苏省内推广，全省所有建筑安全监督机构采用了统一的智慧安监平台。通过研究与应用，提高施工现场决策能力和管理效率，推动各级建筑安监机构与相关部门之间的数据融合与业务协同，实现全省建筑工程施工许可"一站式"申报，"一平台"互通，提升了安全监管工作效率。

（四）应用场景

目前，江苏省住房和城乡建设部门各安全监督机构已全部实现统一的信息化监管，但主要是以业务流程为主，而智慧安监平台是在该基础上顺势发展的一种辅助监管手段。该平台可同时为政府端、施工企业、项目部提供智能化管理服务，即"三位一体"智慧安监平台。施工企业及项目部根据江苏省关于智慧工地建设的要求，开展五大模块和一个平台的建设。当现场监测数据出现异常时，将自动通知安管人员及时处理、消除隐患。同时，部分数据通过江苏省智慧安监数据接口上传至政府端。数据汇集后，政府端对数据进行集成展示与分析，供监督机构了解各项目的人员、环境、安全隐患、大型机械、超危工程的实时状态，从而辅助监督机构实现人机共管。

三、案例实施情况

（一）应用过程

2018 年，开展智慧安监平台技术研究。2019 年，建设完成智慧安监平台，发布智慧安监实施指南，在全省 107 个项目开展智慧工地示范建设，且项目数据实现与智慧安监平台对接。2020 年,对全省 30 个监督机构开展智慧监管平台建设,同时,对 716 个项目进行智慧工地示范建设,形成江苏省智慧安监平台技术内容(图 3)。

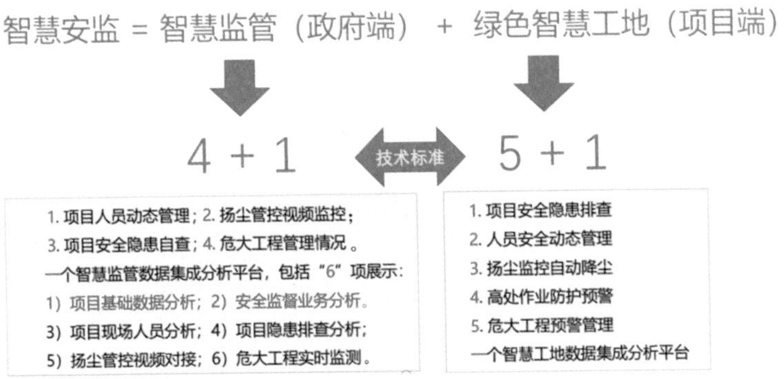

图 3　智慧安监平台技术内容

(二)智慧安监实施过程

1. 项目在线申请智慧工地建设。

需要建设智慧工地的项目应在平台进行建设内容申请,并提交监督机构进行审核,审核后可以开始创建智慧工地(图 4)。

图 4　项目部提交智慧工地创建申请

2. 各项目完成智慧工地创建后,应建立项目端平台并展示和分析所集成的数据(图 5)。

3. 项目部应在线开启数据对接与考核接口,以确保数据能与政府端平台有序互通(图 6)。

4. 智慧安监政府端平台结合业务基础数据以及智慧工地上传的数据进行展示与分析,由在监工程、安全监督、机械设备、危大工程四大模块构成。

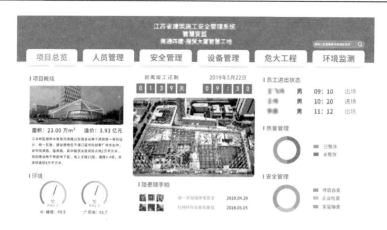

图 5　项目端智慧安监集成平台

| 逐项开启数据动态考核（20/25） | | 提示：若无数据动态考核接口，请先设置填写对接地址 | |

数据动态考核累计69次，数据动态考核平均得分93.46分

序号	考核时间	得分	操作
1	2021-12-23 09:30:00	96	查看明细
2	2021-12-22 09:30:00	96	查看明细
3	2021-12-21 09:30:00	96	查看明细
4	2021-12-20 09:30:00	96	查看明细
5	2021-12-19 09:30:00	96	查看明细
6	2021-12-18 09:30:00	96	查看明细
7	2021-12-02 09:30:00	96	查看明细
8	2021-12-01 09:30:00	96	查看明细
9	2021-11-30 09:30:00	96	查看明细
10	2021-11-29 09:30:00	96	查看明细

共 69 条记录 第1-10条　1　2　3　4　5　6　7　>　10条/页▼　跳至　　页

图 6　数据对接及考核情况

（1）在监工程

在建工程模块主要是统计在建项目信息、超期 90 天、检查信息、危大工程及智慧工地几大部分数据。其中，项目信息中包含了造价、面积及项目分类；检查数据是依据上半年、下半年进行统计显示（图 7）。

（2）安全监督

安全监督模块主要是统计分析检查单数据，其中包含日常监督、检查单分类、开单强度排名、被开单企业较多排名、检查用语排名等数据展示（图 8）。

（3）机械设备

机械设备模块主要是统计显示机械数据，其中包括机械使用情况及状态、机械分类、检测信息、使用登记信息四大部分数据展现（图 9）。

（4）危大工程

危大工程模块包括超危工程状态及分类、危大工程状态及分类（图 10）。

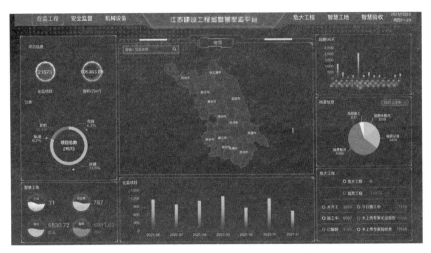

图 7 在建工程数据展示与分析

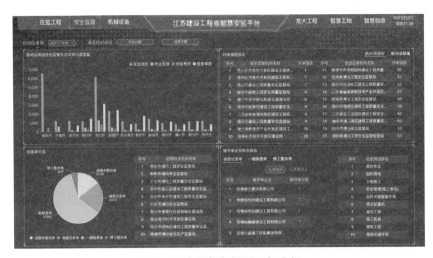

图 8 安全监督数据展示与分析

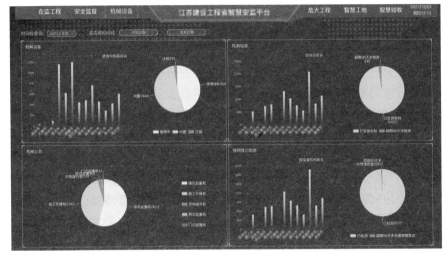

图 9 机械设备数据展示与分析

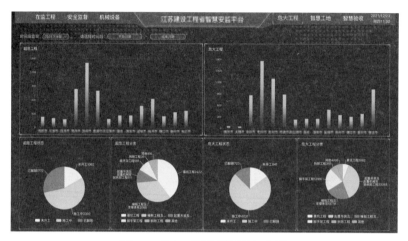

图 10 危大工程数据展示与分析

四、应用成效

通过智慧安监平台构建智能防范控制体系，有效弥补传统监管方式的不足，实现对人员、机械、材料、环境的全方位实时监控，变被动"监督"为主动"监控"，有效提升建筑施工安全水平。

1. 实现数据实时动态查看和风险动态监测。结合项目基础数据及视频、传感器等实时数据，实时查看人员动态信息，重点环节、重点施工部位的施工信息，同时，对危险部位、危险环节实时监测、预警管理。

2. 实现人员动态安全管理。通过工地现场实名制进出管理、基于安全帽的人员定位管理、人员安全教育及奖惩信息管理信息等，实现对工人的动态安全管理。

3. 实现项目安全管理标准化、规范化。明确智慧工地平台功能和使用规则，利用平台实现施工安全风险隐患排查、隐患随手拍、移动巡检等功能，完善风险隐患排查治理体系，有效落实安管人员责任，确保隐患及时发现并实现闭环管理。

4. 提升安全综合监管能力。通过信息化系统与智能化技术的深度融合，进一步提高行业管理部门的整体工作效率，消除应用分散、多头登录、信息孤岛林立等问题。通过政府与项目平台的关联共享实现更加智慧的行业监管和协作，整合监管单位与项目现场管理资源。为提高人员效率、设施综合监测和管理、支撑工程安全生产、辅助综合管理决策等建立数据基础。

执笔人：
江苏省建筑安全监督总站（王佳强、龚自立、张并锐、白玉贵）
南京傲途软件有限公司（姜太平）

审核专家：
李东（百川伟业（天津）建筑科技股份有限公司，总工程师）
赵宪忠（同济大学，教授）

南京市 BIM 审查和竣工验收备案系统

南京市城乡建设委员会
中通服咨询设计研究院有限公司

一、基本情况

（一）案例简介

南京市 BIM 智能审查和竣工验收备案管理系统旨在探索建筑信息模型技术在工程建设项目规、建、管全流程与全周期的一体化应用。该系统以工程项目审批制度改革为引领，将 BIM 技术应用到施工图审查业务，实现施工图审查从二维平面向三维立体模型的技术跨越和改革转型，提高审图效率，全面提升项目施工图审查数字化、信息化和智能化水平。系统通过将施工图模型应用在施工阶段，创新施工过程监管手段，探索工程建设项目全过程一体化管理。

（二）申报单位简介

南京市建设工程施工图设计审查管理中心是南京市城乡建设委员会直属正处级事业单位，主要职责为受市建委委托对南京地区建设工程施工图设计审查、勘察设计质量进行监督与管理，为该项目具体牵头推进实施单位。

中通服咨询设计研究院有限公司始建于 1963 年，系致力于通信、建筑、信息化、电力、节能环保的咨询、设计、研究与实施的国家级高新技术企业。

二、案例应用场景和技术产品特点

（一）案例应用场景

本项目包含工程建设施工图及竣工验收两大阶段，分别对应施工图 BIM 审查模块和竣工验收备案 BIM 管理模块。施工图 BIM 审查管理模块（图 1）是运用 BIM 技术具备的可视化、协同化、数字化、参数化的特性，结合信息技术手段，改变现有的施工图审图的工作模式，可以有效解决施工图审查过程中存在的大量规范理解不一致、审核尺度不一样、审查工作量大、环节管控难导致模型成果疏于审查的困难，实现施工图的智能辅助审图，提高模型成果的精度和质量，提升审查效率，助力工程建设项目审批制度改革。主要适用于负责施工图设计质量监督的单位。

竣工验收备案 BIM 管理模块（图 2）依托施工图审查合格后的模型成果，结合工程质量监督管理要求，研发施工过程监管、竣工验收备案功能，通过信息化手段辅助传统质量监督，保障模型成果在施工现场的应用成效，实现一模到底。该模块适用于各地负责工程质量监督和档案管理的监督部门和项目各参建单位。

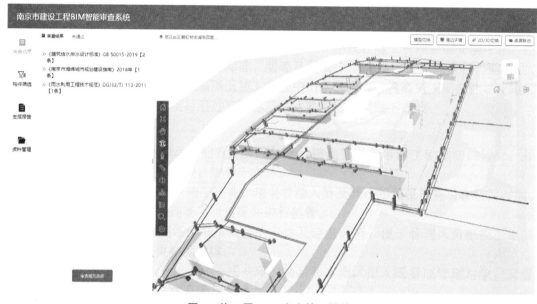

图 1　施工图 BIM 审查管理模块

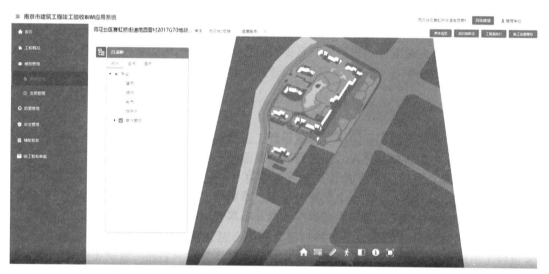

图 2　竣工验收备案 BIM 管理模块

(二) 技术产品架构

本项目以工程项目审批制度改革为引领，将 BIM 技术应用到施工图审查业务及施工过程监管中，形成"1＋1＋2"框架体系，即一套标准，一套机制，两大模块。在现有管理流程上，不增加审批环节、审批事项，与现有管理平台有效集成与衔接（图3）。

本项目两大模块以现有数字化审查系统为依托，采用人审机辅、二维三维并行的模式，实现施工图 BIM 智能审查，拓展竣工验收备案管理功能，模型数据能与工程建设项目审批管理平台、规划 BIM 报建系统、CIM 基础平台等无缝对接，确保部门之间、系统之间模型数据无缝无损流转和共享。

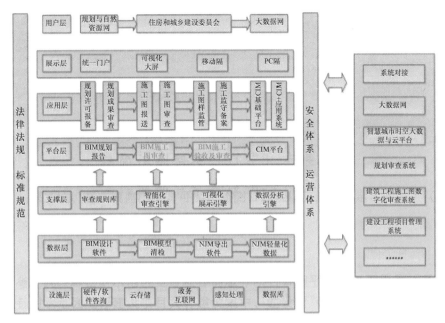

图 3　BIM 智能审查系统架构

（三）技术产品特点

1. 审查智能高效便捷。施工图 BIM 智能审查模块覆盖建筑、结构、给水排水（含海绵城市）、电气、暖通五大专业及消防、人防、节能三大专项共 302 条可量化条文，利用智能审查引擎，能自动、全面、快速、准确地检查出施工图设计模型违反规范条文的内容。如建筑专业可快速判断模型中的安全措施、疏散距离的设计是否满足规范要求；结构专业可自动检查配筋不足、抗震构造违反强条等问题；机电专业可自动检测消防管道管径、管道材质不满足设计规范要求等问题。通过智能审查，满足用户多场景下的需求，为 BIM 智能审查的落地奠定基础，提高信息应用效率和效益（图 4）。

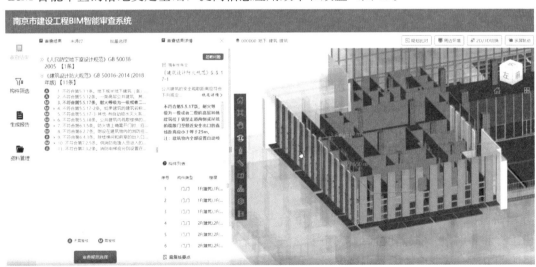

图 4　疏散间距审查

2. 管理环节有机闭环。在施工图模型基础上，对项目施工过程及竣工备案进行管理，实现管理环节闭环，提升项目规、建、管全过程管理水平。系统具有很多简便实用的功能，包括问题定位、二维三维实时互动、多专业参照、可视化查看模型属性、多维度数据统计等。通过模型比对、变更管理、实测管理、数据实时共享等技术手段，破除信息壁垒，及时发现问题，保障施工图模型、竣工验收模型一致（图5）。以 BIM 技术为抓手，结合移动端及 Web 管理端，各参建单位与管理部门协同办公，有针对性优化管理模式，促进管理服务改革，提高管理服务效率和质量，优化营商环境。

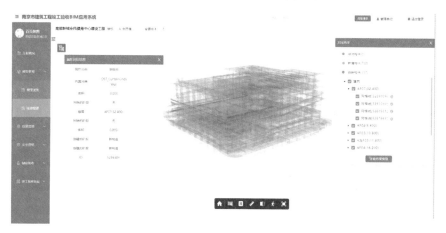

图 5 点云对比

3. 数据格式自主可控。基于南京市统一 BIM 数据标准研发施工图及竣工图建模（NJM）数据格式，扩展施工图设计、竣工验收阶段的构件几何、属性信息等。NJM 数据是经过轻量化的 BIM 数据格式，解决 BIM 模型浏览对硬件要求高、卡顿等问题，保障模型信息无损流转。在统一数据标准和格式的基础上，围绕规、建、管一体化，落实 BIM 模型从规划报建到施工图审查、竣工验收备案的全流程管理，完成与相关平台系统的对接，实现不同部门之间模型数据共享。通过南京自主 BIM 格式 NJM，实现横向数据对接，纵向数据汇交共享，保障未来流转到 CIM 平台数据的安全可控（图6）。

图 6 模型在城市 CIM 平台中的展示

4. 标准体系健全规范。结合南京市试点示范工作，编制组同步完成了智能审查数据格式、施工图信息模型设计交付、BIM 智能审查条文、竣工信息模型交付等四本技术导则。导则进一步明确了施工图及竣工验收 NJM 的数据要求及定义，规范了设计申报、施工图审查和施工管理的行为，配套编制技术指南、操作手册、引导视频等技术文件，为系统的推广应用奠定了基础（图 7）。

图 7　四本配套技术导则

三、案例实施情况

（一）项目基本信息

南京市南部新城机场三路社区中心项目共分为 3 个地块、7 栋单体，总用地面积 $19786.52m^2$，总建筑面积 $61051.27m^2$，地块功能包含社区养老、行政办公、街区商业、派出所、幼儿园等（图 8）。项目位于南京市首批 BIM 技术应用推广示范区范围内，在项目全过程应用 BIM 技术，成功申报南京市首批 BIM 示范项目。

图 8　南部新城机场三路社区中心效果图

（二）应用过程

1. 总体应用目标。从项目立项开始就制定了 BIM 全生命周期管理应用的总体目标，梳理 BIM 技术在项目规划、设计、施工及运维阶段的应用重点及难点，并写入项目任务书（图 9）。

01规划阶段			
应用维度	既有场地	单体建筑	园区
应用场景	倾斜摄影+BIM建模 点云扫描+BIM建模 细节检查	BIM设计建模 BIM方案优化 BIM性能模拟 指标统计分析 BIM规划报建	GIS+BIM建模 园区建设方案优化 市政道路设计 市政管网设计 场地市政现状分析

03施工阶段			
应用维度	施工准备	施工实施	施工验收
应用场景	施工深化设计 施工平面布置 施工进度模拟 施工方案模拟 工程量统计	BIM模型审核 BIM设计变更 构件预制加工 施工管理平台 施工进度、质量、安 全、成本管理	竣工资料管理 竣工模型管理 竣工工程量统计 BIM竣工验收备案

02设计阶段			
应用维度	方案设计	初步设计	施工图设计
应用场景	经济指标分析 可视化展示 建筑性能分析 建筑方案模型	技术经济指标分析 初步设计模型 建筑性能分析 概算工程量	工程量统计 净高分析 碰撞检测 管综优化 三维设计二维表达 施工图BIM报审

04运维阶段			
应用维度	可视化展示	业务管理	数据分析
应用场景	BIM运维管理 大屏展示 Web页面展示 C端展示 移动端展示	工单管理 设备管理 租赁管理 空间管理 安防管理	能耗分析 人流分析 设备运行分析 风险预警

图 9　南部新城机场三路社区中心项目应用要点

2. 规划 BIM 报建。在规划阶段，建立规划报建模型，将规划审查相关表单数据通过设计软件自动匹配数据，顺利通过南京市规划 BIM 报建系统。系统自动核查规划指标数据与设计要点的符合性，将模型数据导入规划许可证中（图 10）。

图 10　南部新城机场三路社区中心规划报建模型

3. 施工图 BIM 建模。对照南京市配套的技术导则，依次完成模型搭建、参数设置、信息录入等关键环节，形成包括建筑模型、结构模型、管线模型、设备模型和图纸的成果，探索 BIM 正向设计流程。在设计端，通过软件工具可自动核查模型属性完整性，模型自检完成后，导出 NJM 格式文件，与施工图 CAD 文件一同上传至图审系统（图 11）。

（1）建筑模型报审

以 B5 号 F1 层是否满足《建筑设计防火规范（2018 年版）》GB 50016—2014 第 6.4.5

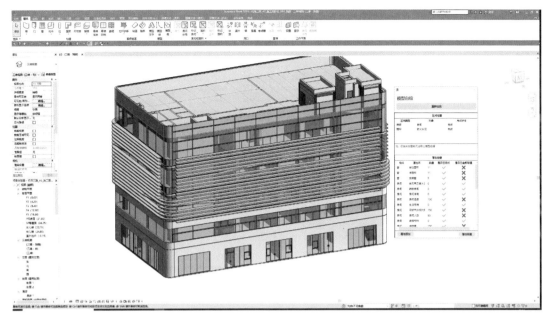

图 11　南部新城机场三路社区中心规划施工图模型

条第四款室外疏散楼梯相关规定进行举例说明。要让审查系统作出对"通向室外楼梯的门应采用乙级防火门，并应向外开启"的正确判断，必须对构件属性的名称、构件 ID、所属楼层、尺寸、开启方向、外门、疏散外门、疏散门、户门、安全出口、安全出口净宽、常开防火门、消防电梯出口、防火等级、安全出口等参数进行赋值添加（图 12）。

图 12　构件属性添加、赋值

　　根据实际项目设计情况填写建筑名称、耐火等级、建筑人数、层数、地上地下建筑高度和层数、建筑面积等项，没有的分类可以选择不填，设计方需要承诺信息的真实性和一致性。全局属性作为部分条文审查依据，所以需要按照实际情况填写（图 13）。

　　NJM 文件导出前需要进行模型自检，建筑专业包含两项检查类型，即区域检查与属性检查。区域检查：通过查看区域检查的完成状态判断房间/防火分区是否完成创建。属性检查：通过查看各构件是否已添加、是否已赋值的"√""×"状态判断该构件是否已添加或全部赋值。切换到导出 NJM 列表，点击"导出建筑数据"按钮，弹出全局属性调整窗口，填写基本信息后点击"确定"。弹出导出 NJM 窗口，点击"导出"按钮。弹出选择 NJM 路径并设置 NJM 文件名窗口，选择存储路径后点击"保存"，在选择的文件夹下生成 NJM 文件。需要注意不同建筑类别所需属性不一致，如有同时兼备住宅、商业的

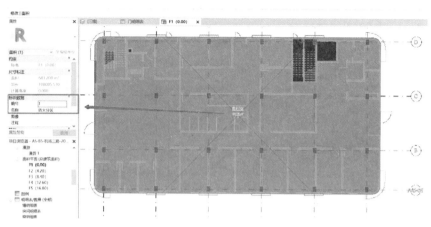

图 13　B5 号 F1 防火分区平面

功能，则需要分开上传系统（图 14）。

图 14　B5 号建筑模型自检与全局参数设置

（2）结构模型报审

由于本项目结构专业采用 PKPM 软件进行正向设计，模型在完成设计和分析计算后，可直接导入南京市 BIM 审查结构辅助工具，将已经画好的梁柱图纸与平台模型内相应层对应，即可进行图纸校审，之后进入数据导出界面完成导出 NJM 审查模型。

（3）机电模型报审

在完成机电模型的设计后，使用"MEP 模型自检"功能，对缺失标准属性的元素进行汇总，补充和完善缺失的必要的属性。MEP 模型自检包含三个自检类型：区域检查、缺失项/已填项、属性缺失汇总（图 15）。

4. 施工图 BIM 审查。审图中心对项目信息、图纸、模型进行预审，合格后由经办人员进行分配，将建筑、结构、给水排水、电气、暖通不同专业的模型分配给各专业审图专家。审图专家登录后，即可在系统进行本专业的模型审查工作，通过机器自动审查，并出具审查报告。如出现二维图纸与三维模型不一致的情况，需由审图专家进行再次复核。设计单位接收到审图意见后，逐项进行修改回复，并重新提交系统审查。所有问题处理完成后，即下发南京市施工图 BIM 审查通过告知书（图 16）。

5. 施工过程监管及验收备案。项目进入施工阶段后，在施工图审查合格后的模型基

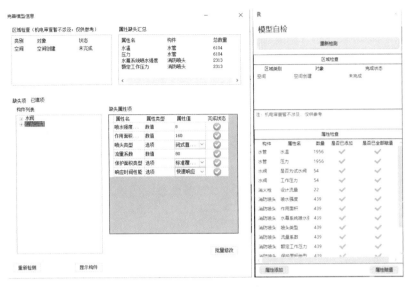

图 15　机电模型自检

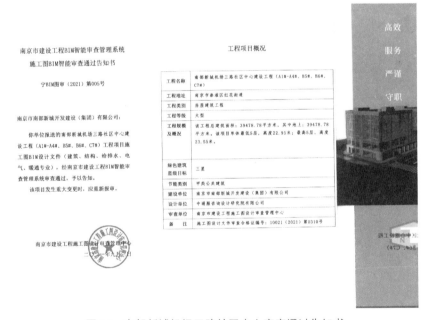

图 16　南部新城机场三路社区中心审查通过告知书

础上，对设计成果进行深化设计，结合施工 BIM 协同管理平台，指导施工。建设单位负责项目模型数据总体协调，可登录竣工验收及备案管理模块的移动端及 Web 端查看模型数据（图 17）。现场发现质量及安全问题后，也可在系统中录入数据。工程质量监督部门在项目验收时，可借助系统功能，实时查看现场与模型的偏差，并进行自动核查、记录，形成竣工验收资料，辅助工程验收及备案管理。

6. 智慧城市 CIM 平台展示。项目成果导出 NJM 数据后，通过市规自局、市建委数据共享系统，即可将合格数据推送至应用系统。在 CIM 平台中，导入项目真实坐标及高

图 17　查看施工模型

程信息，在城市场景中综合展示项目信息，为智慧城市管理提供数据支撑，同时也为项目建设管理提供更加科学的分析决策平台（图 18）。

图 18　CIM 平台中展示模型

四、应用成效

（一）施工图 BIM 智能审查提升设计审查效率及质量

系统包含五大专业三大专项可量化强制性条文审查，实现室外管综 BIM 审查，提供三维可视化审查、自动审查、规范检索、批注管理、二维三维联动等功能，并率先在住宅、中小学、办公楼项目中试点应用。以结构审查为例，BIM 智能审查发现的问题数量是人工审查的 10 倍多，审查效率比人工审查快 10 倍多。系统上线后，已有多个实际项目通过审查，实现以人审为主机审为辅的模式，提高人工审查效率，并且能够快速全面的检查模型，做到又快又全。

（二）围绕建设项目规、建、管一体化实现施工过程监管

结合竣工验收及备案管理要求，落实 BIM 模型从规划报建向施工图审查的全流程管

理，与南京市城市信息 CIM 平台、规划报建 BIM 系统、BIM 竣工验收备案系统、工建改革系统、多规合一平台、施工许可申报系统平台等对接，实现部门之间、系统之间 BIM 模型数据无缝无损流转和共享、集成与衔接，便于提升项目规、建、管全生命周期管理水平。施工图 BIM 智能审查系统，从审查侧把控 BIM 数据质量，并能将数据更新至 CIM 平台，为 CIM 平台建设及"CIM＋"的应用提供数据支撑。

（三）强化宣传培训优化 BIM 全过程应用推广模式

围绕本项目工作，运用帮助手册、培训 PPT、演示样例等多种形式，针对本项目涉及的标准、软件等开展企业和管理部门相关人员的分类培训，培养实用技术人员；制定科学严谨、易于操作的推广策略和措施，做好风险预判、预案，帮助设计单位、建设单位快速领会、全面掌握，进行项目技术成果的推广应用。

（四）配套 BIM 技术导则规范模型生产及审查过程

系统配套的四本技术导则对模型建立做了统一规定，建立统一的 BIM 数据交换格式，衔接 BIM 规划报建标准、CIM 标准，统一建筑信息模型（BIM）应用基本要求；根据施工图审查深度要求和技术特点，深化拓展建立 BIM 施工图审查相关的标准体系，在审查技术参数、BIM 模型交付形式和内容、BIM 模型交付数据格式等方面进行标准化管理，构建符合 BIM 设计及施工应用的标准体系。

（五）为 BIM 技术的应用推广提供完善的政策指引

2021 年 3 月 1 日，系统上线后，结合南京市 BIM 应用的实际情况，市建委与市规自局联合发布《南京市加快推进我市建筑信息模型（BIM）技术应用的通知》（宁建科字〔2021〕67 号），明确应用范围、应用内容和要求，按照分阶段的原则，在新建工程项目中推广应用 BIM 技术。

2021 年 6 月 4 日，市建委印发《南京市建筑信息模型（BIM）技术应用服务费用计价参考（设计、施工阶段）》，建立健全 BIM 招标投标、计费参考、应用深度规定，以南京市 BIM 智能审查管理系统为抓手，规范 BIM 技术应用市场。

下一步，南京市将以"新基建""新城建"为契机，继续加大 BIM 技术在城乡建设领域全生命周期的应用，努力实现从设计、施工、竣工验收、运维等环节的数字化承载和可视化表达，进一步确立科学、便捷、高效的工程建设项目管理体系，为智慧城市建设和精细化管理奠定坚实基础。

执笔人：

南京市城乡建设委员会（彭为民、凌建宏）

中通服咨询设计研究院有限公司（吴大江、李兵、汪深）

审核专家：

李东（百川伟业（天津）建筑科技股份有限公司，总工程师）

赵宪忠（同济大学，教授）

徐州市沛县建筑施工智慧监管系统

沛县建筑工程质量监督站

一、基本情况

（一）案例简介

徐州市沛县建筑施工智慧监管系统，重点针对工程参建主体质量意识弱化、到岗履职缺位、通病防治粗放、过程溯源困难等问题，创新"互联网＋工程监管"现实应用场景，植入4G影像记录、ERP混凝土管理、塔吊监控等分项功能，打通施工现场"人、机、料、法、环"各个环节，有效推动传统工程质量监督与线上监管的有机结合，有效规范施工现场项目经理、总监理工程师等主要管理人员的质量行为，有效提升监管部门数据检索、资源共享、问题溯源的整体效能（图1）。

图1　建筑施工智慧监管系统

（二）申报单位简介

沛县建筑工程质量监督站成立于1986年4月，经江苏省住房和城乡建设厅考核认定，受沛县住房和城乡建设局委托，对全县房屋建筑和市政基础设施工程实体质量和建设、监理、施工、勘察、设计单位和检测机构的质量行为实施监督。沛县建筑工程质量监督站由办公室、财务室、质监科室、检测中心等部门组成，现有职工86人，其中高级工程师35人，工程师37人。

二、案例应用场景和技术产品特点

（一）技术方案要点

建筑施工智慧监管系统分为：数据接入、数据存储、数据应用3层体系架构（图2）。

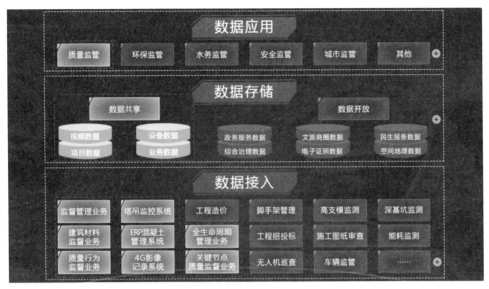

图 2　建筑施工智慧监管系统体系架构

1. 数据接入层涵盖 4G 影像记录系统、ERP 混凝土管理系统、塔吊监控系统。

4G 影像记录系统依托 4G、5G、无线网络，采取语音双向对讲、影像同步回传的方式，可对施工现场实时监控、项目管理班子实时追踪，实现对工程质量的动态监管（图3）。

ERP 混凝土管理系统，通过制定数据上传的接口和协议标准，对混凝土生产

图 3　4G 影像记录仪线上调度

及使用信息进行采集和整理，实现对混凝土质量的全过程溯源（图4）。

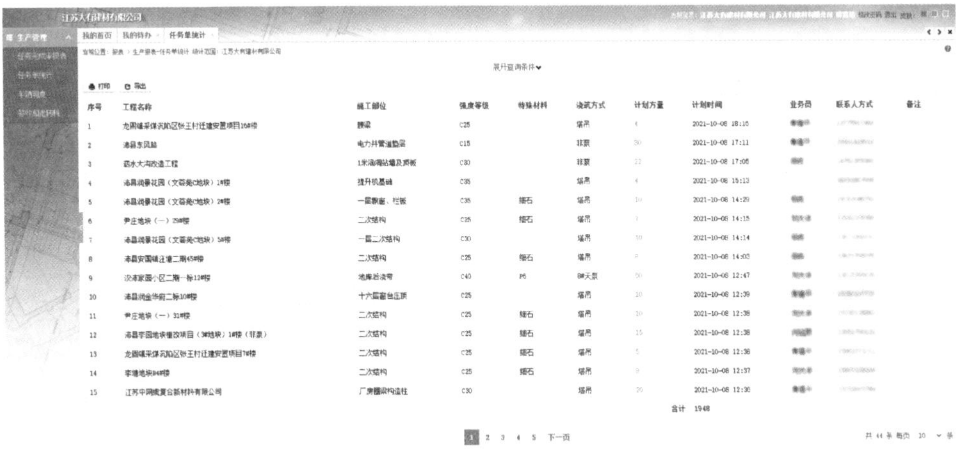

图 4　ERP 混凝土管理系统线上调度

塔吊监控系统：通过嵌入式视频接入模块，利用无线网桥对射、视频云台控制等技术，实时呈现施工作业现场聚焦、工序工艺放大、在岗人员定位等功能，进一步推动现场施工精细化、安全生产标准化、在岗履职规范化，发挥对施工现场立体式、广覆盖、全方位监管的作用（图5）。

图5　塔吊监控系统线上调度

2. 数据存储层涵盖结构化、非结构化数据存储管理系统。结构化数据存储管理系统内置业务数据存储管理模块，对 ERP 混凝土管理系统产生的业务数据进行存储管理；非结构化数据存储管理系统内置视频数据存储管理模块，对 4G 影像记录、塔吊监控视频、图片等数据信息进行存储管理。

3. 数据应用层涵盖数据可视化平台，对所有业务数据进行汇总、统计和集中展示。

（二）关键技术经济指标

1. 技术指标：实现系统协议的标准化建设，建立标准的数据接口；完成建筑安全物联网云计算中心建设，实现设备的兼容与数据互联；完成跨平台的数据处理中间件，实现与其他业务系统数据对接。

2. 经济指标：建筑工程安全事故和质量事故给城市生产生活带来严重影响，造成巨大经济损失。通过本系统的应用，及时掌握施工安全情况、工程质量情况，协助管理部门提升监管工作效率，增强参建各方质量安全主体责任意识，有效降低各类事故发生概率，降低工程事故带来的经济损失，最大程度保障人民生命财产安全。

（三）创新点

1. 技术创新：一是创建建筑施工全生命周期监管平台；二是以 AI 技术解决工程质量监管过程中主要管理人员未到岗履职、异常动作预警、材料识别研判等实际问题。

2. 模式创新：一是考核评价显著增效。通过线上抽（巡）查，形成数据报表，及时对工程项目运行状态作出研判，并对当前监管方式作出动态调整；二是数据底座显著夯实。通过组织打造各层的智慧监管数据底座，形成"监测、管理、治理"一体化，为智慧应用赋能。

（四）市场应用总体情况

1. 系统建设推进有序。智慧监管覆盖全境、联通各方。沛县现有监督工程 72 项（单位工程 1322 项，1275 万 m²）、预拌混凝土企业 16 家。系统对接任务完成率 100%，应用覆盖率 100%，上线使用率 100%。完成人员信息采集 1435 条，4G 影像记录仪配发 767 部，塔吊监控安装 156 部；云存储数据 170088 条，计 38089.6G。

2. 线上监督持续规范。现场管理人员能按照规定要求，规范使用 4G 影像记录仪、塔吊监控等前端感知设备，确保上线使用、科学运行。

3. 研发课题成功申报。研发课题"基于 AI 的工程质量监管关键技术研究与应用"已成功入选 2021 年度江苏省建设系统科技项目（指导类）、江苏省美丽宜居城市建设专项类试点项目。

三、案例实施情况

（一）实施过程

1. 健全组织保障。成立沛县住房和城乡建设局智慧监管 AI 指挥中心、联合创新实验室。

2. 明确实施方案。沛县住房和城乡建设局于 2020 年 2 月 17 日正式印发《沛县建设工程监管指挥中心上线运行工作实施方案》（沛住建发〔2020〕2 号）（以下简称《实施方案》）（图 6），创建了工程质量远程调度、线上监督、分期推进的先行试点。

沛县住房和城乡建设局文件

沛住建发〔2020〕2号

关于印发《沛县建设工程监管指挥中心上线运行工作实施方案》的通知

各建设、施工、监理单位，各相关单位：

《沛县建设工程监管指挥中心上线运行工作实施方案》已经研究同意，现印发给你们，即日起，请严格遵照执行。

沛县住房和城乡建设局
2020 年 2 月 17 日

抄报：江苏省建设工程质量监督总站、徐州市住房和城乡建设局
抄送：沛县质监站、安监站、清欠办，各有关单位
沛县住房和城乡建设局办公室　　　　2020 年 2 月 17 日印发

沛县建设工程监管指挥中心上线运行工作实施方案

为深化巩固工程质量安全提升行动，推动"不忘初心、牢记使命"主题教育实际成果落地生根，严格落实五方责任主体质量终身责任，让责任履行更有态度，让依法监管更有深度，全力打造江苏住建沛县监管样板，共同谱写品牌住建沛县监管篇章。通过改革创新监管理念，充分运用"互联网+质量监督+安全监管+实名制定位"，研发构建沛县建设工程监管指挥中心平台。特制定《沛县建设工程监管指挥中心上线运行工作实施方案》，具体内容如下：

一、基本构架和总体目标

沛县建设工程监管指挥中心（以下简称"指挥中心"）基于"互联网+工程监管"研发模式，给工程现场植入"CPU"（中央处理器），对工程现场进行远程操作、智慧监管，实现影像同步回传、语音双向对讲、过程云端存储、人员精准定位、问题量值溯源等。

（一）基本构架

指挥中心建设，包含系统研发、平台搭建、网络部署、

图 6 《实施方案》

3. 开展系统对接。沛县受监工程按《实施方案》要求、"一站式"办理流程（图 7）完成系统对接。

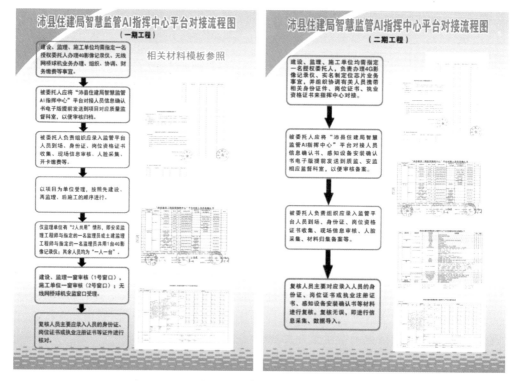

图 7 系统对接流程图

如图 7 所示，沛县建筑施工智慧监管系统实行"一站式"对接服务机制。首先，建设、施工、监理单位依据工程实际情况，严格遵照《建设工程质量管理条例》（国务院令第 279 号）、《江苏省房屋建筑和市政基础设施工程质量监督管理办法》（江苏省人民政府令第 89 号）、《江苏省建设工程项目监理机构主要管理人员配备标准》等文件规定，完成《"沛县建设工程监管指挥中心"平台对接人员信息确认书》归集填报。其次，信息确认书经监督科室审核无误后，至"一站式服务大厅"进行人员信息、现场感知设备点位信息采集。最后，领取 4G 影像记录仪，并在施工现场按点位安装无线网桥球机等感知设备设施。

4. 坚持应用牵引。建立线上抽查、巡查工作机制，节约时间，提高办公效率。针对发现的问题，及时填写工程质量监督线上抽查（巡查）记录，并反馈给施工现场项目管理人员，督促整改（图 8）。

5. 智能高效协同。促进项目管理进一步规范，督促现场人员在岗履职。人员考勤管理、履职行为、远程调度、实时定位、云端存储、过程溯源等情况一览无余（图 9、图10）。

（二）创新举措

沛县住房和城乡建设局于 2021 年 1 月 15 日正式印发《沛县工程智慧监管平台"注销解锁、联审验收"暨费用减免管理办法》（沛住建发〔2021〕3 号）（以下简称《费用减免管理办法》），旨在持续优化营商环境，为企业做减法、给项目做乘法，保障企业轻装上阵、项目全速前进；在工程项目竣工验收前，通过材料检测费用予以对冲减免（图 11）。

沛县质监站工程质量监督线上抽查（巡查）记录

监督注册号：<u>3203220202100130085</u>

记录编号：<u>2021012705</u>

工程名称	湖西职业技术学院一期工程B-7#学生宿舍楼		工程进度	基础
抽查（巡查）内容	质量行为、工程资料、实体质量等		抽查部位	1-B轴交E-B轴基础
是否系列调整	□是；☑否	系列检查	至	任列检查系列	1月6日 16：17 至 16：29

抽 查 （ 巡 查 ） 记 录

一、基本情况
（一）质量行为
1、总监理工程师、专业监理工程师、施工单位土建质量员在场 ；
2、 ；
3、 ；
4、 ；
（二）工程资料
1、 ；
2、 ；
3、 ；
4、 ；
（三）实体质量
1、模板安装密实 ；
2、模板底部已铺设脚手架支撑 ；
3、 ；
4、 ；
二、存在问题
1、未发现问题 ；
2、 ；
3、 ；
4、 ；
三、监督意见
1、请监理单位正确使用5G影响记录仪 ；
2、 ；
3、 ；
4、 ；

质量监督员：刘增			2021年1月27日	
检查时5G影响记录仪实际使用人	王天亮	5G影响记录仪云端存储编码	Rec-20210106 1617000	指挥中心归档确认	王振亭

图8 线上抽查（巡查）记录——往时追溯

2021年1月份未上岗天数

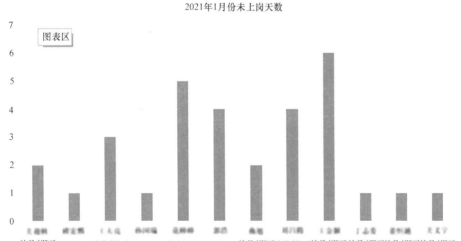

图9 湖西职业技术学院一期二标1月份考勤情况

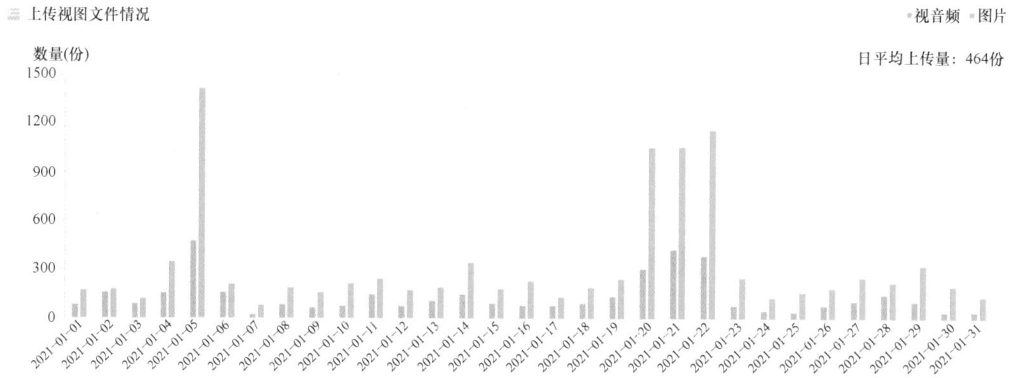
上传视图文件情况
视音频
图片
数量(份)
日平均上传量：464份

图 10　沛县在建工程项目 1 月份 4G 影像记录仪使用情况

沛县住房和城乡建设局文件

关于印发《沛县工程智慧监管平台“注销解锁、联审验收”暨费用减免管理办法》的通知

各建设、施工、监理单位：

《沛县工程智慧监管平台“注销解锁、联审验收”暨费用减免管理办法》已经局党委研究同意，现印发给你们，请认真贯彻落实。

沛县住房和城乡建设局

2021 年 1 月 5 日

抄报：江苏省建设工程质量监督总站，江苏省建设工程安全监督总站，徐州市住房和城乡建设局

抄送：沛县质监站、安监站，各相关单位

沛县住房和城乡建设局办公室　　2021 年 1 月 5 日印发

图 11　《费用减免管理办法》

四、应用成效

（一）解决的实际问题

1. 解决工程质量监督面广、流程烦琐的问题。通过线上监督抽（巡）查，把施工现场前移，线上发现问题当即下发整改通知书，监督业务流程明显简化，工作效率大幅提升。

2. 解决监督人员不足、体量递增的问题。通过给施工现场主要管理人员配备 4G 影像记录仪等前端感知设备，参建各方的质量行为在线上得以呈现，监督人员可以随时通过电脑端或手机 APP 进行监督，实现线上监督全覆盖。

3. 解决传统监管方式溯源困难的问题。通过对数据存储层数据的有效筛选和研判分析，给参建各方违规质量行为和实体质量通病的原因解析提供实际依据，达到问题溯源、责任划分的目的。

（二）取得的实际效果

1. 监管效能水平明显提升。建筑施工智慧监管系统运行以来，新增线上质量检查总计 510 起、限期整改 344 起、局部停工 5 起、全面停工 1 起、消除质量隐患 1500 余起。

2. 主体责任意识明显增强（图 12）。

3. 商品混凝土质量形势明显改观。建筑施工智慧监管系统应用前后，沛县预拌混凝土月度质量形势研判暨送检混凝土试块检测结果不合格率综合评分结果先后为：应用之前，2019 年为 6.47%（表 1）；应用之后，2020 年为 3.75%（表 2）；2021 年（1-5 月）为 3.20%（表 3）。

图 12　专业监理工程师对进场原材料进行验收

2019 年沛县预拌混凝土月度质量形势研判评分表　　　　　表 1

序号	企业名称	\multicolumn{12}{c}{2019年1月-12月送检验试块检测结果不合格率统计（%）}												不合格率平均值（%）	不合格率≥10%（次数）	\multicolumn{3}{c}{2019年1月-12月送检验试块概况}		
		1月	2月	3月	4月	5月	6月	7月	8月	9月	10月	11月	12月			总量	不合格量	不合格率
1	江苏大有建材有限公司	5.18	3.79	1.64	1.98	2.93	4.37	7.28	4.98	5.16	4.62	5.35	17.04	5.36	1	12945	709	5.48%
2	徐州润度混凝土有限公司	1.97	6.15	3.01	3.24	5.75	7.49	10.39	6.13	5.47	15.08	9.68	9.68	7.00	2	4296	296	6.89%
3	徐州宏基工程技术有限公司	0.74	1.67	0.86	1.19	2.1	0.87	0.47	0.59	0.7	0.6	0.49	0.96	0.96	0	5650	54	0.96%
4	徐州鑫鑫混凝土有限公司	18.55	12.16	4.72	4.7	4.04	7.6	14.1	3.53	4.53	20.23	7.66	13.33	9.60	4	4797	422	8.80%
5	徐州道元建材有限公司	4.76	2.33	5.93	7.66	2.53	5.93	12.3	8.22	4.28	21.74	18.26	13.51	8.94	4	2131	195	9.15%
6	江苏硕泰建筑科技有限公司（原城镇混凝土制品有限公司）	2.08	4.77	0.49	2.54	4.23	1.89	2.55	1.6	3.17	5.68	2.9	1.92	2.82	0	12119	356	2.94%
7	江苏路通路桥工程集团有限公司	0	7.14	0.99	3.98	0	1.89	2.75	1.01	9.71	3.07	8.13	14.06	4.39	1	1810	75	4.14%
8	徐州腾阳混凝土有限公司	0	12.5	0	0	6.19	3.95	3.56	1.65	4.19	1.8	6.29	15.09	4.60	2	1324	55	4.15%
9	沛县铸本混凝土有限公司	1.68	10.09	5.9	16.89	5.99	7.78	9.45	11.85	10.28	7.11	1.88	0.98	7.49	4	295	32	10.85%
10	沛县铸铭混凝土有限公司	0	0	0	0	13.95	18.42	6.06	0	0	0	25	6.67	6.68	2	106	5	4.71%
11	沛县明建混凝土有限公司	10	7.69	0	10	0	0	0	0	0	0	0	5.09	5.09	1	2941	778	26.45%
12	徐州中基混凝土有限公司	0	20.51	15.38	44.21	10.77	14.54	24.23	24.12	0	41.28	28.7	25.18	23.51	11	总计		
																58941	3813	6.47%

2020 年沛县预拌混凝土月度质量形势研判评分表　　　　　表 2

序号	企业名称	\multicolumn{9}{c}{2020年4月-12月送检验试块检测结果不合格率统计（%）}									不合格率平均值（%）	不合格率≥10%（次数）	\multicolumn{3}{c}{2020年4月-12月送检验试块概况}		
		4月	5月	6月	7月	8月	9月	10月	11月	12月			总量	不合格量	不合格率
1	江苏大有建材有限公司	9.37	3.5	0.21	1.36	5.73	3.5	2.93	1.85	11.4	4.43	1	3909	183	4.68%
2	徐州润度混凝土有限公司	7.23	13.53	2.02	1.27	1.19	13.53	3.6	6.15	2.67	5.69	2	1113	69	6.20%
3	徐州宏基工程技术有限公司	2.29	4.81	4	0.57	4.2	4.81	5.43	0.42	4.94	3.50	0	3448	120	3.48%
4	徐州鑫鑫混凝土有限公司	10.77	10.76	4.44	2.58	2.96	10.76	3.46	2.39	5.91	6.00	3	3141	195	6.21%
5	徐州道元建材有限公司	15.14	6.95	4.46	4.75	1.24	6.95	2.32	0.76	2.71	5.03	1	11397	272	2.39%
6	江苏硕泰建筑科技有限公司	2.88	1.43	3.94	2.1	3.89	1.43	1.83	2.05	2.22	2.42	0	11397	272	2.39%
7	江苏路通路桥工程有限公司	0	2.7	0	16.67	31.25	2.7	0	0	10	7.04	2	271	23	8.49%
8	徐州腾阳混凝土有限公司	5.88	4.5	1.89	1.83	1.04	4.5	1.01	0	1.79	2.49	0	1356	28	2.06%
9	沛县铸本混凝土有限公司	17.91	7.17	0.89	0.49	0.93	7.17	1.23	3.66	1.72	4.57	1	4576	183	4.00%
10	沛县铸铭混凝土有限公司	10.53	0	1.67	3.53	2.33	0	0	8.33	0	2.93	1	428	12	2.80%
11	沛县明建混凝土有限公司	0	0	7.5	0	0	0	0	0	0	0.83	0	157	3	1.91%
12	徐州中基混凝土有限公司	1.5	5.07	0	0	1.54	5.07	0	0	0	1.46	0	731	17	2.33%
												总计	35244	1322	3.75%

2021年沛县预拌混凝土月度质量形势研判评分表　　　　表3

2021年沛县预拌混凝土月度质量形势研判评分表

序号	企业名称	2021年1月-5月送检砼试块检测结果不合格率统计（%）					不合格率平均值（%）	不合格率≥10%（次数）	2021年1月-5月送检砼试块概况		
		1月	2月	3月	4月	5月			总量	不合格量	不合格率
1	江苏大有建材有限公司	8.28	9.18	9.07	6.65	7.15	8.07	0	4096	301	7.35%
2	徐州润康混凝土有限公司	5.29	6.25	6.45	0.56	8.11	5.33	0	690	32	4.64%
3	徐州宏基工程技术有限公司	4.27	1.45	0.93	0.98	1.34	1.79	0	2420	41	1.69%
4	徐州鑫盛混凝土有限公司	7.85	7.60	6.85	5.39	6.52	6.84	0	2014	107	5.31%
5	徐州谔元建材有限公司	3.76	3.55	0.67	2.60	7.31	3.58	0	4001	112	2.80%
6	沛县硕泰建材有限公司	2.13	0.00	0.00	0.00	0.00	0.43	0	146	1	0.68%
7	江苏硕泰建筑科技有限公司	1.93	1.88	2.21	4.62	4.29	2.99	0	6019	95	1.58%
8	江苏路通路桥工程集团有限公司	4.64	2.63	9.75	3.65	0.00	4.13	0	545	15	2.75%
9	徐州腾阳混凝土有限公司	5.88	1.09	0.00	0.00	0.00	1.39	0	337	5	1.48%
10	沛县铸本混凝土有限公司	1.33	7.32	2.59	1.79	1.06	2.82	0	3770	61	1.62%
11	徐州铸铭混凝土有限公司	0.00	5.26	0.00	0.00	0.00	1.05	0	101	1	0.99%
12	沛县明建混凝土有限公司	0.00	0.00	8.83	0.00	0.00	3.62	0	110	4	3.31%
								总计	24249	775	3.20%

4. 工程质量投诉明显减少。近3年来，沛县建设工程质量信访投诉受理案件数量呈递减趋势。2019年为435起（表4），2020年为378起（表5），2021年（1-6月）为129起（表6）。

2019年度沛县质监站信访投诉受理电子台账　　　　表4

2019年度沛县建筑工程质量监督站信访投诉受理电子台账

序号	信访类别	信访人	问题小区	住户位置	反映问题	转交科室	受理人	处理意见	登记人	备注	投诉类型
428	沛县"12345"政府服务系统（PX2019122401114）	某市民（18）	九龙湖红君			质监三科					漏水类投诉
429	沛县"12345"政府服务系统（PX2019122401139）	某市民（18）	中央尚景小区			质监三科					其他类投诉
430	沛县"12345"政府服务系统（PX2019122401145）	某市民（18）	名城美景小区			质监二科					漏水类投诉
431	沛县"12345"政府服务系统（PX2019122401145）	某市民（15）	御园湾			质监二科					墙体开裂、空鼓类投诉
432	沛县"12345"政府服务系统（PX2019122401147）	某市民（15）	城投御澜湾			质监二科					墙体开裂、空鼓类投诉
433	沛县"12345"政府服务系统（PX2019122880085）	某市民（15）	沛县爱伦堡			质监二科					墙体开裂、空鼓类投诉
434	沛县"12345"政府服务系统（PX2019123001139）	某市民（15）	沛县洲业汽车城			质监二科					其他类投诉
435	沛县"12345"政府服务系统（PX2019123001204）	某市民（15）	枫林中央公园			质监二科					漏水类投诉

备注："日期"、"时间"是指本单位接到信访事件的时间；"信访类别"是指，市委书记信箱、市长信箱、县委书记信箱、县长信箱、沛县"一把手零障碍"、沛县

2020年度沛县质监站信访投诉受理电子台账　　　　表5

2020年度沛县建筑工程质量监督站信访投诉受理电子台账

序号	信访类别	信访人	问题小区	住户位置	反映问题	转交科室	受理人	处理意见	登记人	备注	投诉类型
370	沛县"12345"政府服务系统（PX2020122000039）	某市民（13）	沛县碧桂园			质监三科					漏水类投诉
371	沛县"12345"政府服务系统（PX2020122200102）	某市民（17）	九龙湖二期			质监一科					墙体开裂、空鼓类投诉
372	沛县"12345"政府服务系统（PX2020122200092）	某市民（15）	尚景安城			质监三科					漏水类投诉
373	沛县"12345"政府服务系统（PX2020122200161）	某市民（15）	南水半岛			质监二科					漏水类投诉
374	沛县"12345"政府服务系统（PX2020122400130）	某市民（18）	碧桂园			质监三科					漏水类投诉
375	沛县"12345"政府服务系统（PX2020122400971）	某市民（17）	御澜湾			质监三科					漏水类投诉
376	沛县"12345"政府服务系统（PX2020122500129）	某市民（18）	御澜园			质监三科					装饰、装修材料类投诉
377	沛县"12345"政府服务系统（PX2020122600023）	某市民（15）	未来城			质监二科					装饰、装修材料类投诉
378	沛县"12345"政府服务系统（PX2020122600029）	某市民（15）	城投御澜湾			质监三科					漏水类投诉

备注："日期"、"时间"是指本单位接到信访事件的时间；"信访类别"是指，市委书记信箱、市长信箱、县委书记信箱、县长信箱、沛县"一把手零障碍"、沛县"12345"政府热线

2021 年度沛县质监站信访投诉受理电子台账 表 6

序号	登单日期	信访编号	信访人	问题小区	住户位置	反映问题	信访类别	受理人	处理意见	登记人	竣工验收日期	投诉类型
120	20210521	沛县"12345"政府服务系统(Px202105290039)	某市民 (18	中江文璞雅性		服务对象来电反映落各沛县中江文璞雅性考楼2203室,上得对入户门已锈坏,开发商一拖再拖一直不予解决要求入户门。	质监三科		住建局质监站工作人员于2021年5月31日通过电话 与服务对象取得联系,建设单位、施工单位已解了解情况,回复施工单位人员将维修门锁,建议安排施工,缩工单位已完成处理向开发商反映,服务对象对原有	赵慧		装饰、装修材料类投诉
121	20210601	沛县"12345"政府服务系统(Px202105220103)	某市民 (13	剑桥府邸		服务对象来电反映落各沛县剑桥府邸13号楼1单元1602室反映,谁管漏水,等处地漏实。	质监三科		住建局质监站工作人员于2021年6月2日通过电话 与服务对象取得联系,告知服务对象建设单位于2016年8月办理相关竣工验收,根据质量整改工程质量保修办法第七条项目(五)电气管道 给排水管道,送备安装调试。	赵慧		漏水类投诉
122	20210601	沛县"12345"政府服务系统(Px202105310008)	某市民 (13	碧桂园园		服务对象来电反映落各沛县碧桂园园3号楼1单元902室,北边的房间墙体开裂,有潮反映要人予以节约维修。	质监一科		住建局质监站工作人员于2021年6月2日通过电话 与服务对象取得联系,并与服务对象建设单位申核复议后继续处理。	赵慧		墙体开裂、空鼓类投诉
123	20210601	沛县"12345"政府服务系统(Px202105310154)	某市民 (18	桥城中央公园		服务对象来电反映落各沛县桥城中央公园4号楼1单元1001室业,室内墙面多处开裂,来电反映。	质监一科		住建局质监站工作人员于2021年6月1日通过电话 与服务对象取得联系,告知服务对象贴地砖水从房缝逐查需预留整改,建成了解详细,物业正在协调	赵慧		墙体开裂、空鼓类投诉
124	20210601	沛县"12345"政府服务系统(Px202105310159)	某市民 (15	桥城中央公园		服务对象来电反映落各沛县桥城中央公园两个楼2单元801室业,3楼层的地面有一处墙面开裂处施工单位漏找修(室户漏返修了交付),3楼漏密透彻墙体,隔墙处出现渗漏问题,电子发票的房屋质量问题,增建施工承诺	质监一科		住建局质监站工作人员于2021年6月4日通过电话 与服务对象告知服务对象房屋层墙面贴地砖水从房缝透,建成户户维修,物业正在协调	赵慧		漏水类投诉
125	20210601	沛县"12345"政府服务系统(Px202105310253)	某市民 (17	复兴嘉小区		服务对象来电反映落各沛县复兴嘉小区4号楼2单元102室,巴上房屋,刚建设投入使用3年楼下水管渗透致问题,同物业联系告知解决3年等维修。	质监一科		住建局质监站工作人员于2021年6月4日通过电话 与服务对象取得联系,告知服务对象建设单位于2018年3月办理相关竣工验收根据质量整改工程质量保修办法(2000年6月30日建设部令第80号文件规定),第七条项目(五)	赵慧		墙体开裂、空鼓类投诉
126	20210602	沛县"12345"政府服务系统(Px202106010021)	某市民 (17	橘园小区		服务对象来电反映落各沛县橘园小区3号楼1单元顶层中户室内墙面,考虑给予维修。来电反映	质监一科		住建局质监站工作人员于2021年6月4日通过电话 与服务对象取得联系,并告知服务对象建设单位申核复议后继续处理。	赵慧		墙体开裂、空鼓类投诉
127	20210602	沛县"12345"政府服务系统(Px202106010072)	某市民 (15	桥城中央乐府		服务对象来电反映落各沛县桥城中央乐府2号楼1单元101室业主,4月6日上地墙位有暗钉,房屋遭透处理问题,工作人员告知服务10个工作日全部处理完成,但是第一处理反映	质监一科		住建局质监站工作人员于2021年6月4日通过电话 与服务对象反映的问题施工单位已经维修完毕并处理	赵慧		墙体开裂、空鼓类投诉
128	20210602	沛县"12345"政府服务系统(Px202106010151)	某市民 (15	桥城中央乐府二期		服务对象来电反映落各沛县桥城中央乐府二期103室墙面有潮湿白墙体渗水,反映要人予以节约维修。来电反映	质监一科		住建局质监站工作人员于2021年6月4日通过电话 与服务对象告知服务对象反映的问题由施工单位进行维修	赵慧		漏水类投诉
129	20210602	沛县"12345"政府服务系统(Px202106010218)	某市民	许李庄园		服务对象来电反映落各沛县许李庄园室墙漏水,开窗现墙体下雨房屋漏水,墙体渗水一次,现又渗水,现又下雨房屋漏水来电反映。			住建局质监站工作人员于2021年6月8日通过电话 与服务对象取得联系,告知服务对象反映的问题施工单位已经维修完毕并处理	赵慧		漏水类投诉

备注:"日期"、"时间"是指本单位接到信访事件的时间;"信访类别"是指,市委书记信箱、市长信箱、县委书记信箱、县长信箱、沛县"一把手零障碍"、沛县"12345"政府热线、舆情

(三) 借鉴意义和推广价值

1. 服务工程项目,提升建筑工程品质。通过信息化的监督手段,构建 4G 影像记录、ERP 混凝土管理、塔吊监控为主的施工现场空间监督网,严格督促工程施工、监理项目部管理人员担当社会责任、狠抓工程质量,积极推动"不见面"监督成为常态,进一步实现"平台一条线、数据一张网、监管一盘棋"的基本目标。

2. 服务质量监督,提升线上监管效能。建筑施工智慧监管系统,实现工程质量监管智慧化实质性的突破,减轻人员工作强度的同时,减少人的主观行为干预,大幅提升管理效能,实现降本增效的核心管理目标。

3. 服务社会民生,提升质量安全保障。通过线上智能研判、数据智能检索、问题智能溯源的方式,为施工现场质量安全提供技术保障,为工程全生命周期建设提供溯源依据。

执笔人:
沛县建筑工程质量监督站(潘序忠、胡光振、张可、张慧、魏真)

审核专家:
李东(百川伟业(天津)建筑科技股份有限公司,总工程师)
赵宪忠(同济大学,教授)

基于 BIM 的智慧施工管理系统平台

江苏东嬰建筑产业创新发展研究院有限公司

一、基本情况

（一）案例简介

基于 BIM 的智慧施工管理系统平台（图 1）是以 BIM、大数据、云计算、人工智能为技术支撑，以技术标准体系、考核体系为基础，通过数据的精准集成和复用，实现建造过程数据共享和结构化管理，优化管理流程，创造"业务全覆盖、过程全记录、结果可追溯"的全方位管理体系，实现生产组织模式和管理方式的变革，提升企业对建筑工程质量、安全、进度、物资、成本的管控能力，实现工程建设管控可视化、标准化、精细化、智能化，为企业建设投资可持续发展提供信息化支撑。

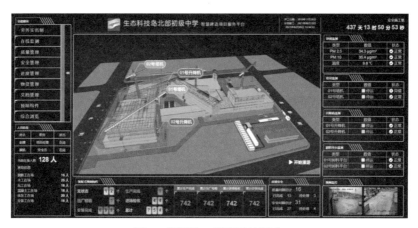

图 1　智慧施工管理系统平台

（二）申报单位简介

江苏东嬰建筑产业创新发展研究院有限公司于 2019 年 5 月在南京市成立，注册资本 1000 万元，由南京市六合高新区、中国矿业大学人才团队和社会资本持股并管理。研究院依托中国矿业大学深部岩土力学及地下工程国家级重点实验室、江苏省土木工程环境灾变与结构可靠性重点实验室的优势资源，与英国永续创新实验室、德国 G. tecz 工程研究中心、同济大学结构研究所、东南大学工业化住宅与建筑工业研究所等相关机构开展合作。

二、案例应用场景和技术产品特点

（一）技术方案要点

基于 BIM 的智慧施工管理系统平台由系统管理、BIM 管理、人员管理、安全管理、质量管理、进度管理、绿色施工、物资管理、设备管理、综合管理、移动端应用 APP 和大数据驾驶舱等功能模块组成（图 2）。该平台整合施工现场独立分散的信息化系统，融合了 BIM、物联网、大数据、移动互联网等新技术应用，紧紧围绕项目的人、机、料、法、环管理流程，实现工程建设项目的精细化、数字化、智慧化管理。

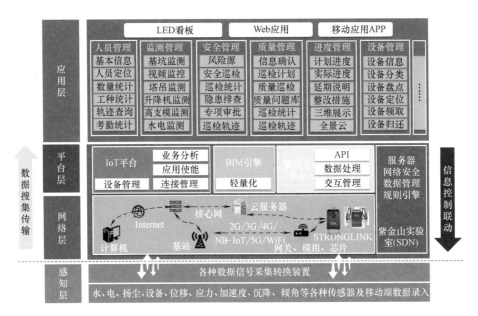

图 2　平台整体架构

（二）产品特点及创新点

1. 平台具有完善的标准化技术应用体系（图 3），结合现场信息化管理制度及平台使用考核评分标准细则，在确保平台高效落地应用的同时保证平台数据质量。

图 3　平台技术、服务架构

2. 自主知识产权 BIM 模型轻量化引擎。跨平台、跨终端三维渲染引擎,针对不同场景优化,提高渲染性能,提供三维场景编辑功能与定制开发,支持本地静态部署,实现 BIM 与 GIS、三维倾斜摄影融合应用(图 4)。

图 4 三维模型轻量化引擎

3. BIM 元数据应用。BIM 模型的构件属性信息即项目的元数据,工程建设项目施工阶段所产生的数据可与 BIM 模型进行关联存储,便于为用户快速指示存储位置、查询历史数据、追溯文件记录等。

4. 管理分层级,人员分权限,千人千面。企业级、项目级分层次管理,人员权限设置划分合理明确,不同层级人员可看的内容及可操作的功能不同,提高管理及工作效率(图 5)。

图 5 设置角色权限

5. 采用"无线窄带＋宽带"混合组网的方式搭建工地内部网络，解决施工场地布线难、多变化、网络资源利用不均衡等难题，保障数据传输高可靠性（图6）。

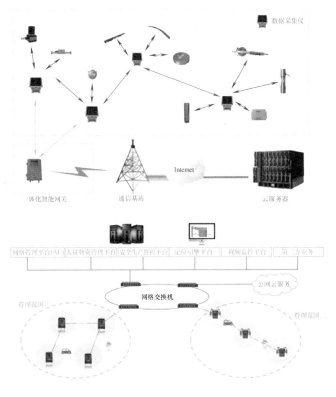

图6 "无线窄带＋宽带"组网示意

6. 平台内置业务协同流程自定义功能，参建单位内部可灵活设置业务协同流程，相关干系人把控审批流程关键节点，灵活高效进行事项处理（图7）。

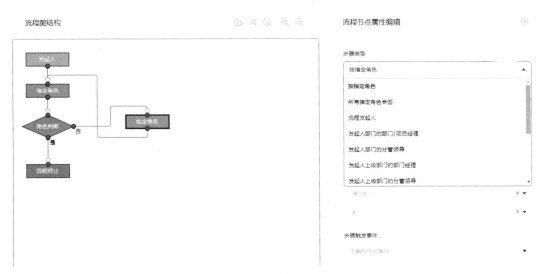

图7 流程便捷自定义

(三) 应用场景

智慧施工管理系统平台适用于建筑工程项目施工阶段,同时兼备与设计、生产和运维阶段的高效衔接,目前主要在公共建筑、学校、住宅、医院、地铁等不同类型的工程项目中应用。该平台将引导建设单位和工程总承包单位以建筑最终产品和综合效益为目标,推进产业链上下游资源共享、系统集成和联动发展。

三、案例实施情况

(一) 案例基本信息

平台的应用以中新南京生态科技岛北部初级中学项目为例。该项目位于南京市建邺区江心洲街道,西临科技路,东临环岛东路,北临星影街,南临绿水街,占地面积约 3.9 万 m²,总建筑面积约 4.14 万 m²,地上建筑面积约 3.24 万 m²,地下建筑面积约 0.9 万 m²(图 8)。

图 8 生态科技岛项目概况

(二) 应用过程

平台结合各参建单位需求,顶层规划,分步实施。首先,根据施工图纸建立全专业 BIM 模型,通过审核后将模型进行轻量化处理并上传至平台,以此作为平台的数字化基础。其次,将施工现场的网络设备搭建完成并通过测试,然后对平台相关的智能化设备进行安装,并同步将其他信息化系统集成至平台,实现现场数据实时传递、更新、展示,各业务协同功能模块应用由初级向深入稳步递进。在平台正式上线前,与建设单位合作编制平台应用指南及应用考核评分细则,保障后期平台应用效果。该项目平台功能模块应用如下:

1. BIM 模型管理。提供各阶段图纸及 BIM 模型版本管理,全专业 BIM 模型轻量化无数据丢失上传至平台,在实现三维可视化综合浏览的同时,作为平台其他相关功能模块的数据库载体,可进行风险隐患关联位置及智能化设备点位关联(图 9)。

2. 人员管理。对接人脸识别闸机(BIM 模型定位),项目管理人员、劳务人员(专业分包、劳务分包等)考勤,在场人数,班组信息,工种占比等各种数据分析展示(图 10)。在工地门口及主要安全出入口布置人员定位设备(BIM 模型定位),辅助甲方处理劳资纠纷事件。结合智能安全帽应用,实现人员全面管理。

3. 安全管理。主要包括安保体系、风险管控、隐患排查与治理、应急管理和安全活动。危大工程作业审批,安全技术交底,移动/Web 端对风险源及安全巡检问题(风险问

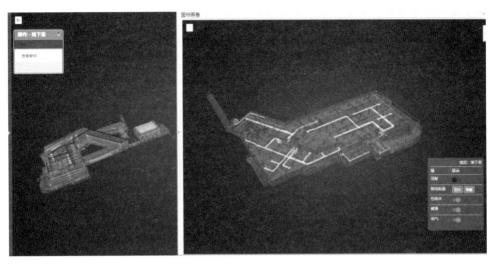

图 9　BIM 模型管理示意

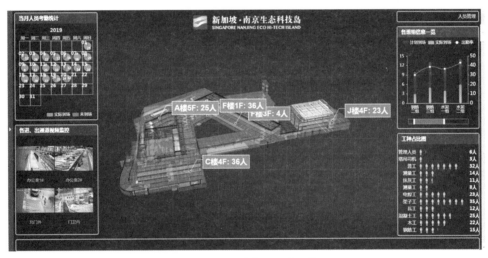

图 10　生态科技岛项目人员管理

题库植入）进行 BIM 模型定位，安全巡检流程定义，固化表单一键下载打印，对施工过程中出现的安全与隐患进行有效控制与问题追溯，且对安全相关问题进行统计分析展示（图 11、图 12）。

图 11　生态科技岛项目安全管理

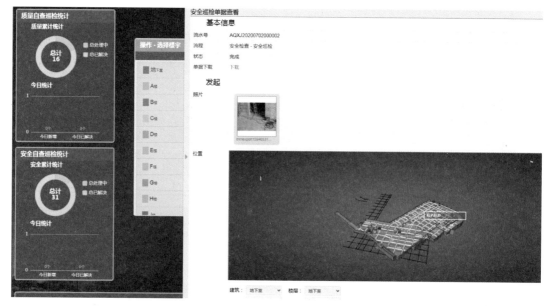

图 12　生态科技岛项目安全管理

4. 质量管理。主要包括质量巡检（质量问题库植入）、质量验收、实测实量和质量监测。质量技术交底，移动/Web 端对质量问题进行 BIM 模型定位，整改流程定义，固化表单一键下载打印，分项工程验收与竣工验收流程审批，做到全过程质量问题可追溯（图 13）。

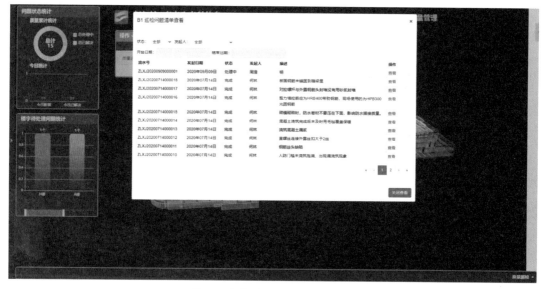

图 13　生态科技岛项目质量管理

5. 进度管理。工程整体进度三维可视化进度模拟，模拟进度与实际进度可视化对比，支持三维倾斜摄影记录与进度关联留存（图 14、图 15）。

6. 物资管理。物资入库、盘点、使用记录管理，包括物资采购、进场、验收、盘点、

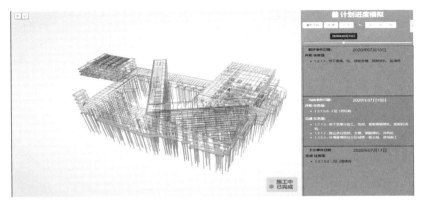

图 14　生态科技岛项目进度模拟

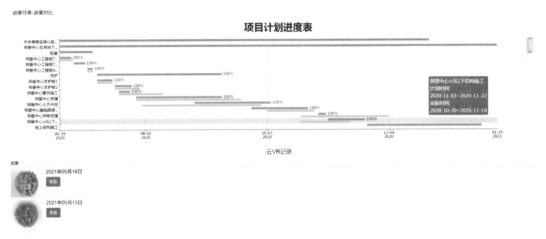

图 15　生态科技岛项目进度管理

物资领料盘点及甲供物资管理，预制构件全过程追溯，打破传统纸质表单工作形式，将相关表格固化至平台，实现工作流程电子化，更加便捷高效（图 16、图 17）。

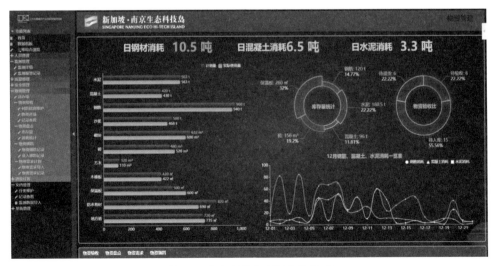

图 16　生态科技岛项目物资管理

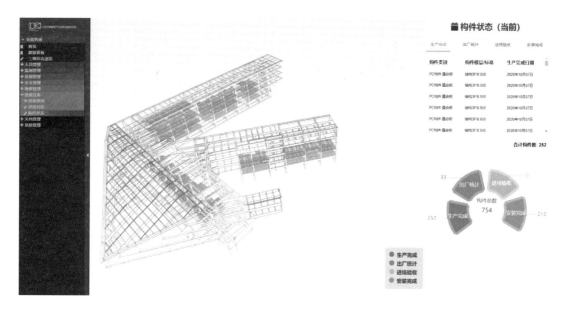

图 17　生态科技岛项目预制构件管理

7. 设备管理。建立机械设备的统一信息数据库，包含机械设备产权、安（拆）单位、操作人员、注销备案等信息。具备机械设备的安装、检查、使用、维护及拆卸等信息记录功能（图 18）。

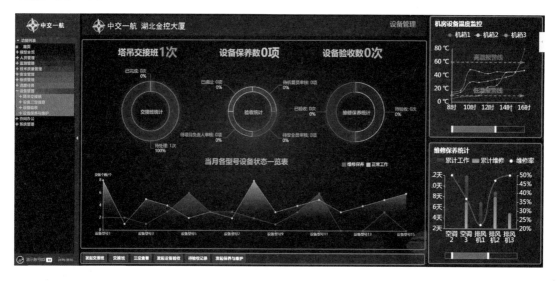

图 18　生态科技岛项目设备管理

8. 移动端管理。包含苹果端和安卓端，展现工地集中监测实时数据，质量、安全巡检数据采集，部分管理模块流程移动端发起和处理（图 19）。

四、应用成效

一是经济效益。平台针对建筑企业提供从战略决策到业务落地全过程的信息化管理服

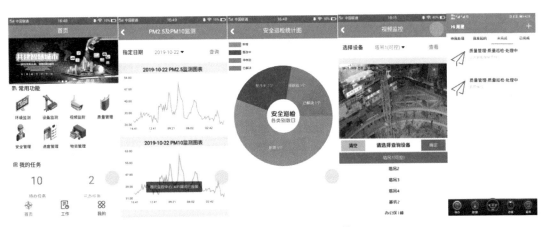

图 19　生态科技岛项目移动端管理

务，依托大数据、BIM 及物联网技术，对建筑工程施工阶段的安全、质量、进度进行精细化管理，提高管理效率，降低工程建造成本，最大化提高利润。本项目中，平台应用使各参建单位减少管理人员约 10%，劳务纠纷事件 0 起，安全事故 0 起，节约工期 37 天，综合评估节约经济效益约 200 万元。

二是社会效益。项目实现了与南京装配式建筑信息服务与监管平台的数据共享和紫金山实验室的建筑工业互联网应用场景合作，探索实践了基于 BIM 元数据的工程建设项目管理数字化转型。

执笔人：
江苏东曌建筑产业创新发展研究院有限公司（孙峰、王现伟、慕金伯、王恩赐、应明）

审核专家：
李东（百川伟业（天津）建筑科技股份有限公司，总工程师）
赵宪忠（同济大学，教授）

基于 GIS＋BIM 的智慧工地管理平台

江苏南通二建集团有限公司

一、基本情况

（一）案例简介

基于 GIS＋BIM 的智慧工地管理平台是通过 GIS、BIM、物联网等技术实现施工现场的统一管理与指挥。平台主要包括三大功能，一是为项目经理和管理团队打造一个智能化指挥中心，项目关键指标通过直观的图表形式呈现，智能识别项目风险并预警，问题追根溯源，帮助项目实现数字化、系统化、智能化。二是结合 3DGIS 三维实景地图与公司业财一体化管理无缝对接，有利于项目的统一管理，实现人员在线考勤、工资发放、在线化管理、业务财务系统协同贯通。三是通过北斗网格技术实现基于"流程＋场景"工程项目全过程、全流程、全场景的数据时空化组织管理，以及面向工程场景的知识图谱（图1）。

图 1　基于 GIS＋BIM 的智慧工地管理平台

（二）申报单位简介

江苏南通二建集团有限公司是集科研、施工、投资于一体的大型建筑企业集团。近年来，公司积极探索信息化转型，于 2019 年成立了讯腾云创（南京）软件设计研究院有限公司，负责建筑信息化系统研发与创新。

二、案例应用场景和技术产品特点

（一）方案要点

整个管理平台系统架构分基础设施虚拟化层，平台服务层和应用软件服务层，同时支持 PC 电脑、移动终端等多种客户端使用方式（图 2）。

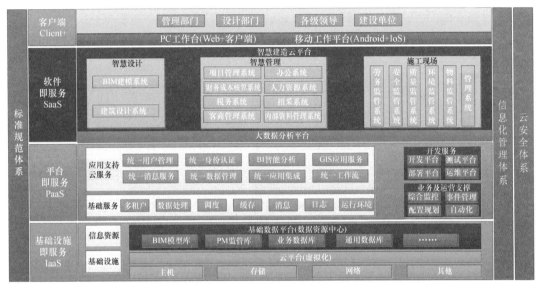

图 2　系统平台架构

平台高度融合建筑行业的设计、建筑企业管理和施工现场管理等，底层硬件采用超融合架构，构建统一的资源池，应用分布式部署，在提供高效服务的同时将硬件和运维成本降到最低。软件采用微服务架构，融合建筑行业各个业务模块，统一提供应用服务，对数据进行深度挖掘分析，实现系统的高度集成，高度智能。平台主要功能包括：

智慧设计：通过导入相关 BIM 库和适配建筑设计软件，实现在智慧工地管理平台上进行设计模拟，无需安装设计软件，节省硬件成本，并且支持一键登录，远程办公，模型在线检测比对，极大简化设计人员工作，在提高设计效率的同时提升产品质量。

智慧管理：项目管理系统、财务成本核算系统、办公系统、人力资源系统、税务系统、招采系统、客商管理系统、内部资料管理系统。

施工现场管理：劳务监管系统（人员实名制管理、人员定位、工地一卡通）、安全监管系统（视频监控、塔机监控、龙门吊监控、车辆管理、深基坑支护监测、高支模监测预警、便携式周边防护）、质量监管系统（试样养护提醒、混凝土测温）、能源环境监管系统（扬尘噪音监测、污水监测、智能水电监测）、物料监管系统（卸料平台报警、自动计量）、管理系统（智能巡检、二维码应用）。

（二）产品特点及创新点

1. 三维可视化。智慧工地管理平台具有根据使用需求动态配置场景的能力，将地理信息数据、BIM 模型、三维模型、地质地形、矢量数据、影像数据等在同一场景内融合展现。在数字孪生时代，以数据管理应用精细化、精确化、真实化、智能化为目标，形成涵盖多要素、二维三维一体化的全息、高清、高精的结构化实体和项目现场数字空间,从较为单一的地理信息数据升级为融合多源、异构、多时态空间数据,对多源异构数据无缝融合、进行时空 5D 数据库建设和数据快速更新,并且建立一套完善、合理、智能化的数据治理技术与机制。

2. 北斗网格码建模技术。以北斗网格作为空间精细网格单元,对地形地貌、城市空间、房屋建筑、设施部件等进行统一规则下的网格编码,利用北斗网格三维立体建模技术和三维可视化技术,批量构建数据生成的三维立体网格单位模型,形成通用、多尺度、离散化、全覆盖的建筑空间三维立体网格数据模型。可直接在 BIM 模型基础上加载立体网格,轻量化的建模方式使得系统更加稳健(图 3)。

图 3　北斗网格建筑建模模型

3. 动态数据虚拟呈现。结合项目建造进度、项目建造安全和质量、项目现场相关数据,通过三维模型模拟的方式实时、虚拟、全程、数字化显示,做到项目施工动态可测、可视、可控,使系统成为一个实时的电子沙盘,实现数字孪生,实现项目施工可视化,项目风险可控化。

4. 建筑集团业财税一体化贯通。全部项目的全过程数据:从项目现场直接推送到项目公司、区域公司、集团公司,并且监管部门基于空间维度的监管、查询、调阅。通过空间网格管理实现了工程项目基于"流程+场景"的全过程、全流程、全场景的数据时空化组织管理(图 4)。

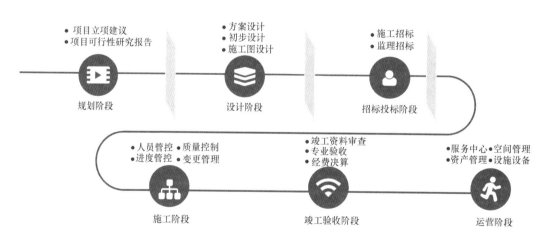

图 4　基于"流程+场景"的全过程工程数据时空管理

（三）市场总体应用情况

通过前期不断研发和推广，平台现已成功应用到近千个在建项目，服务客户涵盖多家大型建筑企业，包括南通二建、中南建设、中国铁建、中建八局、安徽水利集团、河北建设集团等，取得了较好的经济和社会效益。

三、案例实施情况

（一）案例基本信息

南通二建商办楼位于江苏省启东市启东金融建筑产业园，项目总建筑面积约 96469.84m²，其中地上建筑面积约 69084.66m²，地下建筑面积约 27385.18m²。塔楼地上 21 层，裙房 4 层，地下 2 层，建筑总高度 95.7m。结构形式为框架—核心筒剪力墙结构，基础形式为桩筏基础（图 5）。

图 5　平台现场应用概览图

（二）应用过程

1. 通过 GIS 集团驾驶舱掌握全局

智慧工地管理平台为南通二建商办楼项目提供集团版和项目版两个模式。管理者可以在两个视角间进行切换，做到统筹把握和细节掌控。管理者从集团驾驶舱视角能够查看集团在建的所有项目，全局掌控项目情况。

2. 劳务实名制全方位管理现场人员

南通二建商办楼项目使用智慧工地管理平台的实名制考勤管理系统，实现施工现场封闭式管理。入场实名制通道采用 6 通道翼闸脸纹识别技术，准确记录工人进出场考勤信息，工资直接通过银行专户发放到劳务人员银行卡中，杜绝欠薪和恶意讨薪的事件发生（图 6）。一是实现劳务人员进场四步走：身份信息登记、入场安全教育、身体基本状况检查、门禁系统录入。二是实现农民工工资发放三步走：银行卡登记、实名制考勤、平台发放。

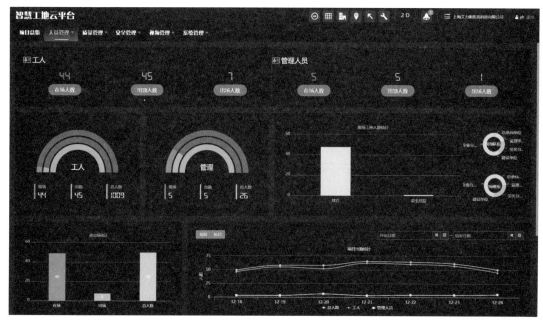

图6　劳务实名制管理界面

劳务实名制系统的使用，科学化的管理了现场几千名工人，智慧工地管理平台支持多工种、多维度的人员分类管理。

3. 人员定位系统实现管理可视化

以劳务实名制为基础，以"物联网＋智能硬件"为手段，实现人员进退场、智能考勤、现场作业、用工分析及风险预警等全流程用工管理，通过定位安全帽可实现人员行动轨迹在平台上的可视化展现。协助企业及项目，降低用工风险、提高作业效率、完善劳务用工体系（图7）。

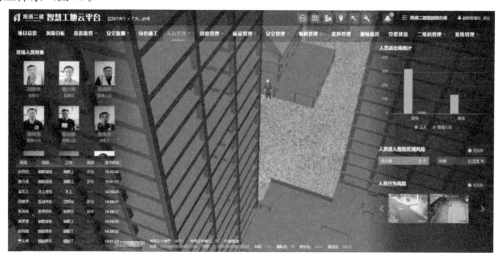

图7　人员可视化管理效果图

4. 视频监控系统发挥指挥中枢作用

在整个项目进行过程中，现场每天多处同时施工，几十家分包单位交叉作业，项目经理和主要负责人无法同时兼顾各部位。采用先进的计算机网络通信技术、视频数字压缩处理技术和视频监控技术，加强工地施工现场的安全防护管理（图8）。

图 8　高清视频监控

5. BIM 虚拟建造技术在工程施工中的应用

BIM 虚拟建造技术在项目中的应用，实现了设计可视化功能，项目设计、建模和验证同时进行，为设计提供三维可视化成果展示、审查，提高了整体的设计质量，同时设计效果通过3D、4D 模拟，可行性得到验证。BIM 虚拟建造技术的应用提升了工程质量和施工效率。

整个 BIM 模型与工程进度、安全和质量等信息进行关联，利用模拟手段，帮助现场的项目管理人员实现建造可视化。在竣工之后，项目做到全过程的可追溯，通过后期的 BIM 模拟追溯功能，项目组总结出了 50 余项不合理之处，为后期项目的管理优化提供了强有力的支撑，缩短了理论试验的周期，提高了建造效率和工程质量，丰富了技术经验库（图9）。

图 9　基于 BIM 的进度可视化管理

6. 大数据技术支撑经营决策和成本管控

南通二建商办楼的建设资金投入大，回款周期长，成本的管控和现金流的维护难，这对管理者来说是需要解决的主要问题。讯腾云创公司的智慧工地管理平台将企业的经营理念融入平台，利用大数据分析的手段分析施工现场的数据，将结果交于领导层进行决策。

7. 支撑项目经理的现场统筹管理和工作上报

项目经理作为项目现场主要管理者，对整个项目负有直接责任。智慧工地管理平台与企业 ERP 系统的融合，帮助项目经理将工程的质量、进度、安全以及成本等数据自动上报至南通二建集团上级主管部门；同时，智慧工地管理平台后台数据与政府监管平台数据对接，并且支持权限控制，项目经理可自主选择需要上报的数据，接受相关部门的监管。

8. 体系化安全管理助力安全员把握现场安全动态

施工安全是工程项目管理中的重要一环，施工现场的安全管理涉及现场的方方面面。讯腾云创的智慧工地管理平台涵盖体系的安全管理手段，利用信息技术手段规范和辅助现场的安全管理。

9. 质量管理模块提升工程质量

工程的质量关系到使用者安全、工程验收和后期维护等问题，是每一个管理者关心的重点。智慧工地管理平台的质量问题管理库为南通二建项目部建立了分项、分部工程质量台账，收集有关质量管理资料，实时记录有关质量问题，监控项目质量。

手机移动端的质量检验平台给质量员和项目其他管理人员带来了极大的便利，可以随时随地审核项目施工现场各类材料、半成品的质量；通过对质量事务的大数据分析、处理，对存在的质量问题，平台自动给出整改意见，质量员可进行修改保存，形成最终的质量改进意见（图 10）。

图 10　移动端质量问题处理

智慧工地管理平台质量管理模块帮助南通二建商办楼项目部记录、分析和解决上百个质量问题，提升整体工程质量。

10. 资料管理模块记录项目宝贵经验

资料管理模块利用先进的项目分类整理技术，将南通二建商办楼项目的相关资料进行系统入库管理并且支持无插件加载各类格式文件。

11. 二维码技术协助技术交底和进度管控

智慧工地管理平台利用先进的信息技术，结合实际使用场景，解放管理者。

平台会根据施工过程中记录的数据自动生成周报、日报、PPT 及施工日志等文件，支持一键自动输出，减少重复工作，大幅提高工作效率，加强项目进度管理（图 11、图 12）。

图 11　周、月报（PPT/Word）

针对项目进行过程中的每一项技术文档，平台都会生成对应的二维码，方便施工员进行技术及进度交底，将传统纸质文件交底变成电子交底，减少项目成本，提高工作效率，用信息化手段给项目带来实质化的提升（图 13）。

四、应用成效

目前，智慧工地管理平台已经推广应用至近千个项目，丰富施工现场项目管理手段，提高管理效率，达到树标杆、强管理和提效能的建设目标。应用成效主要体现在以下几个方面。

（一）解决的实际问题

1. 实现移动巡检、远程协同管理。移动巡检巡更通过管理人员手机 APP，为现场执法、办公提供远程音视频信号同步传输、定点巡更、拍照截图、语音对讲、特征识别，实现施工现场检查、远程操作指导、现场执法等行为可视化远程管理。工地手机 APP 随手拍系统作为记录施工过程影像资料的工具，可为施工、监理、建设单位提供反映工作状况和工程质量的重要资料，也为在工程签认、计量和变更时提供重要依据。

2. 掌握原材料、试件真实性，把好建材质量关。通过图像特征识别技术，分析物品图像特征，对试件材料进行监控管理。企业管理人员可辨别原材料的真伪。杜绝建筑材

图 12 施工日志和施工日报

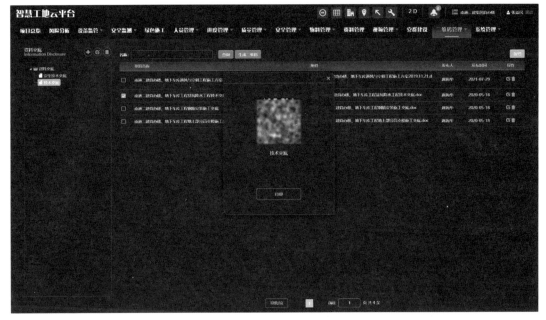

图 13 二维码技术交底

料、送检试件造假事件发生，保证建筑企业免于损失，保证建筑质量安全。

3. 实现对项目部人员履职情况规范管理。通过劳务实名制管理对项目部管理人员的到岗履职情况进行规范管理，杜绝人员弄虚作假，冒名顶替等现象。

4. 打通财务数据防范资金风险。项目的现金流、财务状况直接影响项目的盈亏，良好的现金流支撑着项目的正常运转。智慧工地管理平台打通企业财务管理系统,项目的财务数据可以直接上报给集团;业务数据、税务数据与财务数据打通,实现业财一体化,南通二建商办楼项目、无锡未来中心等多个项目启动至今未发生过任何财务过失,信息化的管理手段效果明显。

(二)应用效果

1. 实现建筑集团及项目管理的业财税一体化。通过平台建筑集团从集团层面实现管理规范制定、项目状况监督、资金管控、集中采购,从区域公司或事业部层面重点进行项目各业务过程的管控(成本管控、合同审批结算等),从项目部层面主要进行现场生产组织(进度管理、材料收发、分包队伍人员管控、质量安全等)。通过以上平台的分级有效管理,人员在线考勤、工资发放、在线化管理、业务财务系统协同贯通,并且经过统计对建筑公司和项目部在管理层面提高效率(30%)、降低风险(35%)、节约成本(10%~20%)。

2. 项目时空化全场景全流程运维。利用北斗网格码三维建模技术实现整个施工过程数据与模型关联功能,点击模型上任何网块,能够快速调取该位置的基础数据和历史相关数据。实现工程项目全过程、全流程、全场景的数据时空化组织管理并且逐步形成了面向工程建设行业的空间检索、工程场景知识图谱、时空智能汇聚的建筑时空数据组织与展现体系。

执笔人:

江苏南通二建集团有限公司(吕海洋、张益民)

审核专家:

李东(百川伟业(天津)建筑科技股份有限公司,总工程师)

赵宪忠(同济大学,教授)

杭州市装配式建筑质量监管平台

浙江省建工集团有限责任公司

杭州市建筑业协会

一、基本情况

（一）案例简介

"杭州市装配式建筑质量监管平台"是涵盖设计、生产、施工的数字化建造平台，平台包括装配式建筑构件全过程质量监管系统、构件生产企业行业自律管理系统、工程项目管理系统等子系统应用。研发立足生产一线和业务逻辑，以解决痛点、难点问题为导向，通过物联网、BIM、智能硬件、数字化等技术的跨界应用，实现各单位在设计、生产、施工等阶段的信息、数据互通及工作协同的问题，提升建筑业信息化管理水平。

（二）申报单位简介

杭州市建筑业协会成立于 1988 年，由杭州市辖区内从事建筑业相关企事业单位、外地进杭建筑施工企业，以及各县（市）、区建筑业协会自愿组成，是在杭州市民政局注册登记具有法人资格的非营利性、行业性、地方性的社会团体。现有团体会员 2034 家，直属会员 231 家。

浙江省建工集团有限责任公司是一家以设计研发为引领，集房屋建筑、钢结构、幕墙装饰、轨道交通、机电安装、地基基础、市政工程、水利水电、地下空间、特种结构施工及投融资为一体的大型国有企业，注册资本 20 亿元。集团在建筑信息模型、智慧工地、建筑工业化和机器人智能建造四个方向上进行研究并有所突破，形成专有的技术优势。

二、案例应用场景和技术产品特点

（一）装配式建筑构件全过程质量监管系统

本系统将 BIM 和物联网技术与装配式建筑建造过程深度融合，实现装配式建筑深化设计—生产制造—施工安装的信息贯通（图 1），实现装配式建筑建造质量、时间进度等关键信息的自动获取和实时、长久储存；实现项目各方信息的高效沟通；实现企业、行业协会、监管部门基于各自权限对项目的高效管理。

本系统由软件系统和智能硬件组成。数据存储在公有云上，支持单位、项目的自有部署。智能硬件包括手持终端、RFID、二维码、条形码等现行各类身份识别标签（图 2、图 3）。

通过构件编码规则将 RFID 芯片或二维码携带的构件全信息与 BIM 模型中的构件关联，对装配式建筑从构件生产、运输、堆放到安装、验收等全部环节的严格管控，实现对

图 1 构件全过程管理流程图

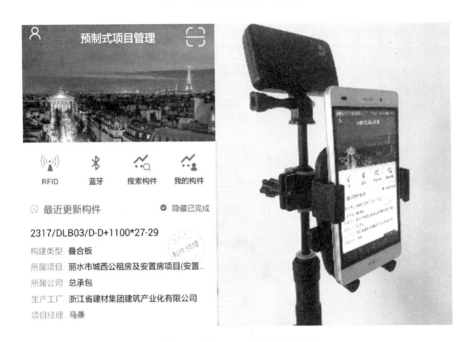

图 2 系统 APP 端及智能硬件

图 3 系统 Web 端

构件的实时跟踪分析，提供项目数据统计及分析服务等（图4）。

图4　对PC构件进行实时跟踪

该系统建设目标为装配式建筑的全过程智能建造（图5）。

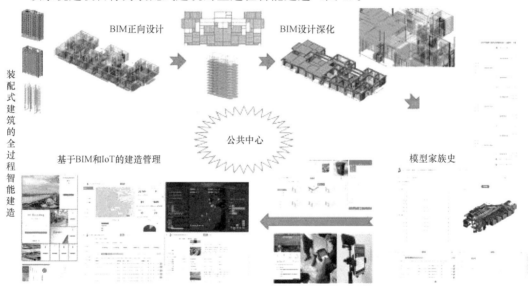

图5　系统功能与愿景

（二）构件生产企业行业自律管理系统

图6　杭州市建筑工业化产业基地登记证书

针对建筑业协会对工业化建筑中预制混凝土构件生产企业端管理进行研究，研发了构件生产企业行业自律管理系统。通过该系统，预制混凝土构件生产企业在线上进行工业化产业基地登记后即可获取基地证书（图6），同时加入企业自律管理，进行企业信息备案登记。同时，通过数据接口的形式，构件生产企业将协会所关注的生产数据进行上传，自动接受行业监管。该行业监管通过系统之间的标准接口实现对接，不会给构件生产企业带来数据填报和录入的负担，实现自动化监管。建筑业协会后续可通过该平台对预制混凝土构件生产企业进行线上星级评价，严把建筑工程质量关，为实现精益建造提供思路，从而推动工程建设行业的转型升级。

（三）工程项目管理系统

本系统包含项目列表、项目地图、BIM 模型管理、项目分解、构件列表、构件各工序状态、生产管理、决策分析、岗位业务流、单位信息、系统设置等模块。借助该系统，项目实现对建造过程的模型管理、工程建造模型分解、进度管理、成本管理。

（四）创新点

1. 装配式建筑构件全过程质量监管系统

（1）根据预制装配式建筑建造流程，对 PC 构件生产、运输、堆放、安装、验收等全部环节严格管控。

（2）设计—生产—施工协同系统通过与设计软件、生产管理系统—智能工厂的数据相互对接，可在设计端自动生成构件编码，平台可直接接收设计信息（尺寸信息、材料信息、模型信息等）、生产信息（隐蔽验收、生产进度等），并将施工阶段的进度等信息反馈给生产方和设计方。

2. 构件生产企业行业自律管理系统

对构件生产企业进行自律管理，为预制构件的质量管理起到重要作用，构件生产企业可在线上进行企业信息备案、基地证书管理、生产企业备案、生产基地备案、基地登记证书管理、订单管理和构件管理等。

3. 工程项目管理系统

（1）提出模型家族图谱管理思路，对设计模型和施工模型之间的关系及两者模型本身各专业之间的关系进行家族图谱的定义。

（2）平台将 RFID 芯片（物联网终端）反馈的实时信息传递到模型上来反映安装的进度，初步实现数字孪生与实况反馈和控制。

（五）与国内外同类先进技术的比较

与现有同类应用相比，本平台应用将 BIM、物联网、RFID 和 GIS 等技术运用到施工现场，基于物联网大数据可视化方法及系统，利用置入构件的 RFID 芯片记录构件生产、运输和安装的质量及进度信息，并将这些信息上传至平台。同时实现预制混凝土构件生产企业线上基地登记、证书获取。

（六）市场应用总体情况

截至 2021 年 3 月，入驻平台企业合计 222 家，入驻项目 64 个，管理构件共计 104937 个，管理运输车辆共计 263 辆。

三、案例实施情况

国家"十三五"重点研发计划课题期间，平台选取 11 个代表性示范工程进行应用，其中建造全过程 BIM 应用示范工程 2 个。示范工程分布在丽水市、绍兴市、合肥市、北京市、衢州市、湖州市、上海市、杭州市，示范项目建筑面积总计已达 124.92 万 m²。

以丽水市城西公租房及安置房项目工程为例介绍平台应用情况。

（一）基于 BIM 和物联网的预制装配式建筑构件动态空间定位、动态监控及信息实时管理系统研究

通过对物联网、移动通信等技术的综合应用，研究预制构件产品识别技术，对构件进行规范的分类和精确识别。研究预制构件配送在途以及堆场安置的实时定位技术，对预制构件运输过程进行实时追踪，对运输、堆放、安装状态实时监控。

系统将预制构件的全过程分为几个阶段进行管理（图7）。构件全生命周期的工序状态管理及参与各方的责任定义如图8所示。

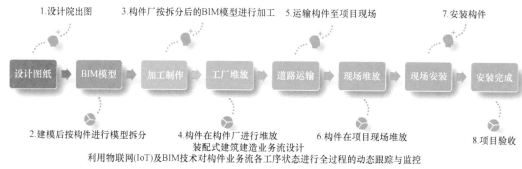

图 7　预制构件各阶段管理流程

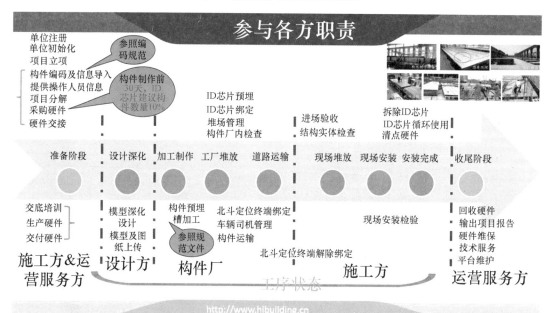

图 8　构件管理全生命期参与各方职责

为实现对构件的全过程管理及工序状态管控等项目管理需求，整体构架设计如图9所示。

1. 构件编码。通过 BIM 系统和物联网系统按编码规则给每一个构件进行编码，实现对每一个构件的身份识别，并对每一个构件的设计—生产—施工过程进行管理。预制混凝土构件的编码规则如图10所示，该编码标准作为中国建筑业协会第一批团体标准《工业

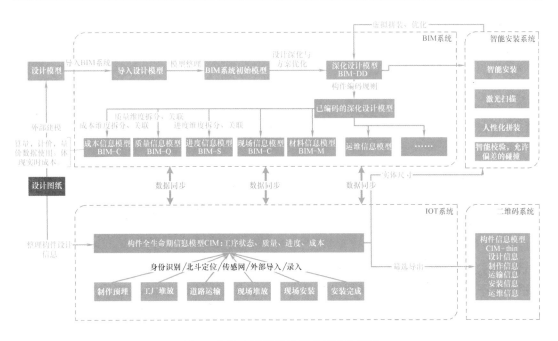

图9 构件全过程质量管理系统构架图

构件类别	编码示例	编码图解示例
板	01.10.00/330106RGS001/1020/PC-B/DBS/B-C*2-3/1	01.10.00/330106RGS001/10 20/PC-B/DBS/B-C*2-3/1 类目代码　项目代码　楼(区)号代码　层(节)号代码 识别码　轴线位置代码　构件名称代码　构件类型代码
梁	01.10.00/330106RGS001/1020/PC-L/PCL/B-C*2/1	01.10.00/330106RGS001/10 20/PC-L/PCL/B-C 2/1 类目代码　项目代码　楼(区)号代码　层(节)号代码 识别码　轴线位置代码　构件名称代码　构件类型代码
柱	01.10.00/330106RGS001/1020/PC-Z/PCZ/B*2/5	01.10.00/330106RGS001/10 20/PC-Z/PCZ/B*2/5 类目代码　项目代码　楼(区)号代码　层(节)号代码 识别码　轴线位置代码　构件名称代码　构件类型代码
墙板	01.10.00/330106RGS001/1020/PC-Q/WGQ/A*1-2/2	01.10.00/330106RGS001/10 20/PC-Q/WGQ/A*1-2/2 类目代码　项目代码　楼(区)号代码　层(节)号代码 识别码　轴线位置代码　构件名称代码　构件类型代码

图10 部分预制混凝土构件的编码规则

化建筑构件编码标准》T/CCIAT 0019—2020 已于 2020 年正式发布。

2. 设计—生产—施工协同管理。利用装配式构件信息管理系统实现对构件的加工、运输、施工过程的质量、进度、人员的实时动态监控，以及设计、生产的协同工作，以示范项目为落脚点，以构件唯一 ID 关联设计、生产、运输、施工各阶段构件编号，实现对装配式建筑构件的设计—生产—施工过程的智能管理。

通过本系统启动 PKPM-PC、鸿业装配式、BeePC 等设计软件进行设计深化，通过本地启动 PKPM—智慧工厂等生产管理系统进行生产管理，通过数据接口对接的形式，可实现设计阶段、生产阶段和施工阶段信息的相互传输及共享（图 11、图 12）。

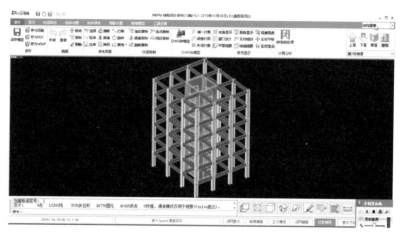

图 11 设计—施工协同

图 12 测评报告

该项目通过平台进行预制装配式建筑设计、生产、运输和施工的全过程 BIM 和物联网技术应用示范。由于工程规模较大，为提高验证效率，选取典型单体开展工作。

（1）设计阶段。利用 PKPM-PC 软件的自由设计功能与部件库，进行项目建筑、结构、机电建模以及细节化设计、结构计算、深化设计等。利用 PKPM-PC 软件的预制率、算量统计功能，对物料进行统计，生成材料统计表，并利用软件计算预制率（图 13～图 15）。

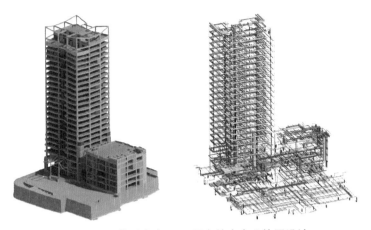

图 13　基于自主 BIM 平台的全专业协同设计

图 14　装配式构件智能化拆分

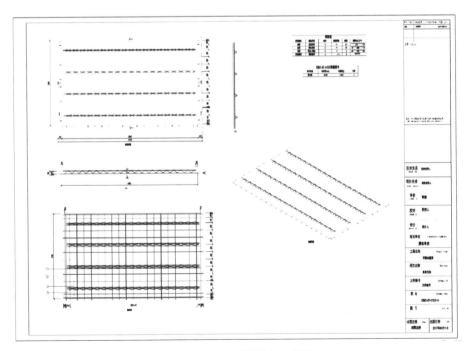

图 15　自动生成构件加工详图

（2）生产阶段。进行全过程示范技术路线设计、PC 构件全生命周期管理思路设计。构件实际动态监控过程如图 16～图 22 所示。

图 16　构件厂制作准备工作

图 17　芯片预埋

图 18　工厂堆放

图 19　构件运输

图 20　现场堆放

图 21　楼板吊装

图 22　质量复核

（3）施工阶段。根据"基于 BIM 和物联网的预制装配式建筑智能施工安装系统"功能进行施工应用。项目 10 号楼进行的施工模拟三维效果图如图 23、图 24 所示。

（二）项目管理系统

1. 建造过程模型管理。针对 BIM 模型过程管理中存在的问题及基于工程建造的动态管理的需求，通过工程结构化分解、模型与图纸的协同关系研究，提出工

图 23　预制构件吊装过程模拟效果图

图 24　完成 10 号楼的预制构件吊装三维效果图

程建造中模型结构图谱。通过建造过程设计、模型、BIM 应用的动态协同关系研究，提出模型结构动态描述机制。将模型结构图谱和动态描述机制在软件开发中进行应用和验证。可提供明确的、工程实践中可操作的模型结构图谱及动态机制。基于信息管理平台，逐步由相关责任主体进行模型信息的丰富和模型应用，可实现各方业务协同和数据的合理共享。

2. 工程建造模型分解。将建造过程 BIM 模型分为设计方创建的工程设计 BIM 模型（以下简称"设计模型"）和施工方创建的施工 BIM 应用模型（以下简称"施工模型"）。对设计模型的分解如图 25 所示，对施工模型的分解如图 26 所示。BIM 模型管理的理念主要为模型结构图谱管理，以时间为线，通过增量储存的方式记录每一次模型的变更。

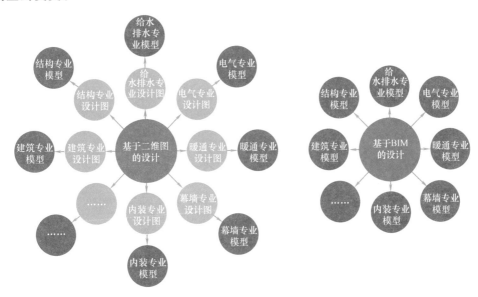

图 25　工程设计 BIM 模型分解

3. 进度管理。将 RFID 芯片（物联网终端）反馈的实时信息传递到模型上，通过模型上构件的不同颜色反映安装进度。同时，也可进行进度计划的调整（图 27）。

4. 模型管理。设计或深化设计模型可根据建模规则进行拆分与组合（图 28）。

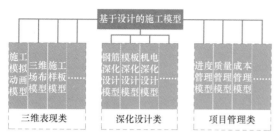

图 26　工程施工 BIM 模型分解　　　　图 27　基于 BIM 模型的进度管理

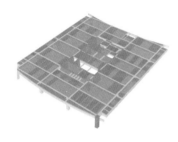

图 28　模型管理

四、应用成效

杭州市装配式建筑质量监管平台自 2018 年开始市场化推广以来，结合生产一线需求，为项目提供定制化的数据服务，以及配套的技术、商务、培训、工程专业一站式服务。

平台于 2018 年 6 月上线，第一批 11 个装配式示范项目进入平台；2019 年 6 月，第二批 6 个示范项目进入平台。通过项目引领示范，实现 104937 个构件（2020 年同比增长 117%）全过程质量监管，为 225 家单位（2020 年同比增长 21.62%）提供服务，有 1102 人（2020 年同比增长 32%）入驻平台完成操作，有 263 辆运输车（2020 年同比增长 39%）实现轨迹跟踪。通过平台应用，参加各方实现预制构件全省全过程质量监管、信息追溯质的突破。

入驻平台的 64 个项目（2020 年同比增长 489%）中，居住建筑占比 50%，公共建筑占比 39.06%，工业建筑占比 7.81%，其他类型占比 3.13%。

入驻平台的项目中所管理构件总数为 104937 个（2020 年同比增长 117%），其中叠合板 90363 个，叠合梁 3526 个，预制楼梯 5674 个，预制外墙 2838 个，其他类型构件 2536 个。

入驻平台企业合计 225 家（2020 年同比增长 21.62%），其中施工单位 34 家，构件加工厂 35 家，设计单位 37 家，建设单位 42 家，监理单位 34 家，勘察单位 24 家，检测单位 19 家。

进驻平台的人员共 1102 人（2020 年同比增长 32%），其中实名认证人员共计 1031 人。

执笔人：
浙江省建工集团有限责任公司（金睿、段玉洁）
杭州市建筑业协会（廖原）

审核专家：
李东（百川伟业（天津）建筑科技股份有限公司，总工程师）
赵宪忠（同济大学，教授）

宁波市装配式建筑智慧管理平台

宁波市住房和城乡建设局
宁波杉工智能安全科技股份有限公司

一、基本情况

（一）案例简介

宁波市装配式建筑智慧管理平台是一款信息可溯源、防篡改、可共享的装配式建筑监管平台。平台以宁波市装配式建筑产业链为基础，以建筑信息模型（BIM）为载体，利用云渲染、云转换等新技术，整合装配式建筑行业的各方建设主体（设计单位、生产单位、施工单位、监理单位等）的生产业务数据，实现对宁波市装配式建筑产业链的全过程监管。采用联盟链模式，各方建设主体通过授权进行链上业务数据留痕，保证装配式建筑的设计数据、生产数据、施工数据、厂商数据、质检数据、人员数据等全流程数据可追溯防篡改，保障装配式建筑的生产施工质量。

（二）申报单位简介

宁波市住房和城乡建设局是主管宁波市住房和城乡建设工作的政府工作部门，在本案例中行使监管角色。宁波杉工智能安全科技股份有限公司（以下简称"杉工智能"）为本案例的技术服务商。杉工智能是隶属于浙江省交通投资集团有限公司的国家级高新技术企业，致力于为政企用户提供围绕工程项目全寿命建设管理和运营维护的集成化软件产品、专业化数据服务和信息化解决方案。公司近年已完成了二十余项各级科研项目，取得多项科研成果，拥有 30 项专利，其中 9 项为发明专利，50 余项软件著作权。

二、案例应用场景和技术产品特点

（一）案例应用场景

宁波市装配式建筑智慧管理平台将建立装配式建筑产业链可追溯防篡改的智慧监管体系作为突破口，充分发挥宁波市住房和城乡建设局的行业整合统筹能力，实现装配式建筑全产业链的事中事后数字化监管，保障构件设计生产施工质量，并且通过平台激励机制对复用性较高的预制构件进行筛选，将其纳入标准构件库，推动装配式建筑设计单位标准化、模数化设计。

（二）案例技术方案要点

平台从项目的前期立项、建筑设计、生产养护、工程建设施工直至归档，运用"BIM＋模型轻量化"等新技术进行数字化监管（图1）。

平台中主要有 BIM 一张图、单位管理、项目管理、整改记录管理、标准构件库、专

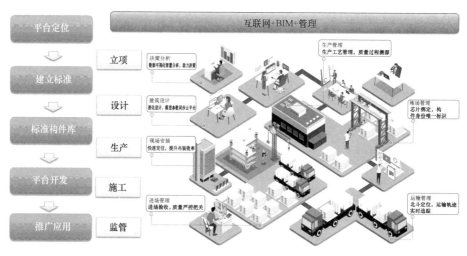

图 1 平台整体建设思路

家管理、档案管理、信息发布、系统管理共 9 大功能板块。用户角色分为市、区住房城乡建设部门、建设单位、设计单位、生产单位、施工单位、监理咨询单位共 6 类。涵盖了装配式建筑全产业链的业务数据范围（图 2）。

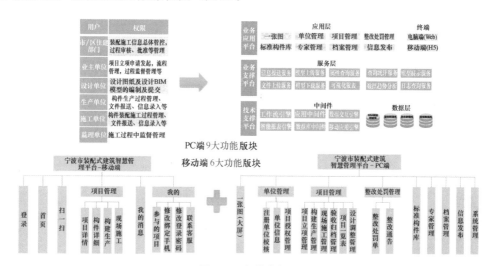

图 2 平台技术框架

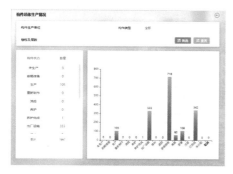

图 3 BIM 一张图

基于"BIM 一张图"对装配式建筑项目和构件数据进行展示统计分析，提供多维度、可视化的数据图表展示，包括全市各地区的项目情况、项目建设情况、构件生产单位供应量情况等（图 3）。

"标准构件库"提供预制构件推广应用平台。通过预制构件的溯源记录进行统计分析，分析各类构件的使用情况与应用过程中的反馈，用户可根据构件使用率、反馈效果评分等信息进行筛选，辅助构件的设计、生产及施工等工程应用（图4）。

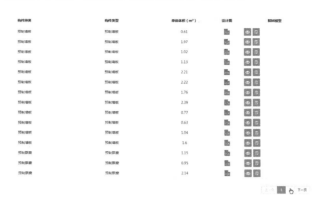

图4　标准构件库

"项目管理"实现装配式项目管理全流程数据溯源。装配式项目的数据都可以通过项目管理模块查看，从立项、设计、生产、施工直到竣工验收，每个项目实施阶段的数据都能在该模块中留痕溯源。

"整改记录管理"解决问题处置流转闭合。平台上可记录、显示项目各类问题整改的发起、处置、审核、闭合、查询等全流程。监管人员可根据管理制度或系统后台设定处罚条件，对参建单位发起监督整改信息，系统生成整改通知单，并自动流转，参建单位针对问题进行整改反馈，通过系统实现问题的闭合（图5）。

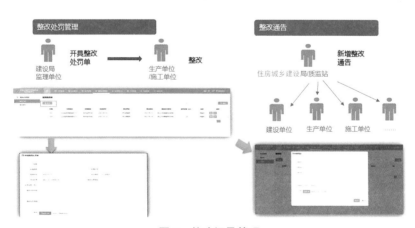

图5　整改记录管理

"档案管理"实现生产全过程资料归档。实现各类档案信息导入、查询、上传、下载、预览、审批管理；文件归档、成卷、管理；文件目录结构维护管理等功能。实现对装配式生产链中的附件资料，影像资料固化留痕防篡改（图6）。

"专家管理"通过将专家库中专家名单互联，实时追溯查看专家参与评审的项目及专

图6　档案管理

家评审相关意见（图7）。

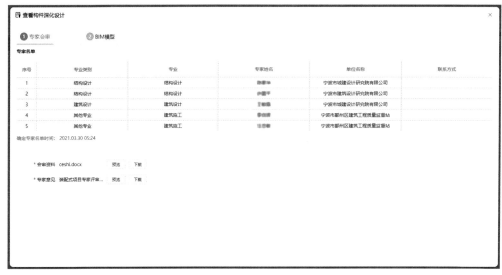

图7　专家评审意见查看

"单位管理"支持住房城乡建设主管部门校核查看各个单位在线注册的单位信息、管理人员信息以及参与的项目信息。建设、生产、施工等单位查看本单位参与的项目信息，以及项目授权管理各单位管理员可管理单位的账号信息、授权账号的项目权限。

（三）关键技术经济指标

1. 研发了一套融合"BIM技术＋模型轻量化云转换"技术的装配式建筑智慧管理平台。完善建筑市场信用评价，加强全过程质量监管，推进BIM技术应用，推广构件标准化，加快数字城建档案建设。

2. 参与编制《宁波市装配式混凝土预制构件建模和编码标准》，推动实现宁波市装配式建筑工程BIM应用管理的规范化、科学化和信息化，推进BIM技术在建筑工程领域的广泛深入应用，规范建筑信息模型在设计、生产、施工等阶段应用。

3. 平台的应用和推广，是配合国家审批制度改革的措施之一，成功实现无纸化办公，可实现单个使用单位资源节约20万～60万元。促进了BIM和装配式技术的融合，改善流程管理、人工管理等信息化水平，从而有效节约了因流程变更造成的工期延长而导致的经济损失。

（四）关键技术难点

宁波市装配式建筑智慧管理平台将"BIM技术＋模型轻量化云转换"多技术融合（图8）。通过BIM模型云转换引擎对建模单位建模工具不统一的情况进行兼容；通过MEC边缘云渲染技术实现用户终端的BIM模型轻量化加载和渲染；最终实现对装配式建筑全产业链立项、设计、生产、施工等阶段的数字化监管。

（五）技术创新点

1. 轻量化云引擎实现BIM模型在线转换。宁波市装配式建筑智慧管理平台采用在线轻量化云转换引擎上传BIM模型。建模单位依据《宁波市装配式混凝土预制构件建模和

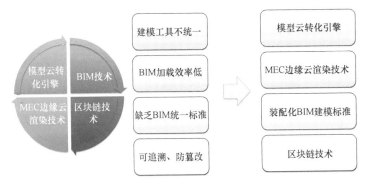

图 8　平台关键技术

编码标准（征求意见稿）》创建的 BIM 模型，在平台上直接上传原模型文件，无需线下轻量化处理，即可在平台上进行轻量化浏览。解决了模型线下处理的时间成本和不确定性的问题，保证了 BIM 模型的规范性、统一性。

2. 边缘云渲染加速模型便捷浏览。平台采用的 MEC 边缘云渲染技术配合虚拟化指令流，将计算与渲染分离进行，提高用户终端的计算利用率，降低自身的硬件成本；采用视频流云技术的页面交互方式，通过对视频 H264、H265 技术优化，达到保障画质清晰及流畅运行的双重标准，且通过延迟补偿，可应对网络抖动，避免出现断线而导致页面中断；结合先进的边缘计算架构以及 GPU 虚拟化、应用容器技术、音视频实时编解码等，使产品可以最大程度利用服务端计算能力和智能分配计算单元，以降低计算成本；且所有的应用服务可以动态使用服务器计算资源，成本更低，效率更高。MEC 边缘云渲染技术的高性能、低延迟与高带宽，以及稳定的电信级 QoS 环境，加速网络中各项内容、服务及操作的反应速度，让平台享有与本地高配工作站一致的使用体验。通过 APP、网页、小程序等方式，在普通性能设备上均可方便快捷进入平台及浏览 BIM 模型。

3. 数据上链确保信息真实可信。宁波市装配式建筑智慧管理平台基于联盟链，参与各方通过节点确认身份后进行数据上链。在立项阶段，从浙江省投资项目在线审批监管平台中获取特定的项目数据。在设计阶段，市图审系统通过 API（应用程序接口）连接联盟链，将装配式项目对应的深化图纸自动接入。在深化设计阶段，设计院云端上传 BIM 模型，平台提取出模型中的构件编码，通过构件编码绑定 BIM 模型。在生产阶段，采集生产单位的生产养护数据。在施工阶段，记录施工单位的吊装注浆质检数据。将设计图纸、预制构件编码、生产养护资料、施工资料，结合用户信息，最终验收归档于城建档案馆。

（六）产品特点

宁波市装配式建筑智慧管理平台与传统的基于 BIM 的信息化系统相比具有显著优势。一是以行业主管部门的监管工作作为装配式建筑行业智能建造推进的突破口，在平台实施效力上更具系统性、全面性，产品应用涵盖装配式建筑行业的全产业链。二是本产品兼容了建模单位主流 BIM 模型格式，将差异化的 BIM 模型和数据进行归一化处理，生成统一的模型和数据格式进行传递和展示。三是本产品与浙江省投资项目在线审批监管平台和图审系统数据互通，确保在装配式产业链的实际业务流程下，降低各参与方的系统操作量。

三、案例实施情况

(一) 案例实施情况

本案例从 2019 年立项开始,经历了前期调研、详细设计、开发及实施、测试试用、反馈修订、试点推广等一系列工作(图 9)。

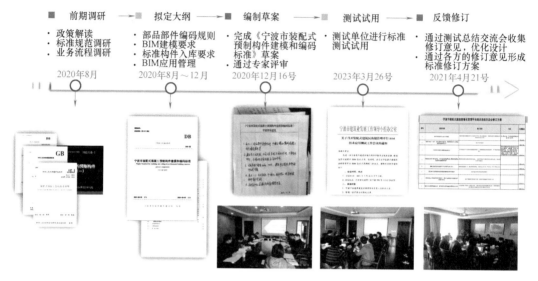

图 9　案例实施工作回顾

前期调研:2019 年立项开始,从装配式建筑行业相关政策、装配式建筑和信息化相关标准规范、装配式建筑全产业链业务流程等 3 个方面进行调研,形成技术架构和调研报告。

详细设计:基于调研形成的调研报告和初步技术架构,进行平台业务模块、平台基础技术引擎、《宁波市装配式混凝土预制构件建模和编码标准(征求意见稿)》等详细设计。

开发及实施:基于成熟的技术架构、业务模块、基础技术引擎完成平台产品的开发,同时完成联盟链的组建和部署,组织并通过专家评审(图 10)。

图 10　平台开发流程

测试试用：先通过选定试点项目、试点单位进行平台测试试用，试用单位涵盖多家宁波市六区内典型的设计单位、生产单位、施工单位。然后针对试用测试情况组织测试工作会议，讨论评审并完善各家单位遇到的测试问题。

反馈修订：通过测试总结交流会与各参建方反馈达成修订方案，落实修订方案完善平台。

目前，已实现 36 家装配式建筑相关单位数据上线，上线装配式项目达到了 14 个，登陆总次数达到了 20013 次，数据量达到了 12GB（图 11）。

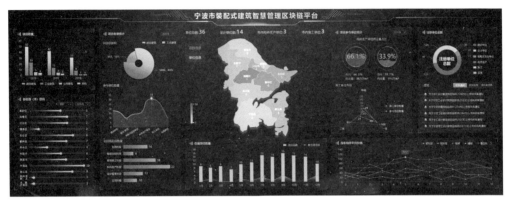

图 11　案例平台首页大屏

以江北区苏湖南地段 CC13-01-13-1 地块项目为例（图 12）。

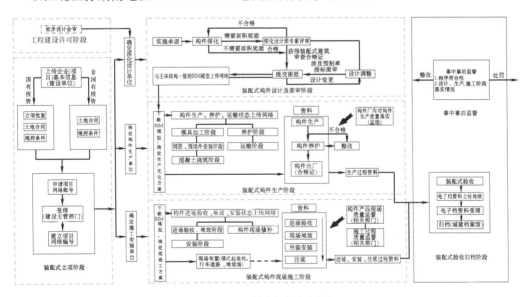

图 12　案例业务流程图

案例平台从设计图审系统获取该项目深化审计图纸，宁波华聪建筑作为装配式咨询单位进行 BIM 深化建模，然后上传该项目 BIM 模型。选取专家库的专家组织线上专家图审，生成专家图审意见与 BIM 模型进行关联（图 13）。

装配式生产阶段，平台分配生产单位，生产过程的生产、养护、运输等每个表单线上留存，生成该项目的电子生产资料（图 14）。

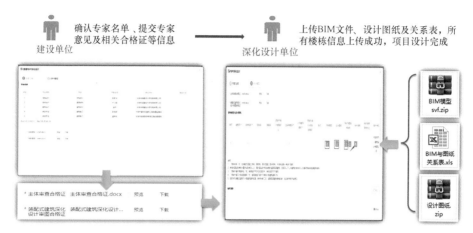

图 13 设计图审接入

图 14 预制构件生产

装配式构件现场施工阶段，施工单位从平台查阅下载 BIM 模型，确定现场施工方案，然后上传进场验收、现场堆放、吊装安装、注浆等数据，形成施工过程数据留存（图 15、图 16）。

图 15 预制构件施工

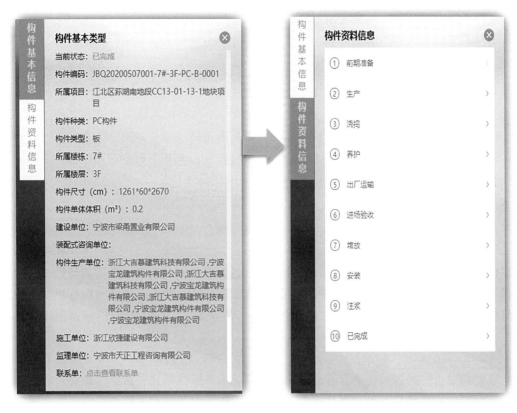

图16 预制构件全流程数据

（二）案例实施典型做法和创新举措

为实现本案例BIM模型能够上线应用且确保各参建单位的数据标准化，编制了《宁波市装配式混凝土预制构件建模和编码标准（征求意见稿）》。本案例为实现庞大的模型数据能够进行轻量化处理和展示，配套开发了SgGIS平台，同时申请了国家专利（图17）。

图17 标准、软件著作权、专利情况

四、应用成效

(一) 装配式建筑提质增效

通过宁波市装配式建筑智慧管理平台对接宁波市建筑市场信用系统，完善升级建筑市场信用评价体系，进一步规范建筑市场秩序，加强对建筑市场各方主体事中事后的监管。

(二) 全过程质量追溯

装配式建筑从传统监管方式向施工现场监管与数字管理并重的监管方式转变。实现了装配式建筑设计、生产、施工、监理、维护等全过程数据留痕，保障装配式构件生产施工质量，确保质量可追溯、可核查，保障人民生命财产安全。

(三) 推广构件标准化

通过宁波市装配式建筑智慧管理平台的标准构件库和配套激励机制，方便和激励设计、生产企业直接选取调用，统计在项目建设中使用率较高的预制构件 BIM 模型，筛选出复用性高的标准构件，不断完善标准构件库。使原有的粗放型生产方式向模块化精细化发展，降低装配式建筑行业的整体成本，进一步推动宁波市装配式建筑预制标准化。在江北区苏湖南地段 CC13-01-13-1 地块项目中，通过调用标准构件，预计节约工期约 60 天。

(四) 推进建筑全信息共享

目前，装配式建筑具有业务数据量庞大、各单位数据格式不统一、涉及专业和单位较多、各单位数据割裂等问题，这些问题导致各参建单位形成数据孤岛，造成巨大的沟通协调成本，增加装配式建筑的管理风险。整合各方建设主体的生产业务数据，打通各参建单位数据交互的通道，参建各方以 BIM 模型为载体，实现建筑信息在全生命周期的传递与共享。

(五) 加快数字城建档案建设

传统装配式建筑的生产施工资料经常会出现版本混乱、遗失甚至造假等问题。通过管理平台使生产施工数据在平台上迭代、版本明确、格式统一，一键生成竣工验收资料，简化城建档案备案流程，加快住房城乡建设系统数字化转型步伐，同时也为智慧城市提供数据基础。

执笔人：
宁波市住房和城乡建设局（沈浩、张顺宝、冯晔晨）
宁波杉工智能安全科技股份有限公司（李宏伟、冷志鹏）

审核专家：
李东（百川伟业（天津）建筑科技股份有限公司，总工程师）
赵宪忠（同济大学，教授）

施工现场信息自动化采集工具和平台应用

浙江省建工集团有限责任公司
杭州市建筑业协会

一、基本情况

（一）案例简介

本案例以工地为研究对象，把工地的要素划分为工地人员、物资材料、机械设备、施工场地、智慧项目管理。通过集成和数据接口的思路，研发配套智能工具，基本实现信息采集"0"输入，并将市场上主流软硬件厂商和自主研发的智能软硬件所提供的数据进行集成，为施工现场岗位工作人员提供所关注的数据及功能，解决生产一线痛点、难点问题，提供一套"智慧＋互联＋协同"的平台，突破行业壁垒，让各应用场景及智能工具从零散杂乱转变为实时可控，为项目节约成本，创造经济效益。

（二）申报单位简介

浙江省建工集团有限责任公司是一家以设计研发为引领，集房屋建筑、钢结构、幕墙装饰、轨道交通、机电安装、地基基础、市政工程、水利水电、地下空间、特种结构施工及投融资为一体的大型国有企业，注册资本20亿元。集团在建筑信息模型、智慧工地、建筑工业化和机器人智能建造这四个方向的研究上，具有专有技术优势。

杭州市建筑业协会成立于1988年。由杭州市辖区内从事建筑业相关企事业单位、外地进杭建筑施工企业，及各县（市）、区建筑业协会自愿组成，是在杭州市民政局注册登记具有法人资格的非营利性、行业性、地方性的社会团体。现有团体会员2034家，直属会员231家。

二、案例应用场景和技术产品特点

（一）智慧工地公共平台

自主研发的平台将智慧工地分散的应用场景通过数据接口形式进行集成（图1）。

平台包括：工地人员、物资材料、机械设备、施工场地及智慧项目管理五个子模块，并按企业级和项目级分别呈现（图2、图3）。

平台自下而上打通信息通道，在所有数据对接、共享的基础上，项目可针对工程实际情况，自由配置模块内容，灵活调取底层数据，高度定制智慧工地，实现数据驱动的项目管理（图4）。

（二）智能工具

平台除自主研发的软硬件子系统外，每个模块可集成各供应商的产品，准确、实时采集工地上的信息数据（图5）。

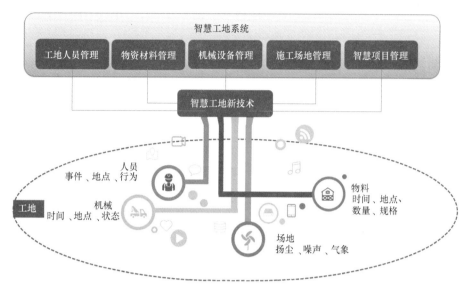

图1 智慧工地公共平台技术路线

图2 智慧工地系统首页（企业级）

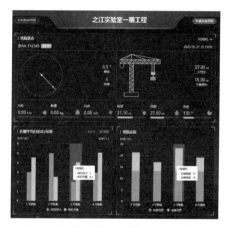

图3 智慧工地系统首页（项目级）

图4 智慧工地界面定制

自主研发完成的信息采集工具包括：物料称重智能管理系统、混凝土结构强度检测系统、实测实量数字工具包、通用检查小程序等。

工地人员、物资材料、机械设备、施工场地及智慧项目管理功能模块数据采集路线图分别如图6～图10所示。

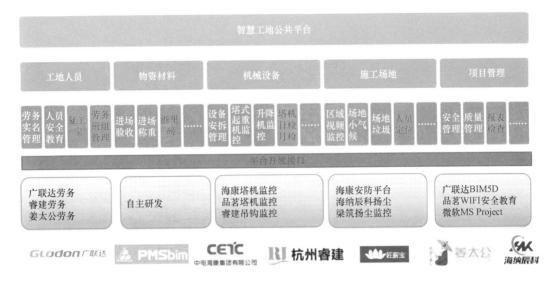

图 5 平台集成架构

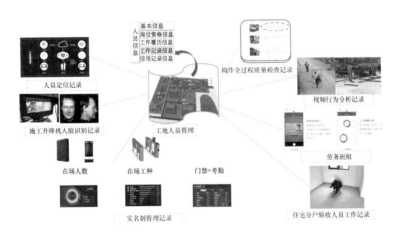

图 6 工地人员信息采集

图 7 物资材料信息采集

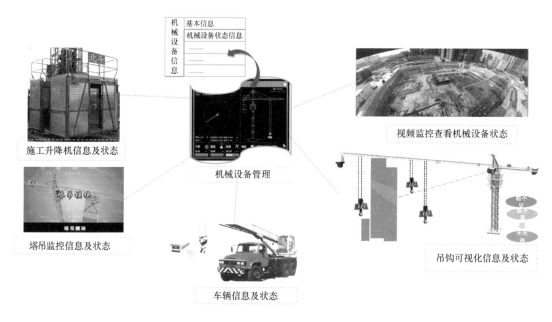

图 8　机械设备信息采集

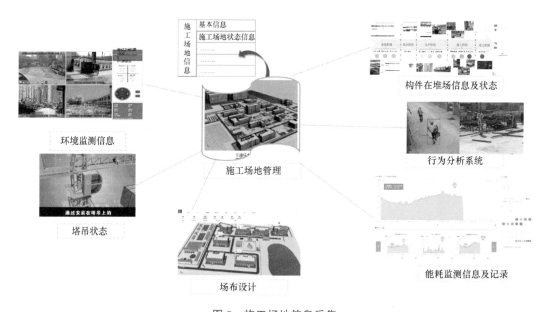

图 9　施工场地信息采集

(三) 创新点

1. 结合生产一线需求, 基于集成的思路研发智慧工地平台, 在管理、商业模式及技术应用上有重大创新。

2. 研发的多个智能工具及管理系统实现对传统落后的劳动密集型施工现场数据的自动化采集、计算、分析。

3. 自主研发的小程序将一线工作人员的日常工作提取整理成岗位工作流。实现项目

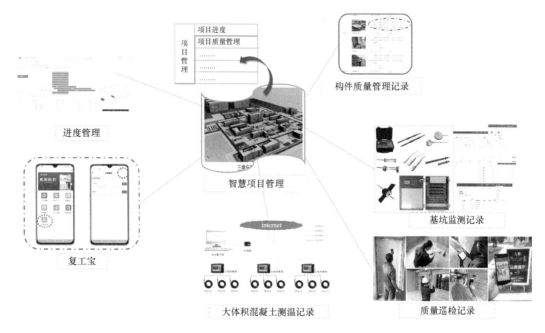

图 10　智慧项目管理信息采集

管理工作标准化、流程化、规范化，提升现场管理人员的工作效率及工程质量，为后续岗位工作的数据化输出奠定基础。

(四) 与国内外同类先进技术的比较

与现有同类应用相比，本平台以成本管理为核心，以过程管理为主线，重在为项目创造经济效益，重在落地应用。一是本平台应用点立足施工现场一线需求，为项目解决实际的难点问题，产生了实际效益；二是本平台研究对象植根工地，在研发时充分聚焦工地实际问题。三是本平台提供的智慧工地应用种类齐全，提供了配套的技术、商务、培训、工程专业一站式服务，降低管理成本。

(五) 市场应用总体情况

截至目前，平台及其软硬件子系统已在二百余个项目中使用，取得良好的反馈，如住宅分户验收智能工具已为一百余个项目服务。

三、案例实施情况

(一) 物料称重智能管理系统 (简称"浙里磅")

"浙里磅"已在龙游县公共文化中心和商务中心项目、南湖文化广场项目和龙游大南门项目等施工现场应用，实现了大宗物料的自动化全检，为项目创造可观的经济效益。"浙里磅"可实现在无人值守时，对物料进行移动式接收管理，可在现场基本"0"输入的前提下，实时计算"量"的偏差，实现对大宗物料"量"的按实结算和精细化控制。目前，浙江衢州等地部分工程项目的混凝土采购合同已按照每车"按实结算"签订。

"浙里磅"的组成包括地磅、物联网硬件 (道闸、摄像头、地感线圈等)、系统 Web端和 APP 端 (图 11、图 12)。

图 11 "浙里磅"组成示意图

(二) 智能工具

1. 住宅分户验收智能工具管理系统。本系统依据行业管理标准,构建工程住宅项目分户验收业务。系统由 Web 端管理系统、移动端 APP 和自主研发的住宅分户验收智能工具组成(图 13、图 14)。

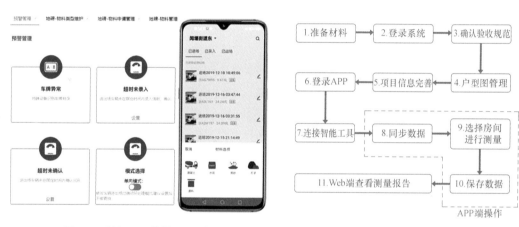

图 12 系统 Web 端及 APP 端   图 13 使用流程图

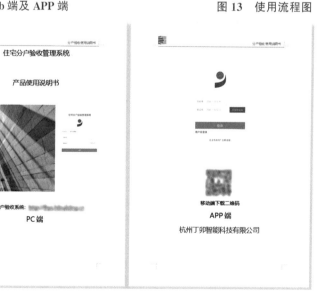

图 14 住宅分户验收智能工具 Web 端及 APP 端关键操作步骤

管理人员也可以通过 Web 端直观了解整个项目分户验收的进度详情。图形化界面展示项目分户验收情况（图 15）。本系统可实现人力成本节省 50%，时间成本节省 50%，数据准确率达到 100%，可实时输出报告。

2. 实测实量智能工具及管理系统。根据现场具体的测量业务需求，检索出 11 个分部工程的施工质量验收规范，梳理检查项目及其对应的检测工具，将常规的总包单位测量员需要的测量工具打包成一套实测实量数字工具包（图 16）。

图 15　项目分户验收统计界面

01 数显阴阳角尺
02 数显卷尺
03 智能数字靠尺
04 钢制直尺
05 楔形游标塞尺
06 可伸缩空鼓锤
07 不锈钢刮腻子刀
08 实芯吊线锤

图 16　实测实量数字工具包

具体功能包含：

（1）线上图纸定点，数据一一对应。管理人员可以将图纸直接上传系统并定点，测量人员在 APP 中就能直观看到点并对应每个点进行测量。

（2）数据实时上报。测量人员测量的数据能通过 APP 实时同步，管理人员能更好把控管理及质量。

（3）数据自动计算并判断，降低统计分析难度。只需要上传测量数据，系统便能自动计算合格情况，降低操作人员操作难度（图 17）。

（4）不合格点整改与销项。系统移动端可查看不合格点，对不合格点进行拍照处理；指派相应人员进行整改；复查后可以直接销项。

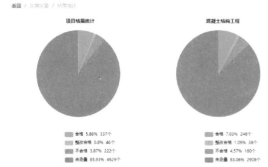

图 17　项目数据统计分析

3. 混凝土结构强度检测系统。本系统运用物联网技术，结合工程项目结构实体检验的具体业务逻辑，让一线工作人员更好地采集、计算、存储混凝土强度数据，以文件、图片形式储存的数据可以分享给项目部、企业所有管理人员，提高管控力度。借助该系统，可以实现现场建筑主体的全方位质量监控。具体功能包括：

(1) 无纸化操作，所弹即所得，检测数据自动同步记录；(2) 检测数据云存储、自动计算、随时查看、实时导出；(3) 通过数据集成和云计算技术，及时掌握一手数据并有效控制，避免由于大面积不合格造成的质量事故；(4) 具有检测留证功能，实现数据集中管理，支持数据分析及质量追溯，实现企业级混凝土强度数据实时监控，提升企业管理精细化程度（图 18）。

图 18　项目数据统计分析

图 19　小程序示例——塔机日检

（三）通用性检查小程序

将施工员、安全员、质量员、材料员等现场工作人员的日常工作标准化、流程化、规范化，通过快速搭建通用性检查小程序，满足岗位工作需求。

1. 塔机管理。图 19 是将塔机日检的日常工作标准化、流程化后搭建的小程序。

2. 安全管理。通过安全隐患巡检小程序的应用，监控工程安全管理状态，降低和避免安全风险的不利影响（图 20）。

3. 质量管理。发现质量隐患后，将工地现场检查到的问题和照片实时上传，生成整改意见，实时通知相关责任人，线上完成整改通知和整改回复，形成闭环，实现工程监管远程办公、远程监督、实时通信、整改推送，管理过程及结果如图 21 所示。

图 20 安全管理小程序应用   图 21 质量检查及巡查小程序应用

四、应用成效

信息自动化采集智能工具和智慧工地公共平台极具推广性，已在浙江、安徽、山东、海南、江西、江苏等省份推广应用，创造了增量经济价值。选取如下项目进行本案例的介绍：龙游县公共文化服务中心和城东商务中心项目。

图 22 项目监控台

　　智慧工地公共平台在本项目的应用效果显著（图 22）。以工程项目流程管理为入口，结合物联网技术，对工程现场实现安全事故的预防、预警、告警，施工环境实现全方位的在线监控，为管理人员提供及时、高效、优质的远程在线管理服务；对工程项目整个运作工程中的各类信息进行统计、分类、分析，为提高生产安全提供技术支撑，提升安全管理水平，确保施工安全，提高工程质量；回溯现场违规记录、施工进度历史、事件处理记录、历史考勤记录，为事后明确责任、防患未然提供有力支撑。智慧工地公共平台给项目带来了直接的以及间接的经济效益，以混凝土为例，截至 2021 年 7 月，混凝土累计过磅 $20033.5m^3$，方量偏差 $88.07m^3$，目前，C35P8 混凝土单价为 509.66 元/m^3，产生的直接经济效益约 44885.8 元。若以该数据作为智慧工地公共平台为本项目带来经济效益的衡量标准，每立方米混凝土可节约 2.24 元，本工程预算混凝土方量 $147130.38m^3$，据此估算智慧工地公共平台能为项目节约经济约 32.96 万元。

执笔人：

浙江省建工集团有限责任公司（金睿、段玉洁、范哲文）

审核专家：

李东（百川伟业（天津）建筑科技股份有限公司，总工程师）

赵宪忠（同济大学，教授）

智慧工地管理系统在浙江舟山波音 737MAX 飞机完工及交付中心定制厂房项目的应用

中铁建工集团有限公司

一、基本情况

（一）案例简介

中铁建工集团有限公司研发的智慧工地项目信息管理系统主要用于波音 737MAX 飞机完工及交付中心厂房项目管理。该系统围绕施工过程管理，将数据在虚拟现实环境下与物联网采集到的工程信息进行数据挖掘分析，提供过程趋势预测及专家预案，为项目管理提供更智能、更高效的施工现场管理手段，建立互联协同、智能生产、科学管理的施工项目信息化生态圈，实现工程施工可视化智能管理，提高工程管理信息化水平。

（二）申报单位简介

中铁建工集团有限公司成立于 1953 年，是中国中铁股份有限公司的全资子公司，是集勘测设计、房地产开发、工程施工、设备安装、装修装饰、路桥隧、钢结构、机械制造、物资贸易等为一体的大型国有企业。公司业务遍布全国及境外 30 余个国家和地区，年经营规模超 1400 亿元。

二、案例应用场景和技术产品特点

（一）技术方案要点

智慧工地管理系统包含实名制一卡通、视频监控、物料验收、环境监测、塔式起重机运行监控等子系统（图 1），通过物联网大数据传输的方式将采集到的数据传至云端中心服务器进行数据整理、汇总、计算等处理，实现涵盖人员、安全、质量、环保、材料、技术、协同管理等领域在项目部、分子公司、集团公司各个管理层的远程监管，有效提高项目的施工质量、安全、成本和进度管理控制水平（图 2）。

（二）产品特点及创新点

1. 该系统使项目管理过程更加集

图 1　智慧工地系统组成

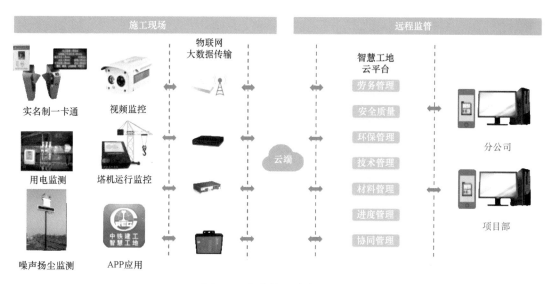

图 2　远程监控系统应用构架

约、灵活和高效。通过信息采集系统，将劳动力、材料、机械、现场实际进度等信息收集，通过智慧工地云平台进行高效计算、存储并提供服务。采用五项技术，通过三个支撑，以达到统一平台、业务量化、集成集中、智能协同，满足多方现场管理需求，解决场区占地面积大、安保管理难度大、SHEILSS（波音公司针对项目建设安全管理手册，S 安全、H 健康、E 环境、ILS 国际劳工、S 安保）管理要求高等相关问题，让项目参建各方访问数据、工作协同更加便捷。

2. 深度整合碎片化单系统应用。"智慧工地"项目管理系统将传统的碎片化单系统应用进行了全面而深度的整合，同时提出"项目中控调度指挥中心"的概念，实现在一个系统平台下对整个项目施工的人员进出场情况、物资材料进场情况、机械设备运行情况、安全质量管理情况、工地环境状况，以及整个施工现场运转的实时画面进行监控、掌握和调度。

3. 大数据分析追溯历史、预测未来。基于"智慧工地"项目管理系统对各碎片化应用的整合，通过对采集数据的汇总、分析和处理，可以对管理系统数据进行回调和分析，还原项目管理实施的客观历史情况，还可以对其未来预期的发展进行有限的预测。有了这些经过大数据分析的结论，项目在工程管理过程中就能做到有理有据、科学合理、有的放矢，从而显著提升项目工程管理水平，提高项目管理实施效果，为工程项目管理降本增效。

三、案例实施情况

（一）工程项目基本信息

浙江舟山波音 737MAX 飞机完工及交付中心定制厂房项目是美国波音公司在海外设立的首家飞机厂房，项目占地面积约 40 万 m^2，总投资约 35 亿元。波音公司按照美国标准要求主导项目建设全过程，在安全、健康、环境、国际劳工、安保等方面管理要求高，且项目工期紧（总工期 370 日历天），所需劳动力、机械设备耗用巨大，人员组织施工和机械安全管理难度大。

（二）应用过程

1. 实名制一卡通系统

实名制一卡通系统是在工人进场教育通过后，读取身份证内的人员实名信息，补充完善工人所在单位、工种等，而后制作发放实名制一卡通卡片，进而实现持卡门禁、考勤、就餐、消费、巡更、违规、签到等应用。通过实名制一卡通系统可以统计分析进驻工人数量、年龄结构、工种结构、劳动力来源等（图3）。

通过出入口门禁系统实时掌握工人进出场情况，统计分析现场各工种劳动力是否满足生产需求。同时，根据进出场刷卡记录建立工人出勤与工资支付台账，预防劳资纠纷。

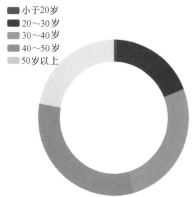

图例：
- 小于20岁
- 20～30岁
- 30～40岁
- 40～50岁
- 50岁以上

图3 劳动力年龄分析

2. 车辆号牌识别管理系统

车辆号牌识别管理系统（图4）通过 RFID（Radio Frequency Identification）技术，对场区内所有车辆进行智能且有效的管理。车辆首次进场时，人工检查车辆性能，将合格的车辆信息录入管理系统，出入口摄像机自动抓拍车牌信息，并进行存档，权限授予车辆在完成识别号牌后自动抬杆放行，同时在后台记录出入信息。

图4 车辆号牌识别管理系统

3. 无人值守自动洗车系统

无人值守自动洗车系统（图5）通过二次研发在传统洗车机的基础上改装实现。工程车辆在到达洗车机时，通过重力感应系统自动启动洗车机并与智慧工地系统云平台数据连接，实时查看洗车情况，保证现场车辆按秩序自动清洗，达到减少环境污染、降低洗车劳动力投入的效果。

4. 互联网视频安防监控系统

项目在整个施工现场、场区出入口、项目办公区、工人生活区，以及工人宿舍走廊、工人食堂、工人超市等部位布设视频安防监控，做到视频监控全方位覆盖，对施工现场及办公区、工人生活区动态实时了解。监控系统实现电脑客户端（图6）视频监控多画面切

图 5　自动洗车装置

换、移动侦测录像、视频抓拍等功能，如发生突发情况可及时响应，发生纠纷后也可有据可查，给项目安全管理提供保障。

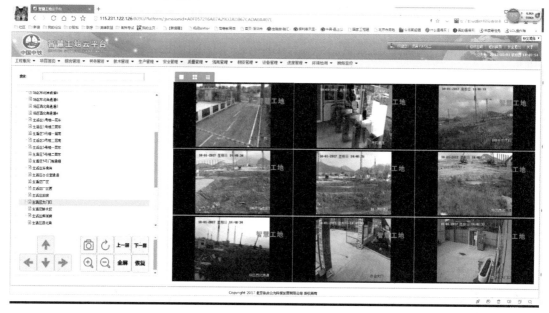

图 6　电脑客户端视频监控画面

5. 碗型鹰眼视频监控系统

碗型鹰眼视频监控系统是通过设置在塔式起重机上（或施工现场场地中心区域制高点）的碗型鹰眼摄像机，利用无线网桥进行数据传输（图 7），在会议室终端设备或触控

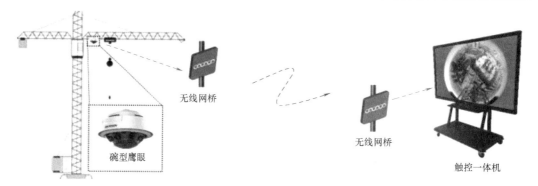

图 7　碗型鹰眼视频监控系统

一体机上均可进行沉浸式实景操作（图8）。鹰眼摄像机的PTZ（Pan/Tilt/Zoom）功能可对监控画面进行任意角度的拖动、放大、旋转，实现对施工现场360°无盲区、无死角全景监控，提高现场决策能力。

图8　碗型鹰眼视频监控画面及触控一体机终端设备

6. 塔式起重机运行监控系统

塔式起重机运行监控系统是通过安装在塔式起重机驾驶室内的监控控制黑匣子和塔机上的角度传感器、幅度传感器、吊重传感器、无线通信模块等设备，对塔式起重机的运行情况进行实时监测，对塔式起重机禁行区域设置保护，对群塔防碰撞进行制动，对小车、大钩、吊重等进行监控和超限警示制动等（图9）。

机械安全管理人员通过监控黑匣子记录和传输回来的塔式起重机运行及报警数据，对现场塔司的工作情况进行分析，并有针对性教育和交底，防止违规操作引发安全事故。

7. 用电监控系统

项目在办公生活区及施工现场各选定一个一级配电箱进行用电监控，通过在配电箱安装电参数采集模块，准确测量各路交流电路中的电压、电流及功率等用电参数。数据通过物联网云自动传输至监测中心终端及服务器（图10），自动记录并显示用电情况（图11），超过功率上限时自动报警，减少用电安全隐患。

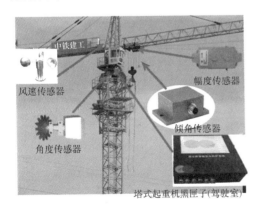

图9　监测塔式起重机安全运行传感器安装布置　　　图10　用电监控系统原理

8. 环境监测系统

在施工现场高处安装环境监测仪器，自动监测噪声、PM2.5、PM10、扬尘、温度、湿度、风速、风向等参数，通过物联网无线 GPRS 方式（General Packet Radio Service）

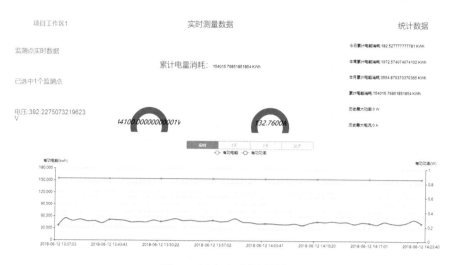

图 11 用电实时监测数据

将数据传输至服务器进行分析处理，可实现电脑端云平台系统、手机端 APP 软件实时查看现场环境数据（图 12）。

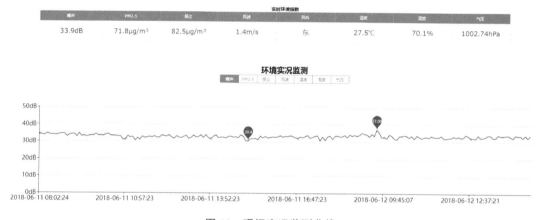

	实时环境指数						
噪声	PM2.5	扬尘	风速	风向	温度	湿度	气压
33.9dB	71.8μg/m³	82.5μg/m³	1.4m/s	东	27.5℃	70.1%	1002.74hPa

图 12 现场实况监测曲线

当扬尘数据超过预警值时项目立即启动洒水车、道路喷淋系统等进行降尘控制，防止造成环境污染；当气温超过预警值时立即启动防暑降温应急预案，采取相应的防暑降温措施，保障现场作业人员安全（图 13、图 14）。

图 13 道路喷淋系统扬尘控制

图 14 洒水车对道路扬尘控制

9. 智能地磅物料系统

项目智能地磅物料系统对进场材料真正实现智能化、科技化、信息化管理。通过物料系统对进场材料运输车辆称重，自动记录相关数据，并实时抓拍车前、车后、车厢及磅房等的照片（图15）；卸货完成后对空车进行称重除皮，自动计算进场材料重量并打印过磅单。

图15 智能过磅物料系统

所有过磅数据自动形成电子化物资台账，分类统计管理和分析，随时随地监控、跟踪材料进场过磅数据，所有数据实时自动记录，规避亏方、少称问题，有效保证物资进场数量。

10. 二维码应用系统

在项目管理平台基础上自主研发二维码应用系统（图16）。在系统中完成单体建筑及

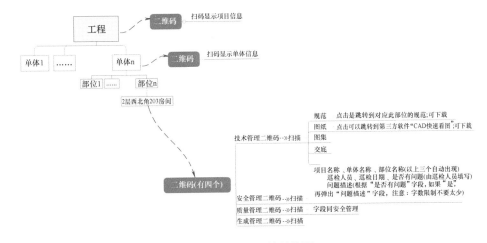

图16 二维码系统结构图

施工部位信息后，即可生成相应的安全、质量、技术、设备管理二维码，施工日常管理中，利用手机 APP 扫码巡检，下发整改记录并监督整改。

进场人员完成实名制登记后，即可生成人员信息二维码，扫码后可查看人员实名制信息如进场日期、体检、教育和违规记录等情况。通过二维码系统应用，能够更好地实施和执行 SHEILSS 手册相关管理要求，提高管理效率。

11. 人员分区管理及定位系统

项目采用广联达人员定位系统，从进入施工现场沿途设置工地宝，用于采集人员定位信息，管理人员配备具有 RFID 芯片的安全帽（图 17），与人员信息进行绑定，能从手机APP 和电脑端对管理人员进出场动态及工作移动轨迹进行监控及记录。实现现场人员分区管理，掌握项目管理人员工作动态。

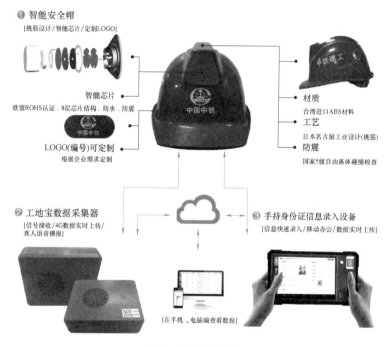

图 17 智能安全帽

四、应用成效

智慧工地管理系统自 2017 年 4 月开始提出概念、调研策划、探索应用及上线实施以来，经历了应用框架及蓝图规划、硬件设备安装、软件系统部署和调试、上线应用、系统完善和软件二次研发、大数据挖掘和分析等阶段，经测算，智慧工地管理系统建立初期，系统及硬件设施及现场线路敷设的成本费用如表 1 所示。

智慧工地管理系统取得的效益：通过该系统共计录入实名制人员信息 10799 人次，其中工人 10272 人次，注销 5456 人次，项目部及工人食堂、超市消费约 19.5 万人次，消费金额约 182.7 万元，出入门禁刷卡记录共计约 215.9 万条，有效提升对施工作业人员的规范化管理。通过物料系统累计过磅 59482 车次，塘渣约 42 万 t，碎石级配砂石 13.9 万 t，钢筋 1.6 万 t，混凝土 16.5 万 m³，经测算塘渣节约 5%，钢筋节约 0.5%，碎石和混凝土

智慧工地平台系统成本费用清单 表 1

序号	分类	数量	单位	总价（元）	包含内容
1	工地管理系统	1	套	199 265.55	智慧工地云平台、智慧工地 APP、实名制系统
2	工地硬件设备	1	套	591 437.00	劳务实名制、视频监控、塔机监控、环境检测、相关硬件
3	综合布线	1	套	241 091.70	电源线、光纤等综合布线材料
合计：金额 1 031 794.25 元					

均节约约 1%，共计节约费用约 162.48 万元。通过用电监控系统对施工现场及办公生活区分路监控，实时记录用电数据，项目人员通过查看在云平台各时段的统计数据，有针对性的改善工人不良用电习惯，节约用电约 8%，共计节约费用 46.96 万元。通过视频监控系统及碗型鹰眼监控系统和塔式起重机运行监控系统有效降低了重大安全事故的发生概率，对施工现场各个方面做到精细化监管，为项目安全生产保驾护航。

从项目建设全过程来看，智慧工地管理系统做到了对工程实施过程的主动有效监控与管理，不仅为基于互联网信息化的项目管理系统的发展探索和积累经验，还在项目业主、当地政府、美国波音公司等各方赢得良好的口碑，增强了企业在建筑市场的核心竞争力，使企业在激烈的市场竞争中占据有利地位。

执笔人：

中铁建工集团有限公司（熊永志、苏辉）

审核专家：

李久林（北京城建集团有限责任公司，总工程师、教授级高工）

郭红领（清华大学，建设管理系副系主任、副教授）

智慧建造平台在苏锡常太湖
隧道项目中的应用

中铁四局集团有限公司

一、基本情况

（一）案例简介

中铁四局集团有限公司研发的智慧建造平台，构建了"一平台、多系统"的应用模块，实现了数据智能采集、实时传递、智能预警。平台基于视觉识别技术研发了劳务实名制管理系统，可有效解决工程现场人员管理等难题；基于姿态数据的工作状态判定方法，研发了工程设备物联网系统，实现了工程机械智能化管理。平台有利于提高工程项目施工效率、管理效率和决策能力，提升项目管理水平，实现工程项目的智慧化、精细化、智能化管理。

（二）申报单位简介

中铁四局集团有限公司是具有综合施工能力的大型建筑企业，先后新建、改建、扩建了9800多公里铁路干线、支线，建成12个大型铁路枢纽，在20个国家和地区完成或正在施工铁路、公路、房建、水利等工程百余项，先后获鲁班奖15项、詹天佑奖34项，国家优质工程奖45项，国家科技进步奖二等奖1项。

二、案例应用场景和技术产品特点

（一）技术方案要点

智慧建造平台分为：监管展现层、业务应用层、数据采集层三个层次。监管展现层以业务报表、数据曲线、大数据分析和模型管理为主，核心是辅助决策；业务应用层以安全、质量、进度、人员、设备、环境、物资等业务管理为主，核心是业务数据化；数据采集层以各类应用工具为主，核心是采集智能化、信息化。智慧建造平台以信息化中心为物理载体，聚焦施工现场一线生产活动，实现信息化技术与生产过程深度融合；保证数据实时获取和共享，提高现场基于数据的协同工作能力；强化数据分析与预测支持，辅助领导进行科学决策和智慧预测；充分应用并集成软硬件技术，满足施工现场变化多端的需求和环境，保证信息化系统的有效性和可行性（图1、图2）。

（二）产品特点及创新点

1. 基于多场景应用的人员管理子系统

针对工程项目劳务资源难协调、劳务队伍难管理、考勤数据失真、考评缺乏量化和科学依据等问题，研发团队综合应用人脸识别、移动互联网、电子围栏技术，自主研发了可

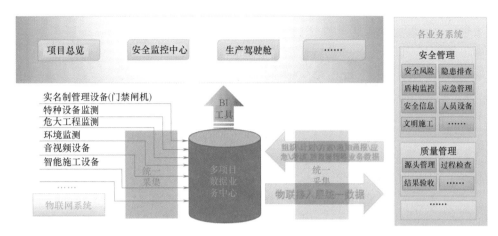

图 1　智慧建造平台业务框架图

图 2　智慧建造平台技术框架图

适用于铁路、公路、市政、房建等开放、封闭以及地下空间等各类环境的人员实名制管理系统，具备无感考勤、人脸批量识别、人员区域定位等功能，实现了劳务人员进场登记、安全培训、上班考勤、作业监管、人员退场以及劳务队伍考评、工资发放监管等全过程信息化管理，可帮助项目提高劳务管理效率50%以上。

2．基于物联网的机械全状态监控子系统

工程设备是施工建造中不可或缺的生产工具，而目前，工程设备的管理手段和管理方法仍相对落后，存在人员成本高、信息不及时、数据不准确等现象。本系统通过借助设备物联网、电子围栏技术和内置业务算法以及计算机械加速度值随时间变化的离散特性，可判断工程机械设备的实时工作姿态和机械位置，并自动分析任意油箱剩余油量，实时掌握机械的工作状态、运行轨迹、油料消耗、工作时长等相关数据。通过合理高效调配机械，可有效提高机械利用率 30% 以上。

3. BI 数据抽取应用

通过 BI 工具实现对归一融合后的数据统一呈现，各应用数据统计和分析可使集团、公司、各项目的领导或决策者快速了解项目整体安全、质量、成本等实时信息和状态，并确保所有的施工过程信息都能和 BIM 模型挂接，全面提升施工过程的安全、质量、进度等管理工作效率。

4. 质量数据可视化管理

工序质量验收过程中上传的各类检验资料、记录表、隐患照片、检测报告等文档、影像资料，经过与 BIM 模型、EBS 构件树挂接，实现资料数据的统一管理，通过 BIM 模型或 EBS 构件树可快速查看各类构件所挂接的相关历史资料，方便施工过程资料的查阅与存档。

5. 质量验收抢单制

为调动项目人员质量验收工作积极性，特制定抢单验收模式，通过发布质量验收任务，项目人员根据自身工作情况，接受已发布的质量验收任务，完成相应验收工作，系统将根据抢单任务完成情况，汇总统计质量验收工作完成数量，用于工资绩效考核评定的判定，使绩效发放有据可依。

（三）应用场景

智慧建造平台广泛应用于铁路、公路、城市轨道交通、市政、房建等工程领域，且不受项目空间、规模、环境等条件限制。

三、案例实施情况

（一）工程项目基本信息

苏锡常南部高速公路是江苏省"十五射六纵十横"高速公路网规划中"十五射"的组成部分。苏锡常南部高速公路太湖隧道全长 10.79km，其中暗埋段 10km，马山敞开段 0.29km，南泉敞开段 0.5km。隧道主体结构采用两孔一管廊双向六车道结构形式，隧道宽约 43.6m（净宽 40.6m）。项目于 2017 年底全面开工建设，计划 2021 年底建成通车，总工期 4 年。

（二）应用过程

智慧建造平台以 GIS 承载、BIM 模型为依托，聚焦项目生产、技术、质量、安全、材料、设备、人力资源及成本管理等，全面提升工程项目智慧化、绿色化、标准化管理水平（图 3）。

1. 人员实名制管理

人员实名制管理系统主要以工程项目劳务管理流程为主线，实现从劳务工人进场、安全培训教育、进入现场作业、现场作业监管、离开施工现场、工资发放监管、劳务工人退场、劳务企业考核评价的全过程信息化管理。本系统突破了传统劳务管理模式，使现场劳

图 3　智慧建造平台界面

务人员管理透明化、劳务考核标准化，劳务班组现场问题整改落实可控，工资发放在线监控，避免出现欠资行为（图 4）。

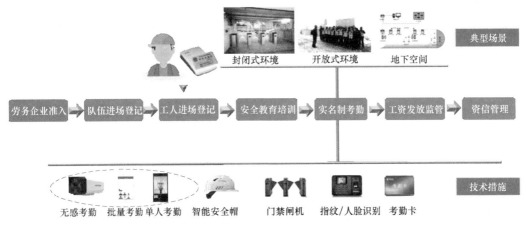

图 4　人员实名制管理流程

2. 机械设备效能监管

通过在机械设备上安装车载北斗定位、油料监控及九轴姿态分析等一整套终端感知硬件设备，实现对施工机械设备的驾驶人员、油料消耗、运行状态、里程及轨迹实时监控、报警等，清晰反映和记录车辆运行全过程状态。管理人员通过后台监管即可全面掌握施工中车辆行驶路线、油料消耗异常、工作期间长时间停车、运转时间与实际工作量不符等情况，为及时查找、分析、填补管理漏洞提供有效的决策依据，从而实现现场工程设备管理的扁平化与透明化。

3. 安全质量管理

安全质量隐患排查治理系统以安全生产重大风险的辨识、防范、管控为主线，以信息化技术为手段，与企业安全管理制度深度融合，实现重大风险分级、分类管控，并建立风险预警体系。本系统实现了各管理层级对项目建设全过程中的安全质量隐患排查、上报、监控、整治、验证、消除、统计和考核协同工作的闭环管理，满足集团、公司、项目三级安全质量管理工作和模式要求。依托信息化平台可以实现对隐患排查治理工作的全过程动态监管，为全面掌控在建项目安全质量管理状态提供科学依据（图5）。

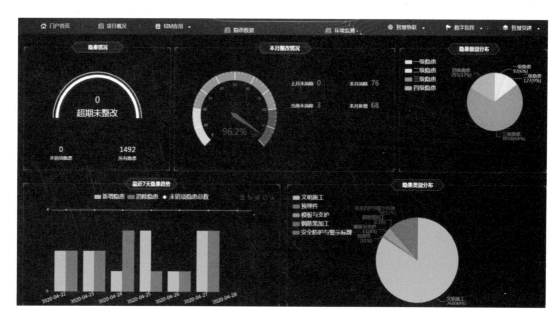

图5 安全管理数据展示界面

4. 进度管理

通过采用 BIM 技术，将 BIM 模型作为数据载体贯穿整个建设全过程。在施工阶段通过构件编码将 BIM 模型与现场构件进行关联与挂接，将施工现场的进度状况、产值进度（月度计划、产值、累计产值）、主要完成工程数量等数据反映到 BIM 模型中，实现三维可视化进度管理，施工进度模拟等展示（图6）。

图6 进度可视化管理界面

5. 无人监守地磅

智慧物料管理需要在既有地磅系统的基础上改造，实现"无人"监守方式。改造后的系统由无线射频、视频监控、红外监控、语言指挥、信号控制等系统组成，可实现车牌识别、自动放行、数据采集、称重拍摄、磅单打印等功能，有效防止称重作弊，提高出入库管理水平（图7）。

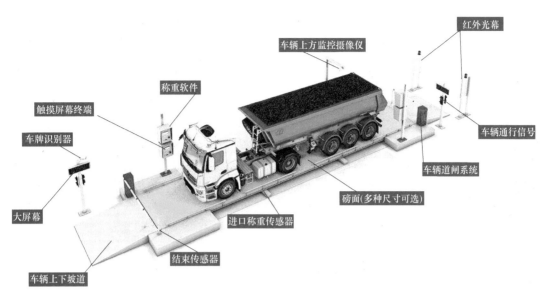

图 7 无人监守地磅系统构造图

6. 工地物联网

（1）环境监测。平台通过接入环境监测设备，对现场温度、PM2.5、PM10、噪声、风速监控，让管理人员及时了解施工现场的环境和管理状态，便于掌握管理过程中存在的环境问题，及时采取有效措施进行应对（图8）。

图 8 绿色施工大屏界面

（2）视频监控。根据用户实际使用需求，搭建一套网络视频监控系统，以实现对项目部大门、出入口、物料区、停车区、施工区及关键重点部位（地磅、塔吊司机驾驶舱）等实现不间断视频监控。要求监控系统采用先进成熟的视音频产品，并基于监控专网的建设，实现远程实时浏览、控制、录像存储等要求（图9）。

（3）特种设备监测。特种设备监测是综合使用倾角传感器、风速传感器、压力传感器、限位器等监测设备，实时监测起重量、力矩、起升高度（下降深度）、回转角度、风速等信息，实时、全过程、不间断监测设备运行过程中影响施工安全的各类因素，并以声光报警方式提示操作人员。同时，系统将各参数上传至云平台，实现远程监管（图10）。

图 9　视频监控界面

图 10　塔吊运行状态展示界面

7. 电子沙盘

电子沙盘以 GIS 引擎为基础，集成项目部 BIM 模型，可以在三维地理信息空间对施工地区的整体地貌和工程实体进行可视化显示。本沙盘具备飞行漫游、长度、高度、面积测量等功能，可集成全景照片、无人机巡检视频、项目实时监控视频等媒体信息，帮助项目管理人员真实掌握项目环境信息，降低施工调查成本，提高方案沟通效率和项目决策效率（图 11）。

图11 视频信息、进度信息等与 BIM 模型集成应用界面

四、应用成效

(一) 社会效益

通过智慧建造平台的应用，建设单位可直观查看各标段进度完成情况，有利于建设单位对工程整体工期进度的把控；实现了对安全、质量、环保等主要关注点的数字化监管。可提供较为完整的竣工模型和数据库，为运营阶段的资产管理和设备维护保养工作提供关键性数据和信息。信息化管控助推了苏锡常南部通道"品质工程"建设，推动了我国交通工程领域智慧建造技术的进一步落地，促进了传统施工管理理念和项目监管模式的进一步转变。

从现场施工管理角度考虑，物联网设备实时采集现场安全、环保、质量监控等数据，自动分析、预警，智能化管控、可视化查看。依托智慧建造平台开展施工组织管理，资源配置高效，为施工安排提供可靠依据。

（二）经济效益

智慧建造平台简化了现场数据采集流程和方式，综合运用人工智能、"BIM＋GIS"、物联网、数据采集等关键技术，提高了项目人员实名制考勤效率50％以上，设备效能统计效率30％以上，安全、质量等工作管理信息化程度明显提高；基于"BIM＋GIS"技术的电子沙盘，可实现项目施工技术调查线上办公，可视化展示现场作业情况，从而提高工作效率及作业质量。

根据可收集到的有效数据进行测算，共计为项目节省人员劳动力7人，提高设备利用率30％以上，提高工作效率50％以上（表1）。

效益分析表 表1

序号	系统名称	经济效果分析
1	BI平台(门户页面)	集成了安全、质量、进度、人员、设备、环境、物资等业务系统数据，提高了项目经济活动分析、交班会等工作效率50％以上，每个项目可减少1人，每年节约工资和绩效约15万元
2	人员实名制管理系统	提高了人员实名制考勤效率50％以上，项目可减少2名劳资专员，每年节约工资和绩效约30万元
	机械设备效能监管系统	利用核心算法对工程设备进行工作状态判定和有效工作时长统计，进行施工资源调配，提高了工程设备利用率30％以上，可节约生产成本约70万元/项目
	安全质量隐患排查治理系统	实现了各管理层级对项目建设全过程中的安全质量隐患排查、上报、监控、整治、验证、消除、统计和考核协同工作的闭环管理，提升了隐患排查治理效率50％以上
	工地物联网	可集成特种设备监测、危大工程监测、视频监控、环境监测等物联网硬件，有效提高现场信息交换沟通效率70％以上，每个项目可减少2人，每年节约工资和绩效约30万元
	电子沙盘	可集成全景照片、无人机巡检视频、项目实时监控视频等媒体信息，帮助项目管理人员真实掌握项目环境信息，降低施工调查成本，提高方案沟通效率和项目决策效率。可提高工作效率50％以上
	进度管理系统	通过采用BIM技术，实现三维可视化进度管理，施工进度模拟等展示。提高方案沟通效率和项目决策效率，每个项目可减少1人，每年节约工资和绩效约15万元
	无人监守地磅	智慧物料管理需要在既有地磅系统的基础上改造，改造后可实现车牌识别、自动放行、数据采集、称重拍摄、磅单打印等功能，有效防止称重作弊，提高出入库管理效率40％以上，每个项目可减少1人，每年节约工资和绩效约15万元
3	软、硬件采购成本	25万元
	合计(1＋2－3)	15＋(2 * 15＋70＋2 * 15＋15＋15)－25＝150万元

（三）推广应用前景

本项目通过研发应用智慧建造平台，总结了项目级智慧化生产指挥中心建设思路，并编制形成《智慧项目部建设与应用指南》，提高了工程项目施工效率、管理效率和决策能力，从而提升项目管理水平，实现工程项目的智慧化、精细化、智能化管理。项目前期广泛开展了项目需求和相关技术调研，认真总结和分析调研成果，联合了相关公司及相关项目部，研究过程中积极讨论、测试、试点应用，保证了研究成果的针对性、实用性、经济性和创新性。

截至目前，智慧建造平台累计为企业创造经济效益 2000 余万元，节约项目信息化建设成本约 1000 万元。成果取得软件著作权 11 项。

本项目成果已经承接并完成了淮安东站站前广场、杭州地铁 SG-15、杭绍台铁路 HSTZQ-7 标、苏州地铁 6 号线、济南地铁 R2 线等局内外 70 余个项目，形成了智慧项目部各业务应用系统的统一部署、统一维护、统一运行监控、统一接口技术标准、统一用户管理和统一集成展现，产生了良好的社会效益和经济效益。

执笔人：
中铁四局集团有限公司（耿天宝、刘道学、胡伟、沈翔、李龙伟）

审核专家：
李久林（北京城建集团有限责任公司，总工程师、教授级高工）
郭红领（清华大学，建设管理系副系主任、副教授）

厦门海迈市政工程智慧施工管理平台

厦门海迈科技股份有限公司

一、基本情况

（一）案例简介

厦门海迈市政工程智慧施工管理平台以多主体协同、全过程在线为指导思想，将BIM、GIS、物联网、云计算、大数据、人工智能等新一代信息技术手段与施工管理相结合，打造全面感知、互联互通、实时准确、协同运作、自治高效的协同管理体系，并将工程造价提升为投资动态管控，将建设工程资料提升为建筑信息资产，以信用过程闭环管理为驱动，以公共电子交易和工程竣工为节点，融合进度、成本、质量、安全、环保等全维度的管控信息，实现工程施工"全要素、全流程、全链条"数字化管控，实现精益建造、绿色建造和生态建造的"智慧建造"。

（二）申报单位简介

厦门海迈科技股份有限公司创建于2002年，是福建省建筑信息化骨干企业，是福建省企业技术中心、福建省建设领域信息化工程技术研究中心、福建省新型研发机构的依托单位，现旗下拥有7家全资和控股（参股）子公司。公司立足于建筑行业，围绕建筑规划设计、招标采购、工程施工、竣工验收和运营维护等全生命周期，为政府、企业、个人提供智慧建筑与智慧城市结合的综合解决方案。

二、案例应用场景和技术产品特点

（一）技术方案要点

厦门海迈市政工程智慧施工管理平台采用"端＋云＋大数据"架构体系，通过实时采集施工现场多维度的信息实现对施工合同、资料、质量、安全、进度、成本、人员、环境，以及高支模、深基坑、起重设备等重要危险源动态监测预警，并提供可视化决策支持服务。本平台按照模块化设计原则，建立业务逻辑和明确的数据交换关系，强调项目管理的协同效应，同时考虑不同用户需求，通过接口建立管理数据与BIM模型双向链接，实现信息交换与共享（图1）。

根据本平台应用流程，各应用参与方的角色和任务是利用平台及相关功能，完成或辅助完成所承担的施工及管理工作（图2）。

（二）产品特点及创新点

本平台以全面覆盖建造全过程，结合"安全、绿色、智慧"的内涵，以工程资料电子化为抓手，打造连接各方责任主体的全流程、在线化协同管理体系，将过程性与结果性相

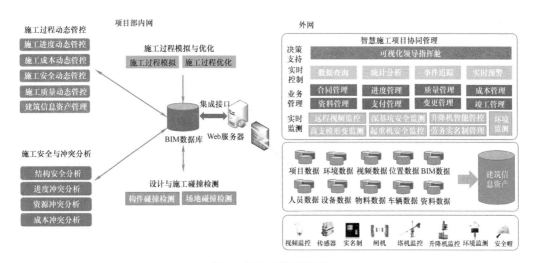

图 1　平台总体架构图

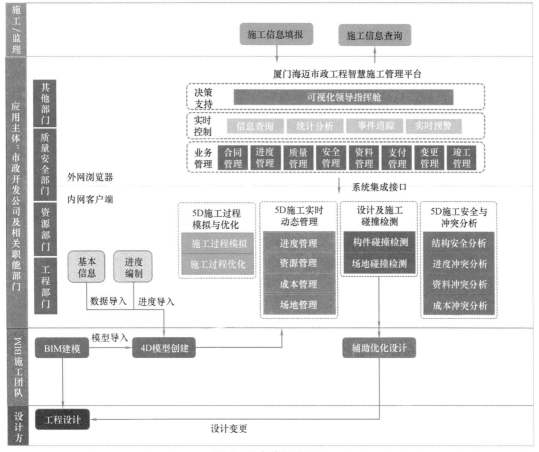

图 2　平台应用流程图

结合，实现对工程项目质量、安全、进度、成本的综合性管控，累积形成建筑信息资产，推动建筑行业的可持续健康发展。本平台具有以下技术特点：

1. 实现质量安全闭环管理。以工程建设的全生命期质量安全管控为基础，实现建设工程的施工动态数据实时获取、分析、呈现、监管一体化，通过信用体系反哺施工、招标投标等全阶段形成监管闭环，保障建设工程施工质量和安全。

2. 实现全过程投资动态管控。以项目概预算为基线，以投资管控和工程造价控制为手段，实现概预算项与合同、合同与进度、进度结算及拨付之间的动态管理，并借助BIM可视化技术，实时比对分析形象进度与资金进度，达到"全过程投资控制，精细化动态管理"的管理目标。

3. 实现多主体协同管理。创新工程施工的协同工作机制，通过工程建设各参与方相互协同管理、全流程在线服务，实现项目全过程管理的数据标准化、管控可视化和业务一体化，为项目管理提供多元化的管理手段。

4. 形成建筑信息资产。从"事前主动控制、事中监管、事后分析利用"管理理念出发，集成以建筑BIM为载体的项目数据库，覆盖电子文件"形成、流转、检查、归档"和电子档案"入库、保管、利用"等全流程，形成施工全过程的建筑信息资产，为智慧运维及运营服务提供软基础支撑。

（三）应用场景

目前，本平台已在福建省市政工程领域，包括市政道路、市政管廊、隧道和桥梁工程、房屋建筑等重点施工项目中应用。随着国家"新基建"相关政策的大力推进，本平台将逐步扩大行业领域的覆盖范围，在业务上实现从建筑各阶段应用推广突破，并串联形成工程建设全过程管理服务；在领域上实现从房产、市政建设向交通、园林、电力、通信工程等领域应用；在区域推广上实现从福建向全国其他省、市、县的主管部门进行推广应用，致力打造工程建设全过程在线协同管理的全面解决方案，以数字化赋能建设工程企业，实现建筑企业转型成长，促进建设工程行业健康可持续发展。

三、案例实施情况

（一）工程项目基本信息

祥平保障房地铁社区配套综合管廊及高压电力架空线缆化一期工程，位于厦门市同安区西南片区，主要处于同安工业集中区及祥平保障房地铁社区范围内，路线全长约5.16km，包括卿朴路、二环南路主线及支线综合管廊。工程总投资约5.18亿元，2019年10月7日开工建设，2021年8月30日管廊主体完工。

（二）应用过程

针对该工程多参与单位、多阶段、管理复杂性高等问题，以多主体协同为管理机制，以BIM模型全生命周期一体化管理为理念，实现BIM优化设计。并基于BIM的施工协同实现工程项目全要素管理、实时控制和决策支持，达到可查看、可查找、可预警、可管控、可记录的智慧施工多主体协同管理。具体应用过程如下：

1. BIM优化设计。以专业设计为核心，结合BIM模型进行综合管廊线位比选、碰撞检测、空间分析与优化、性能模拟、工程量统计、BIM出图，以及成果交付和可视化沟通，提高设计质量和效率（图3）。

2. 施工合同管理。通过对工程现场劳务人员及各方主体合同造价的管控，实现信用体系的公开与透明。平台提供工程项目合同备案、合同进度价款备案、竣工结算，工程项

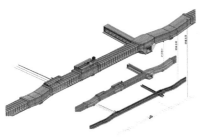

图3　BIM优化设计

目建设履约评价监管业务一站式服务，提高工程建设项目合同信息化管理水平。

3. 建筑信息资产管理。以"项目源头介入、全程动态跟踪"为理念，以工程资料"数字化、在线化、智能化"为目标，提供工程文件制作、签批流转、电子签章、保存、管理和归档等应用。同时，将工程文件与对应的施工部位进行挂接，建立档案文件与BIM模型关联机制，为工程档案提供多维度、可视化的管理服务。

4. 项目质量管控。提供质量巡检及专项检查实现对施工过程的质量管控，规范质量检查流程。同时，跟踪查询项目及相关责任人质量检查情况，提供质量问题预警分析，实现对事前质量问题可预防，事后从源头到结果可追溯（图4）。

图4　项目质量管控

5. 项目安全管理。基于施工现场各类要素巡查及采集记录，并跟踪整改反馈，形成项目安全管理闭环。同时，将隐患信息汇总生成风险库，实现"一企一清单，一岗一标准"按照风险等级、分类、因素等实行风险管控，确保各项责任落实到人，杜绝各种安全隐患（图5）。

6. 项目成本管控。以项目概预算为基线，以合同进度信息为基础，跟踪概预算与合

随机检查

分项检查

安全标准化检查

专项检查

隐患信息推送

问题闭环处置

整改信息反馈

现场检查　　　　　　　　平台信息汇总　　　　　　　　项目风险库

图5　项目安全管理

同、合同与进度、进度结算及拨付之间的管理，并以项目全过程造价数据化为手段，将项目进度、合同、拨付款、变更信息、BIM 可视化模型、工程量与进度结算款项匹配比对，构建项目进度资金过程结算信息管理体系，确保资金拨付有据可依。

7. 施工进度管理。将模型与工程进度进行关联，实现进度信息在线编辑，以及项目进度、施工状态的三维动态模拟；并将计划进度和实际进度进行对比，用 BIM 构件颜色、材质等差异来呈现在建项目超前和逾期情况，及时采取有效措施调整工程进度计划。

8. 危险源监测管理。使用自动监测仪器，结合无线网络，对高支模变形、深基坑安全、塔式起重机、施工升降机等重大危险源进行动态监测，并对潜在风险进行预警分析、远程报警，同时保留相关记录，实现数据可溯可查。

9. 绿色施工管理。利用物联传感技术，对施工过程中产生的扬尘、噪声、污水排放进行监测，实现对现场环境全方位的实时自动监测及智能预警，及时准确地掌握建筑工地的环境质量状况，为建筑施工的污染控制、污染治理、生态保护提供环境信息支持和管理决策。

10. 可视化领导指挥舱。构建工程项目协同管理领导指挥舱，面向决策提供监管全景视图，支持基于 BIM 的进度、质量、安全、文明等展示分析，通过核心指标动态展示、综合态势分析、智能预判预警，扩大决策者对业务领域数据的实时掌控能力，实现工程建设智慧化管理目标（图6）。

图6　可视化领导指挥舱

11. 管廊"E+APP"。将管廊维护保养与审批管理结合，实现无纸化办公，提高综合管廊日常运行管理的便捷性，将管线入廊管理、异常一键通知融合在 APP 中，应急联动多级化。

四、应用成效

（一）解决的实际问题

1. 解决多项目群全生命期的过程集成问题。市政项目建造全过程需按照各自管理规范要求设定工作流程，以流程的形式实现关键里程碑节点的过程控制。施工阶段是流程控制的重点，根据项目规模进行分部分项的分解，可分为建筑工程、机电工程、外电工程、信息工程，各工程再按工法细分，工法有固定工序，直到识别和整理成为施工流程手册。同时，项目管理过程集成需分析各过程间的业务与逻辑联系，用工作流管理的方式解决过程割裂问题。

2. 实现项目管理关键要素的集成管理。通过项目风险分析，可将资金、进度、质量、安全列为市政工程项目管理的关键目标。这些目标并不是孤立存在的，而是相互关联的矛盾对立，在项目建设过程中，必须对这些关键目标进行集成，以实现项目的总目标，而合同是顺利实现和制衡上述管理目标的手段。因此，管理目标的集成需要与合同的执行管理串联起来，通过合同管理打通进度、资金流、实物流之间的联系，确保关键目标的实现。

3. 实现装配式建筑模拟分析。市政管廊采用装配式建筑模式，建造过程具有"多空间性""非同步性""异地域性"和"关联性"等特点，传统的项目调度模式难以实现物理施工系统与虚拟施工系统的实时交互，两个系统空间的数据缺乏有效对接、融合而阻滞了及时有效的调度决策。通过研究装配式建筑项目模拟分析技术，解决装配式构件在"进场—堆放—安装"等阶段，受"人—材—机—环"要素及"项目变更、操作失误、构件损坏"扰动源等多重不确定性因素动态干扰的问题，实现装配式建筑项目调度自主性、智能性与预测性。

4. 实现多层次决策分析的集成展示。根据用户角色的不同、项目关注角度的不同，定制不同的展示界面，实现相关信息集成。以市政工程项目为中心对所有信息集成、用标段视图将项目分为不同标段进行详细的信息展示，相关部门领导可以在线查看项目情况，为领导完成决策起到辅助作用，并实现不同级别领导实时掌握项目最新情况，如质量、安全、进度、成本等信息。同时利用 BIM 技术，提供多层次的决策分析，提高项目可视化管控及处置能力。

（二）应用效果

1. 经济效益分析。基于多主体协同及全过程在线管理机制，BIM 技术深入应用，有效提高施工工作效率，实现随时随地的沟通及信息共享，保证全过程项目信息的高效流转和传递，有效减少项目返工，降低工程成本。本平台实行工程资料电子化，实现工程电子文件的在线交互、电子签章等，相比传统纸质档案整理，工程资料成本降低近 50%，归档整理效率提升近 60%，提升项目整体效益。将结构、建筑、机电协同设计、同步建模，设计过程中解决各专业的碰撞点，有效提高效率和质量；基于 BIM 优化设计，大量减少可能发生的拆改和返工，有利于节省工期，节约施工成本。同时，基于 BIM 场地三维模拟布置，满足对施工场地优化部署，为施工设施的制作与安置提供准确的数据支持，有效减少临建使用数量，避免二次搬运，达到场地利用最大化和最合理化。

2. 社会效益分析。运用完善的数据链、信息流实现工程安全、质量、进度、成本等的全方位立体式管控，实现由事后追责、事中监督转变为前置监控，形成"预防为主，防监融合"的管控体系，提升工程项目现代化管理水平；将信用管理由传统的被动服从，提升为多方协同下的主动自律，推动建筑行业数字化转型升级。同时，通过物联传感及视频监控手段，实现施工现场全方位管控，并对塔式起重机、施工升降机以及高支模、深基坑等重大危险源实时监测预警，有效减少安全事故发生，促进平安工地管理。

3. 生态效益分析。本平台通过现场部署扬尘噪声监测设备，实时采集施工现场多种环境数据，实现对现场环境全方位的实时自动监测及智能预警，及时准确地掌握建筑工地的环境质量状况，并联动设备自动喷淋，为施工的污染控制、生态保护提供信息支撑，实现绿色施工。面向工程项目建设全过程各责任主体，提供工程电子资料的编制、交互、共享、归档、保存和管理，全面实现工程资料电子化，实现无纸化的电子档案管理，节省纸张和资源，与绿色发展理念高度契合，并助力我国建设行业向绿色化、信息化转型，逐渐告别高能耗、高浪费、高污染的产业特征，实现节能减耗。

执笔人：
厦门海迈科技股份有限公司（仝季岚、张泓、高磊、杨浩、蔡彦庭）

审核专家：
李久林（北京城建集团有限责任公司，总工程师、教授级高工）
郭红领（清华大学，建设管理系副系主任、副教授）

中建海峡智慧建造一体化管理系统

福建优建建筑科技有限公司

一、基本情况

（一）案例简介

中建海峡智慧建造一体化管理系统主要涵盖智慧建造管理、智慧电子档案、BIM信息模型和数据中心等三个子系统，通过融合物联网技术、人工智能技术、BIM技术、数字仿真模拟技术和大数据分析技术，满足建筑企业通过信息化管控加强质量安全管理和提高智能化水平的需求。该系统已应用在福州地铁4号线和四川大学华西厦门医院等多个项目（图1）。

图1 中建海峡智慧建造一体化管理系统

（二）申报单位简介

福建优建建筑科技有限公司是国家高新技术企业，主要为建筑领域的相关企业提供企业级和项目级的智慧建造信息化解决方案，为建设行政主营部门提供智慧监管信息化解决方案。主要业务包括智慧建造、智慧工地、视频智能监管、BIM咨询和服务、电子档案信息化管理等。

二、案例应用场景和技术产品特点

（一）技术方案要点

平台集成智慧建造过程中的各项建造数据和管理数据，进行数据智能处理和针对问题数据进行提前预警。所有的数据来源基于现场施工过程管理,各类机械设备状态的物联网采集,现场质量、安全电子档案数据的挖掘以及 BIM 数模之间数据的有效集成(图2)。

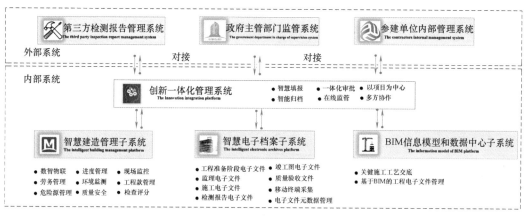

图 2 系统组织架构

中建海峡智慧建造一体化管理系统主要包含三个子系统:

1. 智慧建造管理子系统,主要利用信息技术和物联网技术对现场仪器设备和机械设备进行智慧跟踪、数据采集以及智能预警,降低现场因为机械设备的不规范使用以及设备问题引起的质量和安全事故。通过信息化的方式对质量、安全、进度、劳务、环境、物料和视频远程监控等进行在线管控。实时检测现场机械设备的性能,在大型深基坑、高支模、塔吊、卸料平台、升降机、视频监控、扬尘检测、电表监测、水表监测以及危险性较大地临边洞口等安装监测设备,实现智慧化管控。

2. 智慧电子档案子系统,采用电子签章的方式对现场形成的电子文件加盖各个责任者的电子印章,并将建设单位、施工单位、监理单位、勘察单位和设计单位纳入系统进行交互、审批和流转。平台提供开放式数据接口,与项目部电子文件管理系统、工程电子文件报送系统及城建档案管理系统等系统进行数据对接。智慧电子档案子系统提供主管部门登录查档和检查的账号,主管部门通过登录账号可以监督项目部的资料进展情况(图3)。

3. BIM 信息模型和数据中心子系统利用 BIM 技术辅导现场施工和管理,应用在图纸

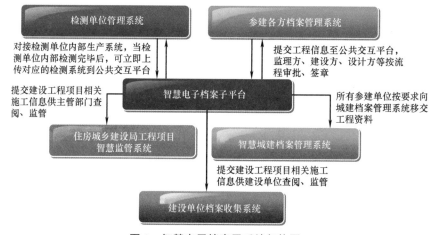

图 3 智慧电子档案子系统架构图

会审、净高分析、工程量提取、可视化交底、施工动画模拟、地下室管线综合调整、施工场地布置优化、电子文件与 BIM 模型自动关联以及 BIM 模型完整性自动检测等方面。

（二）产品特点及创新点

1. 多种进度比对，多渠道分析进度问题。通过多种进度对比反馈真实施工进展：计划进度与实际进度对比，内业资料报送进度与计划进度对比，材料领用进度与实际进度对比。通过对多种进度对比以及进度延期原因分析，使得进度延期的问题得以多方位的展示。

2. 手机原始数据录入，加强数据真实性。利用手机移动终端对《建筑工程施工质量验收统一标准》GB 50300—2013 要求的检验批原始验收记录表进行现场采集，并形成电子报验表。利用移动终端可以真实反馈现场的施工情况和验收情况。

3. 物联网数据实时采集，加强事前控制。对现场机械设备的各项使用性能指标进行在线实时监测，并进行不安全因素的及时预警。本案例在塔吊、卸料平台、升降机、视频监控、扬尘检测、电表监测、临边洞口等安装监测设备，实现智能化管控的目的。

4. 项目信息高度集成、实时共享。建立统一的智慧建造管理平台，并制定统一的信息编码规范，高度集成智慧电子档案子系统、住房城乡建设局工程项目智慧监管系统、检测单位管理系统、参建各方档案管理系统、建设单位档案收集系统、智慧城建档案管理系统无缝集成联动，信息共享。

5. 城建档案资料在线归档，节能环保。中建海峡智慧建造一体化管理系统以建设工程档案资料为管理对象，工程资料在线形成并加盖具有法律效应的电子签章，最终以电子形式向档案馆移交。通过单套制归档，降低纸张消耗，符合绿色施工节能环保的要求。

6. 原生电子档案自动关联 BIM 模型。档案是建造过程信息的载体，具有很高的利用价值，电子文件完成审批后自动与 BIM 模型的构件进行关联。自动关联现场检验批报审情况，混凝土浇筑情况，混凝土、钢筋等原材料的供应情况对应的内业资料，方便 BIM 数据的管理以及为后期运维提供施工过程数据。

7. 劳务安全无纸化培训。针对现场培训，集实名制考勤、多媒体培训、无纸化考试、自动化建档等功能于一体，配合智慧建造管理子系统线上管理平台及手机 APP，实现培训大数据远程监控，形成线下移动培训、线上集中管理、现场实时查询的新型移动式多媒体安全培训模式。

（三）应用场景

系统已经在福州市轨道交通工程 4 号线、四川大学华西厦门医院、海峡青少年活动中心、金井湾市民运动中心等多个项目应用，使用系统的项目建筑面积累计达 400 多万平方米，市政长度累计达 100 多公里。

三、案例实施情况

（一）工程项目基本信息

四川大学华西厦门医院项目位于集美区锦园片区，总用地面积约 10.51 万 m^2，总建筑面积 263520m^2，总投资 25.9 亿元，总工期 480 天，是福建省和厦门市的重点工程。

(二) 应用过程

1. 智慧建造管理子系统

（1）施工电梯智慧监测。在施工电梯部署传感设备对电梯的运行状态进行采集，包括：重量、速度、倾角、高度和前后门锁的状态。施工电梯在启动前司机需采用人脸识别和指纹识别激活，保障现场施工电梯由专人操作。对施工电梯出现异常情况，包括过载、速度过快、高度超限、运行时前后门锁未关严的异常情况实时提醒司机。现场采集数据通过云端储存和数据分析，在电梯遇到故障时，提供相关机械性能参数，辅助施工电梯的维修（图4）。

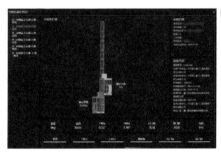

图 4　施工电梯智慧监测

（2）塔群防碰撞和吊钩可视化。在塔吊司机无法兼顾到的死角和危险区域部署监控设备，重点监控塔吊底下是否有行人经过。在塔吊吊臂上安装防碰撞装置，在相邻塔臂靠近时进行提醒。在塔吊设备架体上安装传感器，采集风速、重量、倾斜、限位和幅度等信息（图5）。

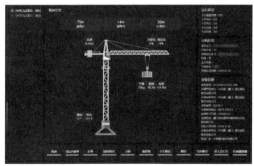

图 5　塔吊智慧监测

（3）安全培训和无纸化考核。利用安全培训箱对现场工人进行培训，形成三级安全教育和岗前培训等信息。工人培训完成后通过答题遥控进行考核。工人考核的结果形成对应文档并加盖电子章归档，安全资料无纸化管理（图6）。

（4）施工用电监测。对配电箱的三相电进行是否过载、使用功率以及温度是否超过额定要求进行预警，保证施工现场的安全用电。异常情况发生时，采集平台向管理人员发送异常情况短信，及时通知责任人。根据智慧采集仪与当地用电管理部门采集的数据对比，基本采集精度可达98%以上（图7）。

（5）高大模板监测。本工程中医疗放射区的设计属于典型的高大模板工程，对质量及

图 6　安全培训和无纸化考核

图 7　用电智慧采集

工艺的要求高。在放射区高大模板施工区域进行模板沉降、支架变形和立杆轴力的实时监测，对重量和倾角超限等情况进行预警。有危害时，现场警示喇叭及时响报，告知工人远离。利用高精度传感器和自动采集仪，解决系统缓报的问题（图 8）。

图 8　高大模板智慧监测

　　另外，在临边防护、劳务人员定位管理、卸料平台、环境监测自动喷淋等环节采用物联网设备进行采集、预警和数据传输，提高项目管理精度和颗粒度。在信息化项目管理模块，含有进度管理、质量和安全管理以及劳务管理等内容。利用手机移动终端对现场存在的质量问题和安全隐患进行实时数据填报和照片留存，及时通知整改责任人（图 9、图 10）。

　　2. 智慧电子档案子系统

　　（1）验收数据现场采集和报验。根据《建筑工程施工质量验收统一标准》GB 50300—2013 的要求，在进行检验批报验时，原始记录利用手机移动终端进行采集并自动

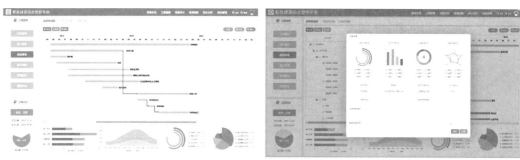

图 9　材料耗用与进度关系图

图 10　移动终端现场管控排查

汇总数据形成检验批。现场数据由施工人员利用手机在现场实测实量和实填，再由资料人员进行汇总提交审批和签章（图 11）。

图 11　手机原始数据录入

（2）内业资料现场监督。质监站和项目管理人员对现场施工情况、验收情况和隐蔽验收情况利用手机移动终端进行实时查看和抽检，及时发现问题，并通过整改通知单方式实时通知现场项目进行整改（图12）。

（3）电子检测报告线上对接。电子档案子系统和第三方检测报告数据对接，并推送符合归档要求的检测报告（图13），避免报告递送不及时对项目部造成报验滞后。由于数据打通，降低和减少了混凝土强度评定和录入量与计算量，减少资料填报的人工操作量。

（4）竣工图电子化制作和归档。在归档比重中较大的竣工图纸采用电子化形式制作。竣工图采用矢量图形式生成，保证在电子印章盖章后清晰度得到保证。打印质量和传统CAD打印一致，极大提高了电子竣工图的可利用性（图14）。

（5）资料和进度横道图关联。在资料报验的基础上，每道工序的资料与进度相关联，从多个角度和维度分析资料或者进度滞后的原因，进一步提高真实性和及时性（图15）。

图12 主管部门在线查看

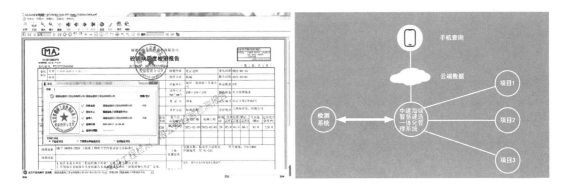

图13 原生电子检测报告

（6）资料与《工程质量安全手册（试行）》关联。现场报验的资料与住房城乡建设部的《工程质量安全手册（试行）》中的评分项进行关联，公司企业在实际检查时，根据每个评分项的要求，检索对应的资料，提高检查便利性（图16）。

（7）在线档案整理。档案自动关联归档类目，减少人工操作。传统档案整理需要对档案分类别存放，进行档案组卷、信息著录、数字化扫描，人力物力投入较多。系统推广至今已经有多个项目成功归档，节省纸质资料150万余份。

3. BIM信息模型和数据中心子系统

（1）BIM模型自动检测。由于对BIM模型是否符合要求的检查难度较大，自主研发

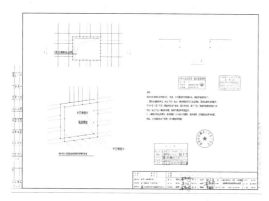

图 14　电子竣工图

图 15　内业资料与进度关联

工程质量安全手册

（试 行）

住房城乡建设部
2018年9月

图 16　工程质量安全
手册检查在线评分

了针对 IFC（Industry Foundation Class，工业基础类标准）的 BIM 模型自动化检测。对 BIM 模型的属性完整性、命名规范性、部分三维模型合规性进行检测。检测完成后对不规范的元素进行提醒并出具检测报告。使得 BIM 模型交付通过率提高了 10% 左右。

（2）BIM 和内业资料关联。将内业资料和 BIM 模型挂钩，通过 BIM 模型构件检索对应构件的混凝土强度第三方检测值、隐蔽工程情况以及检验验收情况（图 17）。进一步丰富了 BIM 模型的数据，提高了大数据应用价值。

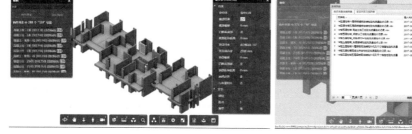

图 17　基于 BIM 的电子档案可视化

四、应用成效

（一）解决的实际问题

1. 提升对大型机械设备和危险区域的管控。项目大型机械设备众多以及存在很多安全隐患，加上部分现场工人安全意识薄弱，容易引发安全事故。通过对机械设备和危险区域进行运行状态的监测与预防，提前感知设备的不安全状态和人的不安全行为，从而减少事故发生。

2. 信息化管控提高管理效率。现场通过对进度、质量、安全和劳务等内容信息化管理使各项状态反馈在系统上，对于工作开展的编排、信息传递以及问题的解决具有促进作用，有利于现场项目管理。

3. 工程资料电子化形成和归档。项目工程原生电子档案的建立，提高了项目部的绿色施工效能，降低了纸张的浪费以及施工单位内业资料整理难度和成本投入。利用手机移动终端进行现场原始数据的采集，并通过手机现场拍照加强对现场实际情况留底，从而保证现场采集数据的真实性和有效性。

4. BIM 信息化管理。利用 BIM 技术进行图纸会审、净高分析、工程量提取、可视化交底、施工动画模拟、地下室管线综合调整、施工场地布置优化、电子文件与 BIM 模型自动关联以及 BIM 模型完整性自动检测等。

（二）应用效果

1. 智慧建造管理子系统的应用，提高了施工组织策划的合理性，通过利用物联网技术加强对各个设备不安全因素的在线实时监控，保证各个设备处于安全状态，降低由大型机械设备引起安全事故的概率，提高现场人员的沟通效率。在项目应用中成功预警塔吊不安全因素 30 余次，卸料平台不安全因素 80 余次，施工电梯不规范操作 60 余次。

2. 智慧电子档案管理子系统的应用，使参建单位各方配合度提高，提供统一的平台入口，解决各方信息交互和数据传输的困难。目前，在线形成的电子档案已经将名城永泰东部新城和金井湾市民运动中心等项目档案成功归档，总计节约纸质资料 150 万份，产生结构化数据 2.5 亿，减少了现场施工项目的档案整理工作量，降低了现场的纸张使用量。

3. 应用 BIM 信息模型和数据中心子系统建立 3D 可视化模型，可以提前对项目进行完整的理解，在施工建造前就可以发现设计中存在的缺陷，便于项目参与各方商讨决策出最佳的设计解决方案。借助 BIM 软件可以提高设计审查速度，确保项目实施速度，可视化的 BIM 模型能够进一步改善设计解决方案的品质。

执笔人：
福建优建建筑科技有限公司（杨尊煌、李欢、张炳煌、林武仙、吴炜钊）

审核专家：
李久林（北京城建集团有限责任公司，总工程师、教授级高工）
郭红领（清华大学，建设管理系副系主任、副教授）

基于 BIM 的智慧施工管理系统在江西省抚州市汝水家园建设项目的应用

中阳建设集团有限公司

一、基本情况

（一）案例简介

基于 BIM 的智慧施工管理系统以"可视化""信息化""质量追溯"为指导思想，将 BIM 技术应用到项目建设全过程，为项目决策、设计、施工、生产提供系统界面，各参建单位可在智慧工地管理平台、协同管理平台、预制构件全过程管理平台下协同作业。本系统的应用可提升数据在各单位之间传递的准确性、时效性，提高装配式建筑项目全过程管控力度，达到节约时间、经济和沟通成本的目的，提高了装配式建筑项目智能建造水平（图 1）。

图 1　智慧施工管理平台

（二）申报单位简介

中阳建设集团有限公司业务涉及建筑、工业、农业、地产、医疗器械、职业教育等领域，是国家级装配式建筑产业基地，获鲁班奖 2 项，省、市优质工程 500 多项。

二、案例应用场景和技术产品特点

（一）技术方案要点

该系统主要包括协同管理平台、智慧工地管理平台、预制构件全过程管理平台等 3 个平行的体系架构（图 2）。协同管理平台能实现以主流 BIM 模型参数化为基础的轻量化和异构数据的云存储，支持数千项目、数万人员使用；智慧工地管理平台的形成大大降低了信息获取的差异，能有效解决工地建筑信息短缺问题；预制构件全过程管理平台可实现预制构件实物与标识信息协同跟踪，贯穿计划、生产、质检、入库、出厂、运输、现场等全过程数字化管理。

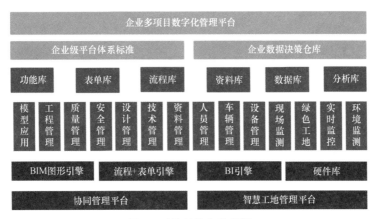

图 2   系统总体架构设计

1. 协同管理平台

（1）基于 BIM 的项目协同应用

实现以主流 BIM 模型参数化为基础的轻量化，支持 PC、移动等多端口协同应用，实时数据采集。

（2）BIM 结构化，异构数据存储技术

实现异构数据的云存储。应用对象级结构化数据、流式数据、非结构化数据等多种存储策略，支持多源异构数据云存储和高效的网络访问。

（3）混合云架构

平台可支持数千项目、数万人员使用，并且能进行灵活升级、迭代。

2. 智慧工地管理平台

（1）大数据存储技术

平台支持海量数据存储及水平扩展的大数据存储解决方案，适配实际的硬件设备所搜集的多维数据信息，便于实时抓取数据，保证数据的时效性和准确性。

（2）"BIM＋BI/AI" 技术

利用 BIM 参数化、结构化与 BI 多维分析、AI 数据挖掘形成一套施工组织精细化管理方案，建立一个服务于施工管理部门、施工项目部的施工组织辅助决策系统。

3. 预制构件全过程管理平台

本平台含有 21 个模块，105 个应用子模块，实现预制构件实物与预制构件标识信息协同跟踪来贯穿计划、生产、质检、入库、出厂、运输、现场等全过程数字化管理，涵盖了企业运营管理的各个方面，打通 BIM 模型在设计、生产、施工各环节的应用，实现"一模到底"。具体功能包含材料出入库、部品赋码、生产过程记录、过程质检等。

（二）产品特点及创新点

1. 管理模块自定义

自定义管理模块提高操作系统灵活度。平台支持各类功能的模块化，模块化程度达到一级菜单和二级功能均可模块化自由组合的程度。平台开发的每个功能模块都可以单独拆分并重新组合，可设置多端功能分组，并自定义菜单框架、菜单名称，按照工程类型，搭建各类项目功能库，并可自主定义为技术问题、工程问题、质量问题、安全问题等多条线问题，并通过模块化分布在各条线管理应用模块当中（图3）。

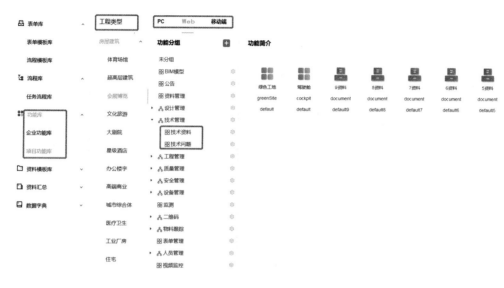

图3　功能模块化

2. 管理工作流程自定义

自定义管理工作流程适配不同的项目、企业的管理流程，系统内置自定义的报表填报工具和可直接导入 Excel 的通用表单填报工具。可以由用户自定义设计报表、导入报表模板。模板形式填报，最终形成原格式审批归档文件（图4）。

图4　表单自定义设置

平台支持工作流程、审批流程自定义设置。所有线下形式表单，可按照模板创建后，按照线下审批模式，自定义审批流程及审批填写信息内容（图5）。

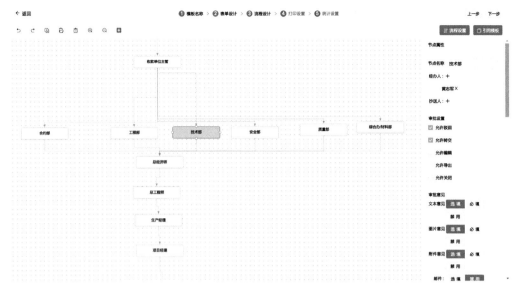

图 5 工作流程自定义设置

3. 预制构件全过程管理

系统涵盖装配式所涉及的管理流程，让管理链条不断层。基于系统集成，将项目协同管理与装配式预制构件加工生产、运输、安装等进行整合，让装配式建筑项目的管理直接追溯到预制构件生产的源头，打破局限于施工现场的管理范围。

（三）应用场景

基于 BIM 的智慧施工管理系统适用于不同企业的建筑工程建设全生命周期各个阶段，对于装配率高、预制构件较多的项目尤为适合。

三、案例实施情况

（一）工程项目基本信息

抚州市汝水家园建设项目勘察设计采购施工总承包（EPC）装配式建造工程项目，由中阳建设集团有限公司承建，项目总投资 2.54 亿元，规划总用地面积约 40.28 亩（26854.94m²)，共有 380 套住宅及相关配套设施，总建筑面积约 64092.05m²。主要结构形式为 6 栋 11 层框架剪力墙结构，4 栋 15 层剪力墙结构。二层至顶层外墙、内墙、柱、楼板、阳台板、空调板、飘窗、楼梯采用预制构件，装配率 52%～63%。

（二）应用过程

项目在设计阶段做到数字协作设计，在施工阶段应用智慧施工管理，在竣工阶段完善项目数据积累。

1. 设计阶段数字协作设计

（1）全项目装配式协作建模。根据设计图纸，采用统一建模系统进行模型搭建，涵盖项目建筑、结构、水系统、电系统、暖通系统全专业，建模精度达到 LOD300 构件级（图 6）。

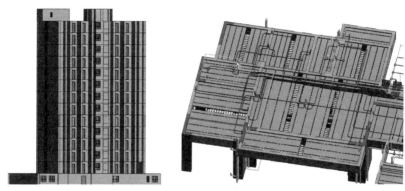

图 6 全专业 BIM 模型

（2）预制构件的协同设计。运用 BIM 模型对预制构件的生产过程进行虚拟化处理，尤其是本项目所涉及的一些异型预制构件制作，整体上得到了有效控制，保证了生产质量。

（3）多专业模型优化。利用 BIM 的可视化特点对本项目的各项信息进行实时监控并进行有效传递，大大提高了工作效率，改善了沟通环境，并可以检查设计中存在的问题，进行碰撞检查，有效识别设计方案中存在的冲突，减少"错、碰、漏、缺"现象，从而减少后期的设计变更，避免由于人为因素造成的设计失误给工程带来影响（图 7）。

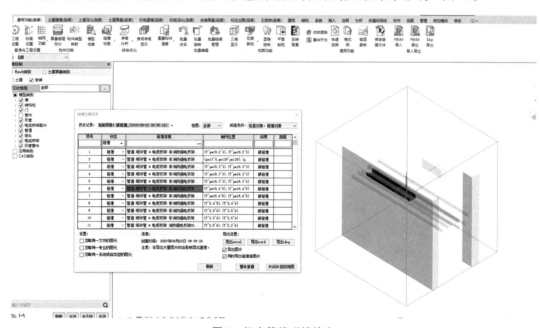

图 7 机电管线碰撞检查

2. 施工阶段智慧施工管理

系统能够实现预制构件实物与预制构件标识信息协同跟踪，贯穿计划、生产、质检、入库、出厂、运输、现场等全过程数字化管理，涵盖了企业运营管理的各个方面。

（1）计划、生产管理

每一个项目中的所有预制构件可采用模板批量导入赋码，通过 Excel 表格一次性导入数据，预制构件二维码批量打印，便于生产部填写预制构件相应表单，便于汇总统计分析（图 8）。

项目名称（*）	单位工程（*）	起始楼层（*）	截止楼层（*）	单层数量（*）	部品编号（*）	部品名称	部品分类（*）	规格型号（*）	体积/m³
江西抚州市汝水家园建设项目	2	3	3	1	2#3YB-1-S	预制叠合板	预制叠合板	3120*2300*60	0.43
江西抚州市汝水家园建设项目	2	4	4	1	2#4YB-1-S	预制叠合板	预制叠合板	3120*2300*60	0.43
江西抚州市汝水家园建设项目	2	5	5	1	2#5YB-1-S	预制叠合板	预制叠合板	3120*2300*60	0.43
江西抚州市汝水家园建设项目	2	6	6	1	2#6YB-1-S	预制叠合板	预制叠合板	3120*2300*60	0.43
江西抚州市汝水家园建设项目	2	7	7	1	2#7YB-1-S	预制叠合板	预制叠合板	3120*2300*60	0.43
江西抚州市汝水家园建设项目	2	8	8	1	2#8YB-1-S	预制叠合板	预制叠合板	3120*2300*60	0.43
江西抚州市汝水家园建设项目	2	9	9	1	2#9YB-1-S	预制叠合板	预制叠合板	3120*2300*60	0.43
江西抚州市汝水家园建设项目	2	10	10	1	2#10YB-1-S	预制叠合板	预制叠合板	3120*2300*60	0.43
江西抚州市汝水家园建设项目	2	11	11	1	2#11YB-1-S	预制叠合板	预制叠合板	3120*2300*60	0.43
江西抚州市汝水家园建设项目	2	12	12	1	2#12YB-1-S	预制叠合板	预制叠合板	3120*2300*60	0.43
江西抚州市汝水家园建设项目	2	13	13	1	2#13YB-1-S	预制叠合板	预制叠合板	3120*2300*60	0.43
江西抚州市汝水家园建设项目	2	14	14	1	2#14YB-1-S	预制叠合板	预制叠合板	3120*2300*60	0.43
江西抚州市汝水家园建设项目	2	15	15	1	2#15YB-1-S	预制叠合板	预制叠合板	3120*2300*60	0.43
江西抚州市汝水家园建设项目	2	3	3	1	2#3YB-1	预制叠合板	预制叠合板	3120*2300*60	0.43
江西抚州市汝水家园建设项目	2	4	4	1	2#4YB-1	预制叠合板	预制叠合板	3120*2300*60	0.43
江西抚州市汝水家园建设项目	2	5	5	1	2#5YB-1	预制叠合板	预制叠合板	3120*2300*60	0.43
江西抚州市汝水家园建设项目	2	6	6	1	2#6YB-1	预制叠合板	预制叠合板	3120*2300*60	0.43
江西抚州市汝水家园建设项目	2	7	7	1	2#7YB-1	预制叠合板	预制叠合板	3120*2300*60	0.43
江西抚州市汝水家园建设项目	2	8	8	1	2#8YB-1	预制叠合板	预制叠合板	3120*2300*60	0.43
江西抚州市汝水家园建设项目	2	9	9	1	2#9YB-1	预制叠合板	预制叠合板	3120*2300*60	0.43
江西抚州市汝水家园建设项目	2	10	10	1	2#10YB-1	预制叠合板	预制叠合板	3120*2300*60	0.43
江西抚州市汝水家园建设项目	2	11	11	1	2#11YB-1	预制叠合板	预制叠合板	3120*2300*60	0.43
江西抚州市汝水家园建设项目	2	12	12	1	2#12YB-1	预制叠合板	预制叠合板	3120*2300*60	0.43
江西抚州市汝水家园建设项目	2	13	13	1	2#13YB-1	预制叠合板	预制叠合板	3120*2300*60	0.43

图 8　项目部品导入模板

（2）生产过程记录、过程质检管理

预制构件生产过程及过程中质量检查均可进行数字化管控并留有管理痕迹。采取 APP 实时录入，实现信息交换，使生产管理部门能够根据实际情况进行动态管理。组模、布筋、浇捣、质检、成品检验操作人员使用各自权限录入系统，实现了各工序责任到人，预制构件质量可追溯到源头（图 9）。

（3）成品入库、出库管理

质检成品检验合格后，库管扫码入库，数据实时录入系统，通过设置仓库区位，实现预制构件所在位置的快速查找。APP 实时扫码需要发出的预制构件，现场准确、快速、及时地将发货信息录入系统（图 10），使预制构件入库过程更加数字化，规避人为误差。

图 9　各工序追溯到源头　　　　　图 10　合格成品入库、出库系统

（4）施工现场预制构件收货、安装

预制构件的使用安装可精确到具体位置，避免人为误差。预制构件运输到施工现场后，核对运输单预制构件明细，将运输单号拍照并上传附件，提交完成收货（图11）。安装时扫描二维码，拍照上传附件，即可提交完成安装。

（5）生产情况动态查询

通过生产各环节实时录入各项数据，在每日动态中查询生产、发货、安装全流程进度情况，帮助管理人员更好地管控。每日动态可显示当天的生产量、成品量、验收量，以及近7天的生产量和最近的曲线图，查看当前正在进行中的所有项目进度或对应的单位工程和楼层（图12）。

图11　验收、安装信息录入系统　　　　　图12　项目动态信息

（6）质量管理

通过照片、视频等方式，对质量检查工作进行记录、留痕；对验收文件、周报和月报等质量相关资料进行集中分类管理；现场质量问题随时记录，可追溯、可分析；针对重点质量问题，可在线发起整改流程，实现闭环管理（图13）。

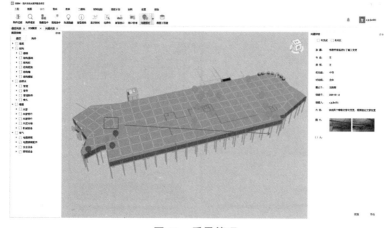

图13　质量管理

（7）安全管理

对存在安全隐患的部位进行记录，包括整改、验收等信息；在安全交底、巡检等工作过程中，可通过拍摄照片和视频记录动态信息；对危险工程的文件、周报和月报等安全相关资料进行集中分类管理；针对重点安全隐患问题，在线发布安全隐患整改通知单，跟踪检查节点（图 14）。

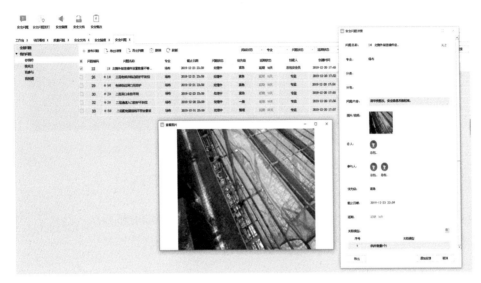

图 14　安全管理

（8）资料管理

文档资料云端化，确保各方获取资料的及时性和统一性。资料文件分类存储，方便查阅；通过权限设置，保证资料安全，实现无纸化办公（图 15）。

图 15　资料管理

3. 竣工阶段项目数据积累

项目各参建方各自汇总项目管理过程中的质量弱点、安全缺陷和成本漏洞，汇总于企业内部部署的数据库，后台进行多维度数据的汇总分析，为后续装配式建筑项目提供助力（图 16）。

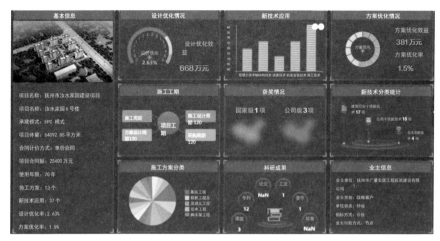

图 16　数据汇总分析

四、应用成效

通过系统应用，有效解决了装配式建筑项目设计和生产的有机联动，打破了管理局限范围，规避了项目信息断层问题的产生，促进了建造的数字化管理转型。

（一）解决的实际问题

1. 解决预制构件设计、生产联动弱的问题。传统装配式施工由设计段进行项目设计，预制构件生产厂商进行预制构件拆分、处理、生产加工，过程中会存在信息偏差导致的效率和准确性的偏差。通过本系统的使用，使设计和生产有机联动，规避信息偏差，提高产品质量。

2. 解决装配式建筑项目全过程管控弱的问题。传统装配式施工管理仅局限于施工现场，通过本系统的使用，打破了管理局限范围，将生产、加工、质检、运输、入库、安装等多个过程纳入数字化管理范畴，加强了管理力度，提高了管理效能。

3. 解决了项目信息断层的问题，提高了信息传递的时效性。传统装配式施工各参建方虽合署办公，但信息层面的沟通仍有断层。通过本系统的使用，规避了信息断层的产生，确保信息能够无缝流转至下一个职能部门，有效地整合各个参建方，甚至下放至劳务分包方。

4. 促进了装配式工程项目各参建方数字化转型。建筑业是数据体量庞大的行业，尤其是数字化生产加工度较高的装配式建筑项目。通过本系统的应用，加快了各参建方数字化管理的转型过程，并为后续的类似项目留下宝贵的经验。

（二）应用效果

1. 实现了预制构件设计、生产联动。利用 BIM 技术，给各参建方提供了一个良好的协同平台，加强设计与生产的联动，增强各参建方参与力度。与同类型项目相比可节约工程直接费 10% 左右，保证计划工期。

2. 实现了装配式建筑项目全过程管理。该系统的应用，精细到了预制构件的生产、加工、堆放、安装等各个工序，有效降低了预制构件 15% 的生产偏差，避免了 5% 的预制构件二次转运带来的损耗，加快了预制构件破损后二次供应效率 10%。

3. 做到了项目各方协同管理。通过协同管理平台将各参建方统一在一起，确保沟通效率，降低 30% 的沟通成本，同时节省了 5% 的项目工期。

4. 积累了项目结构化数据。基于各项管理技术，通过本项目的实施，积累了宝贵的施工及管理数据，为后续同类型的项目提供了大量的决策数据及实施经验。为推动装配式工程项目的智慧施工管理提供助力，为促进施工管理的精细化转型打下坚实的基础。

执笔人：
中阳建设集团有限公司（李建、吴轶强、熊国辉、朱霖平、占顺斌）

审核专家：
李久林（北京城建集团有限责任公司，总工程师、教授级高工）
郭红领（清华大学，建设管理系副系主任、副教授）

中建八局一公司智慧建造一体化管理平台

中建八局第一建设有限公司

一、基本情况

(一) 案例简介

中建八局一公司智慧建造一体化管理平台为自主研发，拥有独立的知识产权。本平台由工程管理四大系统、智慧工地集成平台、智慧设计平台、智慧运管平台组成，为"人机料法环"关键要素打造分场景、分模块的智慧建造一体化解决方案，有效提高了项目管理效率，打破了系统间的数据孤岛，实现了全链条互联互通，为工程设计、工程建设管理以及建筑运维等多方面提供了有效的抓手和工具。

(二) 申报单位简介

中建八局第一建设有限公司（以下简称"中建八局一公司"），是中国建筑集团有限公司下属三级独立法人单位，员工总数 1 万多人，年纳税额近 15 亿元，拥有"国家级企业技术中心"研发平台，是国家高新技术企业。

二、案例应用场景和技术产品特点

(一) 技术方案要点

本平台由工程管理四大系统、智慧工地集成平台、智慧设计平台、智慧运管平台组成，其中工程管理四大系统为面向不同管理层级用户的现场管理系统、综合管理系统、相关方系统、BA 决策分析系统；智慧工地集成平台包含瓴眸智慧看板、人员实名制系统、智慧物联管理平台、GIS智慧一张图平台；智慧设计平台包含 BIM 正向设计施工一体平台、智慧图纸平台；智慧运管平台包含应用于自有业务领域的智慧工厂管理系统、智慧园区管理系统、智慧物流管理系统等个性化系统（图1）。

(二) 关键技术和创新点

1. 公司采用了基于华为私有云技术的独立部署模式，引进了私有云安全运维专业人才 3 名，为平台基座稳定运行提供了坚实保障。同时，在物联网、大数据、人工智能方面亦引进了专业技术人才。

2. 统一技术架构，构建生态中台，实现数据互通。在平台建设过程中，将原本分散布局的架构进行了统一，实现了高效率编码、高质量品控。在统一的架构下，平台先后建立了审批、报表、外接口、主数据等中台。通过统一架构、联合中台，实现了平台内数据的互联互通，消除了数据孤岛。

(三) 产品特点

1. 覆盖全员，智慧管理配套工具。平台面向的终端用户覆盖公司全员及工程建设相

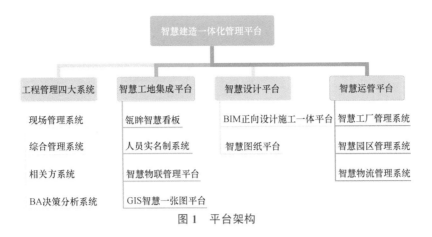

图 1　平台架构

关方人员。施工现场管理人员可借助平台完成日常标准化管理动作；设计人员可借助平台进行高效正向设计。

2. 高效迭代，双端保障平台运行。平台一直在高效迭代开发，平台所属各模块或子平台均实现了 PC 端、移动端的数据互通。

3. 立本趋时，打破固有管理思维。平台立足于建筑施工管理本身，加持趋时性技术，未改变本质性的管理，某些程度上促进了管理的提质增效。

4. 适度开放，打造持续赋能本体。平台内外接口统筹管理，打通内外的数据链路。外部接口数据在保障安全的情况下核准接入，内部数据输出根据需求进行谨慎对接。

（四）应用场景

1. 工程管理四大系统

本系统构成了标准化管理的实施抓手，面向具体的岗位人员提供依模块、分组织的矩阵式信息化工具。四大系统将工程现场涉及的施工、安全、质量、商务等 18 个模块一体化分组织、分权限运行，各自独立但主数据链路互通。工程项目作为四大系统的活性组成单元，可完成从项目中标、立项、在建、竣工结算等全生命周期的业务闭环管理。

现场管理系统场景举例：工程项目部可根据场区划分、工程业态、建设周期等在线智能化编制、调整工程的总进度计划，同时关联物料进场、危险源消除、商务结算等计划多线并行（图 2）。

综合管理系统场景举例：本系统为公司总部管理人员使用，可监督垂直业务条线的开展情况，也可审批来自项目部的各类流程。

相关方系统场景举例：本系统为公司工程项目部和分包方、业主方信息互通的平台，分包方可进行日报、计划上报、资源协调等工作，业主方可进行满意度评价、投诉处理等功能操作。

BA 决策分析系统场景举例：本系统综合上述三个系统数据，利用大数据技术，可完成垂直业务条线、融合业务条线的数据提取、分析，为管理决策层提供精准的数据，服务企业的战略决策调整（图 3）。

2. 智慧工地集成平台

平台应用实施场景为：1 张地图穿透（GIS 一张图管理），2 项信息传递（PC 端、移动端），4 项交互联动（三维交互、平面交互、预警感知、项目看板），"N 看板＋N 物联"

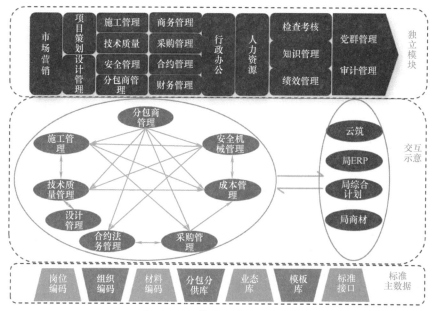

图 2 现场管理系统运行示意

图 3 BA 决策分析系统

集成（项目部的智慧管理驾驶舱）。本平台综合应用大数据、云计算、人工智能等技术，采用 4G 物联流量池的统一接入通道，部分项目部先行先试了 5G 技术（图 4）。

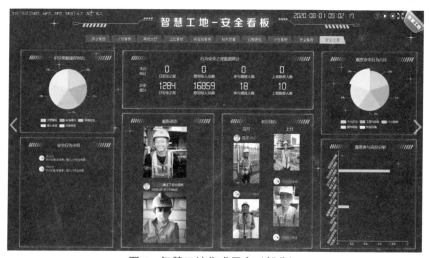

图 4 智慧工地集成平台（部分）

3. 智慧设计平台

智慧设计平台围绕 BIM 场景应用，打造了基于 BIM 的正向设计施工一体化平台，为工程现场设计师提供了快速建模工具及远程协作平台；研发出多项 BIM 专项插件应用，如机电快速支吊架建模插件、模型轻量化插件。同时，公司发明了基于"BIM＋AR＋AI"的智慧图纸技术（专利号：ZL 2018 1 0828208.0），实现了传统纸质图纸在移动端介质的快速三维可视化（图 5）。

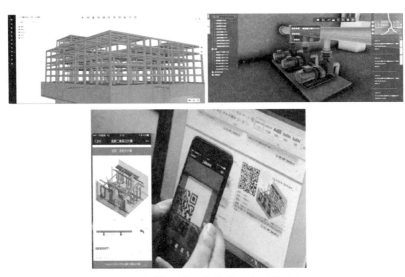

图 5　智慧设计平台应用示意（部分）

4. 智慧运管平台

公司在智慧建造平台的基础上研发应用了智慧工厂管理系统（图 6）、智慧园区管理系统、智慧物流管理系统。

智慧工厂管理系统面向装配式构件工厂精细化管理场景，实现了自动排产、自动生成物资需求计划、自动布模等六维智能管控体系，提高了综合生产效能。智慧园区管理系统基于数字孪生、物联控制技术搭建，实现了园区内"人机料法环"可视化管理。智慧物流管理系统面向装配式构件运输场景，建立了仓储、发货、运输、到货、安装全流程的监管体系。

图 6　智慧工厂系统组成

三、案例实施情况

（一）案例基本信息

本平台应用情况以济南平安金融中心项目为例。该项目位于济南中央商务区核心区，建筑高度 360m，包含地上 68 层，地下 3 层，采用框架筒体结构，为超高层建筑，由中建八局一公司作为工程总承包单位。目前，项目主体结构已封顶，进入装饰装修阶段（图7）。

本项目建设场地狭小，物料运输困难，作为济南市第二高建筑，其建设标准、社会关注度均较高，面临设计节点难、周边环境难、交叉作业难、平面转换难和垂直运输难等考验。本项目借助中建八局一公司智慧建造一体化管理平台，用管理、设计、施工一体化智慧化解了困难考验。项目获评山东省绿色施工科技示范工程、山东省绿色智慧建造科技示范工程，取得围绕智慧建造的科技创新成果30余项（专利、QC等），发表论文10余篇。

工程名称	济南平安金融中心项目	工程性质	公共建筑
建设规模（造价）	50263万元	工程地址	历下区经十东路以北、奥体西路以西（茂岭三号路）
总占地面积	16502m²	总建筑面积	226278.60m²
建设单位	济南安齐房地产开发有限公司	项目承包范围	临建，总包BIM，土石方，结构工程，钢结构安装，二次结构，粗装，防水，屋面，人防，指定预留预埋，室外，改造等
设计单位	汉嘉设计集团有限公司		
勘察单位	山东建勘集团有限公司	质量	"泉城杯" "泰山杯"
监理单位	上海市建设工程监理咨询有限公司	工期	1369日历天
总承包单位	中建八局第一建设有限公司	安全	济南市安全文明工地 山东省安全文明工地
质量监督单位	济南市质量监督站		
工程主要功能或用途	酒店、办公、商业		

图7　济南平安金融中心基本信息

（二）应用过程

1. 体系完备，管理系统高效联动。项目部组建之初便在公司统一框架下进行了智慧建造体系搭建，分为组织管理体系、实施推进体系、人员职责体系、智慧创新体系等（图8）。

图8　项目部应用平台体系构建

体系建设完备后，各垂直业务条线依照公司标准化管理要求应用线上流程开展具体业务，开启本项目业务单元的数字化工作。

以施工生产条线四级计划管控为例。项目部人员操作现场管理系统，根据业态计划库自动生成本项目指导版总计划，总计划完成后，依次建立年、月、周的细分计划，未能按时完成的计划会建立预警推送机制，并配套建立计划的未完成原因分析功能。

现场管理系统产生的流程会走向综合管理系统，公司层面能把关审批重要的决策事项；项目的分包方和业主方应用相关方系统，贯通整个施工上下游的管理链条；现场管理系统产生的重要指标数据会统一汇集到 BA 决策分析系统，构建末端支撑的大数据分析机制（图9）。

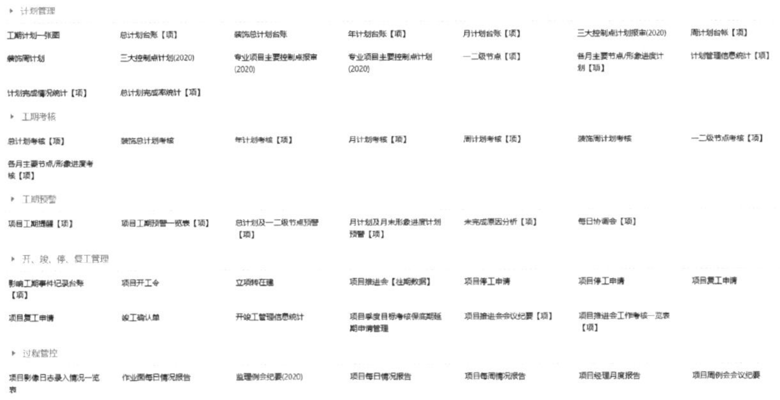

图 9　现场管理系统四级计划版块（部分）

2. 动态集成，一图盛托智慧监管全域。围绕"人机料法环"全要素管理，项目部建立了精准实时的基于"BIM＋IoT"技术的"一张图"动态管控模式，即"一张图"实时人员动态、"一张图"机械物联动态、"一张图"物资保障动态，通过"一张图"精细化、可视化还原施工现场。

依托传统的劳务实名制系统，项目部应用了 AI 刷脸技术，不仅兼顾考勤，借助边缘计算的远程监控实现 AI 违章抓拍；同时工人入场安全教育、班前教育等场景应用了移动端的"AI 脸谱"功能，人员每日实时数据均汇集在智慧人员"一张图"内（图10）。

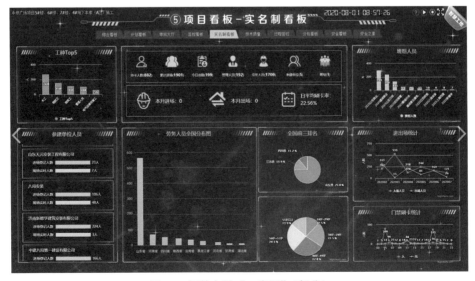

图 10　智慧人员"一张图"（部分）

　　通过自有物联网中台，智慧工地集成平台接入了动臂塔吊实时监测数据、施工电梯实时监测数据、爬模监测数据等，所有汇集的实时数据均建立精准匹配岗位的预警推送机制。通过打通和物资供应链模块的数据，平台可以监测钢筋、钢结构、混凝土等主材料的物流数据，保障施工现场的物资供给，并实现动火作业的 BIM 可视化、塔吊指挥作业的 BIM 可视化、爬模应力监测的 BIM 可视化等（图 11、图 12）。

图 11　BIM 物联平台（部分）

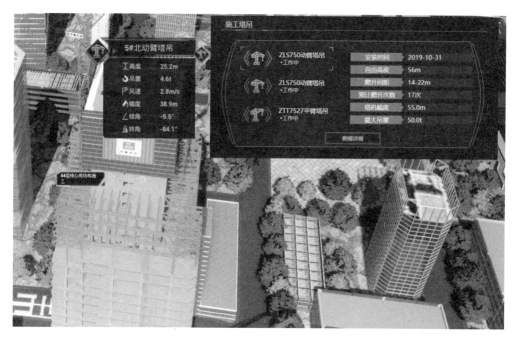

图 12　物联终端监测示意（部分）

　　3. 高效设计，智慧图纸掌中赋能引擎。本项目机电分项工程深化设计节点工作量很大，联动专业较多，为满足高效正向设计，公司开发了机电正向设计协作平台，土建、机电、管综、幕墙等设计技术人员可在一个平台完成正向设计出图。协作平台产出的 BIM 设计模型可直接应用于智慧图纸平台和机电图模一体装配化施工技术体系（图 13）。

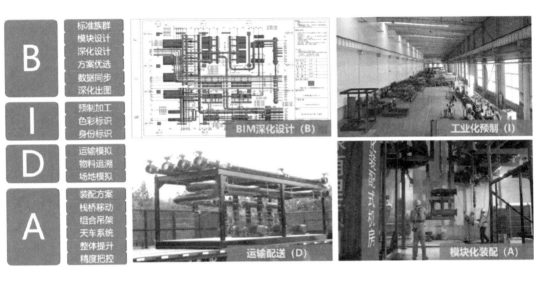

图 13　智慧图纸、BIDA 技术体系应用示意

4. 平台复用，数字孪生延伸运管生态。本项目由智慧工地集成平台前瞻部署了基于数字孪生的综合运管平台，为后续整体移交业主方提供了基础数据，预留了安防、物业、停车、资产、设备监管等多项对接接口（图 14）。

5. 创新引领。公司基于本项目试点了云端 AI 监控技术，掌握了针对安全帽、反光衣、口罩、火焰等视觉识别的算法。项目部基于 5G 技术创新性应用了 5G 建筑职业健康管理系统、5G 双 360 度空间立体实时监控系统、5G 高清监控系统、"5G＋AI"便携巡检系统（图 15、图 16）。

图 14 智慧停车子模块应用（部分）

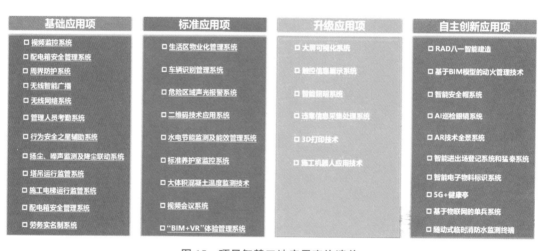

图 15 项目智慧工地应用实施清单

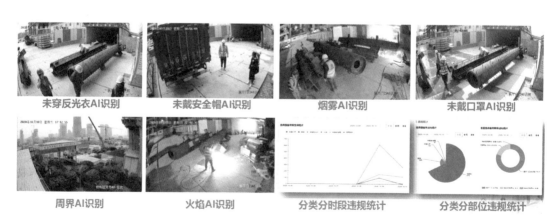

图 16 项目 AI 监控应用

四、应用成效

(一) 解决的实际问题

1. 数据横向打通，提高工作效率。通过工程管理四大系统的应用不仅打通了项目部内部组织体系、施工计划、资金流向以及流程审批等多种数据，同时联通了项目部与公司、业主和相关方的各个协作方，贯通了施工的上下游管理链条，实现了数据的统一管理和统筹分析，有效提高了项目管理能力和系统能力。

2. 物联数据互通，打破数据孤岛。智慧工地集成平台的应用，将原本分散在多个厂家、多个应用、多个系统的物联数据汇聚到一个平台中，打破了智慧工地应用碎片化的现状，有效消除了数据孤岛，对于项目智慧工地设备的统一监管、预警信息的集中管控提供了工具，提升了应对响应能力。

3. 多端协同设计，保证交付工期。本项目机电工程深化设计工作量大，专业复杂，存在较大的节点压力，通过智慧设计平台的应用，实现了多个专业、多人多端的同时作业，有效提高了设计效率，保证了工程进度节点的完成。

(二) 应用效果

通过本平台的建设，公司每年都会更新各垂直体系的管理流程，智慧建造的新内容也会及时补充进手册内。跟随标准化管理手册形成的既定流程演变成平台内的程序，各项管理动作以数据流的方式在 PC 端、移动端传递，过程提质增效显而易见；最后形成了围绕企业市场、施工、商务、财务等核心管理的大数据库，服务项目部、分公司、公司等多个层级的管理决策。

本平台的应用带来了巨大的经济效益和社会效益，且已形成了体系化、复用性地输出，目前，中建新疆建工、中建八局浙江公司等企业应用了本平台的核心或部分功能。依托本平台建设过程积累的经验，公司先后参与编制了中建集团、山东省、青岛市等相关的智慧工地标准（表1）。

经济效益测算　　　　　　　　　　　表1

工程项目类型	管理成本节约(万元)	工效质量提升(万元)	兑现完美履约(万元)	资源投入节约(万元)	提升设计效率(EPC项目,万元)	软件统筹复用降本(综合均摊,万元)	总计(万元)
合同额<2亿元	100	240	60	30	20	30	480
2亿元≤合同额<5亿元	130	260	100	50	30	40	610
5亿元≤合同额<10亿元	180	340	180	110	50	60	920
合同额≥10亿元	250	700	300	200	70	80	1600

执笔人：

中建八局第一建设有限公司（宁文忠 、赵忠杨、魏树臣、朱贺、侯绪彬）

审核专家：

李久林（北京城建集团有限责任公司，总工程师、教授级高工）

郭红领（清华大学，建设管理系副系主任、副教授）

青岛市工地塔吊运行安全管理系统

青岛市建筑施工安全监督站
一开控股（青岛）有限公司

一、基本情况

（一）案例介绍

本案例采用了云计算、大数据、移动互联网、人工智能、物联网等新一代信息技术，建设了青岛市工地塔吊运行安全管理系统。该平台包括智能监控、远程报警、事故追溯等功能，并建立了三级智慧监督管理机制，实现了主管部门、企业、项目对工地施工安全状况的实时监管。

（二）申报单位简介

青岛市建筑施工安全监督站是青岛市城建委员会直属单位，负责辖区内的在建建筑工程分阶段安全生产检查，对施工现场安全隐患整改情况跟踪检查，督促落实安全生产责任制和安全技术措施，督促检查施工现场人员的持证上岗情况，对建筑施工现场建筑机械、安全防护用具和有关设备进行安全技术检测等工作。

一开控股（青岛）有限公司成立于 2006 年，深耕建筑业信息化领域，是数字建造技术和产品的提供商，为工程建设行业提供更专业的产品和系统解决方案，产业涵盖智慧工地系统、低压电器、智能建筑安全设备、环保设备、检验检测、智慧安全用电、物联网云平台等，产品广泛应用于建筑、电力、机械、交通、矿山、通信等行业。

二、案例应用场景和技术产品特点

（一）技术方案要点

平台架构分为：数据采集与感知层、数据传输层、数据中心、标准接口与数据交换层、平台建设、应用层（图1）。

（二）平台创新点

平台围绕施工现场人、机、法、料、环五大生产要素，综合运用人工智能、大数据、云计算、移动互联等核心技术，通过数字化、网络化、智能化集成软硬件，构建建筑施工综合管理平台，保障工程质量、安全、进度、成本等管理目标的顺利实现。

1. 360°让管理更全面：集成平台，统一入口，整体呈现项目进度、安全质量、环境、机械等信息。

2. IoT 让项目更可控：通过物联网技术，接入现场 50 余类硬件设备，实时监测、及时预警。

图1 平台系统总体结构

3. 大数据让决策更高效：真实数据采集，消除信息孤岛，数据综合分析、提供决策依据。

4. AI 让现场更安全：AI 智能视频，自动监测隐患及人员违规，及时报警并保存资料。

5. APP 让管控更及时：随时随地了解项目实时数据以及隐患预警，及时进行现场施工指挥调度。

6. 数字周报让工作更轻松：根据平台存储的软硬件数据，自动生成报表，减轻一线人员工作量。

7. 精细服务让应用更可靠：严格的品控体系，精细化的部署实施及运维服务等多维度保障。

三、案例实施情况

（一）案例基本信息

本平台自 2018 年 12 月底正式投入使用，主要在于落实建筑企业质量安全责任，构建覆盖"主管部门、企业、项目"三级智慧监管服务体系，有效提升工地精细化管理水平，为政府管理机制创新提供行之有效的对策。同时，平台也为建设单位、施工单位及监理单位提供完善的信息化呈现和数据化服务，为各方单位切实有效的打造便捷且智能的管理工具，实现信息互通互联，全范围的整合模式，达到智慧建造、实时监控、远程指挥的目的。

（二）应用过程

平台以建设管理需求为导向，分阶段分重点有序开展设计阶段框架设计、施工阶段模块构建、竣工阶段数字化交付。

1. 设计阶段框架设计

（1）一个源头——建筑施工现场：以工程施工现场管理为业务轴心，数据采集本源。

（2）两个终端——PC 终端和手机 APP 端：核心功能均支持 PC 终端、手机 APP 端两类使用终端。

（3）三大角色——政府、企业、项目：面向三类用户提供差异化的数据展现和业务服务，可随时随地查看、跟踪、处理各模块业务，提升管理效率。

（4）四个目标——降本、增效、安防、增值：系统功能设计紧紧围绕提升工作效率、降低管理成本、消除安全隐患、大数据增值服务四个重点目标。

（5）五类要素——人、设备、材料、规范、环境：以施工五个核心要素为平台的重点管理对象，构建业务管理闭环。

2. 施工阶段模块构建

平台囊括了塔机安全监控、塔机吊钩可视化、智能防松螺母、扬尘噪声监控、升降机安全监控、视频监控、劳务实名制、VR 安全教育等功能模块；智能物联模块将工地的平面图植入到系统中，并在图上显示各种设备的监控状态和数据分析，实现可视化的管控。

（1）施工安全管理系统

施工安全综合管理——人防·技防·智防·安全资料管理。

1）安全过程管控

基于平台实现质量问题和安全隐患的快速整改闭环。对于发现的施工现场各类问题，相关负责人及时响应，对表现良好的工班进行评优。

提供施工安全综合管理八大核心应用场景下的解决方案：图纸及变更协同管理、安全技术交底、安全隐患排查、危险作业管理、风险分级管控、安全应急管理、安全教育培训、安全资料管理。

2）智能安全监控

视频监控：对接项目现场重点监控，实时查看项目现场状况，支持项目现场区域划分，实现区域监控监管，对于项目对接监控设备进行统一管理维护（图 2）。

视频实时监控
远程监控，现场情况一目了然

AI智能识别
十余种算法智能守卫现场安全，节约人力
提高管理效能，赋能管理

巡检自动抓拍
定时抓拍，自动巡检，每天按时自动记录形
象进度，节约人力

延时摄影
项目建造过程分钟级集中展示，企业形象，
项目实力一览无余

AR全景
虚拟现实叠加，180°项目全景尽收眼底；
宽视野，信息不遗漏

图 2　智能安全监控

AI慧眼监控：内置智能算法，外置语音提醒、报警，智能识别安全帽、反光背心、徘徊监测、行人闯入识别、越界检测、明火检测等行为。

3）起重设备一体化监管

有机整合人员管理、业务管理和设备管理，贯穿起重设备租赁、安拆、维保、使用等业务全流程，针对起重设备人员管理、业务管理、设备管理、合同财务管理痛点，涵盖智能安全评估、产权备案、检测管理、安保管理、安拆管理在线监控等功能（图3）。

图3　起重设备一体化监管

塔机安全监控：通过采集塔机高度、角度、回转、吊重、风速等数据，实现塔机实时监测及安全预警；支持塔吊司机人脸识别，实现"专人专机"；平台具有数据分析、报警分析、使用分析等功能，杜绝塔吊的违规使用（图4）。

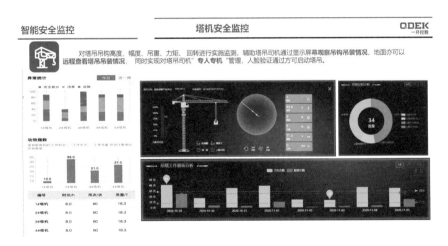

图4　塔机安全监控

塔机吊钩可视化：实现塔机吊装视觉无死角监控布设，增加吊装安全性；通过视频辅助判断，准确定位，提高吊装效率；脚踏边角可清晰观测吊装物体，规范塔吊操作"十不吊"行为；高亮屏支持强光下清晰显示（图5）。

智能防松螺母：在线监测预警，测量螺栓旋出角度，快速、准确地判定螺栓的紧固状态以及松动趋势，同时，系统及时统计并推送预警消息；智能防松自锁，螺栓松动时智能自动锁紧加固、防松。

升降机安全监控：人脸识别，通过网络人脸识别对乘坐人员进行身份识别，用于司机身份认证、乘坐监管等；人数识别，AI识别乘坐人员数量，实现人员超载预警；在线监控系统，借助可视化页面实现升降机实时运行状态、搭乘数据、监控视频及预警信息的在

图 5 吊钩盲区可视化

线浏览查看（图 6）。

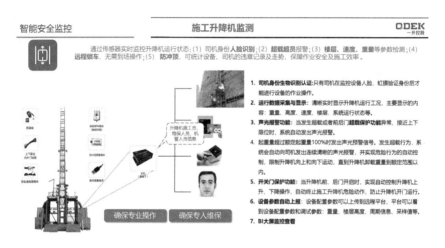

图 6 施工升降机监测

4）基坑监测：通过土压力盒、锚杆应力计、孔隙水压计等智能传感设备，对基坑现场实时监测，并对超警戒数据进行报警和及时反馈，为项目设计、施工提供可靠的数据支持。

5）高支模安全监测：运用物联网和云计算技术，实时监测混凝土浇筑过程中高支模的水平位移、模板沉降、立杆轴力、杆件倾斜状态，通过数据分析和判断预警危险状态，及时排查危险原因，为安全提供可靠的保证。

6）卸料平台安全监测：重量传感器实时监控，避免可能发生的倾覆和坠落等事故；现场重量校准、超载声光报警、载重数据传输、可显示在线状态及实时载重数据。

7）智能监测：临边、周界、烟感（图 7）。

（2）施工质量管理系统

基于移动互联、智能硬件和大数据等技术，搭建质量管控体系并有效落地，实现对施

图 7 智能监测——临边、周界、烟感

工质量的全方位、无死角管控，同时，帮助现场质量岗位人员业务工作提效，最终保障工程 项目高质量交付（图8）。

图 8 施工质量管理

大体积混凝土测温：在大体积混凝土浇筑过程中对其中心、表面温度进行监控，随时采取必要措施将温差控制在允许范围内，避免产生有害裂缝而造成质量事故（图9）。

（3）绿色施工管理系统

1）扬尘环境监测管理：实时采集气象数据，监测 PM2.5、PM10、TSP、噪声、温度、湿度、风速、风向等环境数据、对异常数据预警，可对接雾炮、喷淋等设备，以报表、图表的方式检索查看相应历史记录（图10）。

2）自动喷淋监测控制：当扬尘监测值超过设定的阈值后，实现自动、及时喷淋降尘，同时，系统可设置自动喷淋时间段，每天定时喷淋，避免环境污染。

3）车辆进出场管理（图11）。

图 9 大体积混凝土测温   图 10 环境监测   图 11 车辆进出场管理

4）车辆未清洗监测（图12）。

5）能源管理：智能水电表（图13）。

图12　车辆未清洗监测

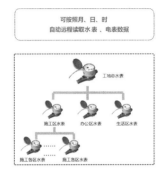

图13　能源管理——智能水电表

（4）人员管理系统

1）劳务实名制

运用生物识别、移动互联网、云计算等技术，核验工地人员身份信息，打造集实名信息、合同、证书、考勤、工资、培训等于一体的人员信息化管理平台，有效避免劳务纠纷，规范人员行为，落实工地教育，保障施工，是科技型工程用工和劳动力分析工具（图14、图15）。

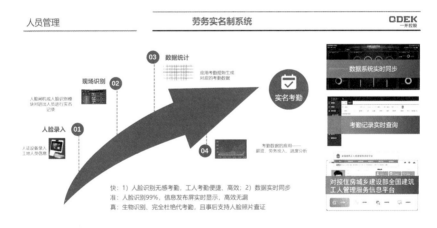

图14　劳务实名制系统 Ⅰ

2）智能安全帽人员定位

通过佩戴内置智能集成芯片的安全帽，实时获取人员位置信息，动态展示人员行动轨迹，智能语音安全提醒，抓安全，促进度，实现工地劳务有效管理。

3）AI防疫监测系统：基于热成像摄像头和AI人脸测温算法，实现非接触式人体测温、口罩识别、人员聚集检测，快速筛查体温异常、未戴口罩的人员，并关联实名制锁定人员信息，异常情况自动报警。

（5）施工综合管理系统

1）智慧工地指挥中心（图16）。

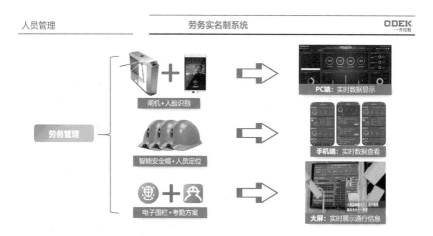

图 15　劳务实名制系统Ⅱ

视频会议系统： 集团与各项目多层级视频会议，实时交流、沟通，便于远程指挥调度；综合数据看板：全面呈现现场生产、质安、技术等实时数据，聚焦现场实际问题

现场视频接入： 通过无人机，摄像头，单兵设备等，接入现场实际影像，无时延了解现场情况

图 16　智慧工地指挥中心

2）施工进度管理（图 17）。

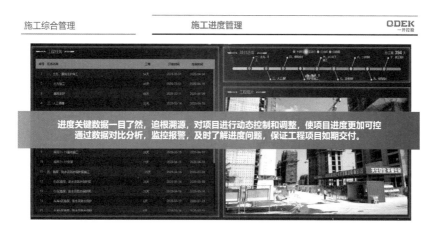

进度关键数据一目了然，追根溯源，对项目进行动态控制和调整，使项目进度更加可控
通过数据对比分析，监控报警，及时了解进度问题，保证工程项目如期交付。

图 17　施工进度管理

3）智能物料（图 18）。

自动拍照、LED屏实时数据显示、声音引导司机操作等；实时掌握当日、当月收发料数据，对偏差情况预警、对收料类别分析、对供应商进行排名，全面掌握物资验收情况。

图 18　智能物料

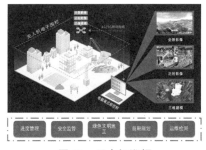

图 19　无人机巡视

4）无人机巡视（图 19）。

3. 竣工阶段数字化交付

通过一站式平台，集中呈现工地现场的设备、安全、质量、环境、人员等各板块信息，在项目概况中展示的是对应模块的概况，包括项目信息、人员管理数据、安全巡检、质量巡检、视频监控、扬尘监控数据、设备管理、项目进度鱼骨图、项目视频。

四、应用成效

（一）解决实际问题

1. 数据采集：打破"信息孤岛"。平台充分利用互联网、物联网、传感器等先进技术，构建横向到边、纵向到底的信息交互关系，提高数据获取的准确性、及时性、真实性和完整性，致力于满足项目管理者对现场作业过程所需数据的及时获取、共享和沟通。

2. 系统集成：汇集多元力量。平台将软件、硬件、技术和信息等集成到相互关联、统一协调的系统之中，使信息达到充分共享，并在此基础上实现对施工现场的人、机、料、法、环等资源的集中管理。

3. 数据应用：升级项目管理。平台实现"数据一个库，监管一张网，管理一条线"，有利于政府实时透明管控，险情提前预警，一览全局动态，科学辅助决策。企业劳务智能管理，优化资源配置，提升运营效率，节省管理成本。工人，绩效有据可依，权益有效保障；减少劳资纠纷，提高职业素养。

（二）应用效果

平台通过大数据、人工智能、云计算等新一代信息技术精准判断工地的施工状况，做到事前预警，事中控制，事后分析，将安全生产做到管理智能化，能及时发现和有效预防并遏制重大事故发生。

1. 平台"千里眼"，筑牢"安全线"。平台对现场质量、安全、文明施工全过程、全时段实时掌控和监督，保证施工现场存在的问题能及时反映、及时整改、及时落实。截至2021年11月中旬，平台成功预警3000多起塔基塔身严重倾斜重大安全隐患。

2. 扬尘噪声在线设备，布下环境"监测网"。依据"尘不离地，土不离场"的原则，在工地周界布置扬尘噪声在线监测设备，并通过云平台进行大数据分析及统计。平台为工地扬尘、夜间施工扰民的执法处理提供了有力依据。2021年中考、高考期间，青岛市运用系统平台实时监测噪声超标数据，确保第一时间发现、处理和问责，联合查处噪声扰民事件18起。

（三）应用价值

1. 有效提升施工现场作业效率。平台采用BIM、云计算、大数据、物联网、移动互联等先进技术，让施工现场感知更透彻、信息互联更全面、智能化更深化，大大提升现场作业人员的工作效率。工地响应时间由15分钟降低到2分钟，事故处置效率提升50%，施工作业效率改进30%。

2. 有效加强工程项目的精益化管理程度。应用本平台，施工项目现场的设备安全可用性提高20%，故障及时发现率提升50%，综合运营成本大幅下降，保安数量减少40%，综合能耗率下降20%，设备寿命延长15%。

3. 有效提升行业监管和服务效率。平台及时发现安全隐患，保证建筑工程施工质量，并完成质量溯源和劳务实名制管理，有效支撑行业主管部门对工程现场的质量、安全、人员和诚信的监管和服务。

执笔人：

一开控股（青岛）有限公司（刘超、刘福光、王京宾、孙超、李惠）

审核专家：

李久林（北京城建集团有限责任公司，总工程师、教授级高工）

郭红领（清华大学，建设管理系副系主任、副教授）

青岛市建设工地渣土车管理平台

青岛市建筑工程管理服务中心
青岛英通信息技术有限公司

一、基本情况

（一）案例简介

青岛市建设工地渣土车管理平台是青岛市住房和城乡建设局针对进出工地渣土车未经核准、车身冲洗不净及密闭不严等监管难点，实施的信息化监管应用创新。平台基于远程监控、AI智能分析和数据定向推送等技术，建立起全天候、全时段和全区域智能监管覆盖网，通过智慧、高效、精准、透明的线上实时监管模式，有效解决监管难点，提升监管效能，形成工地渣土运输违规必被查的管控高压和震慑效应。

（二）申报单位简介

青岛市建筑工程管理服务中心是青岛市住房和城乡建设局所属公益一类副局级事业单位，主要职能是为青岛市建筑工程领域内工程质量、材料管理、标准造价、教育培训等提供服务和保障，并具体负责市南区、市北区、李沧区房屋建筑工程质量、施工工地扬尘治理监督管理的辅助工作。

青岛英通信息技术有限公司成立于2005年，是一家专注于智慧城市、智慧园区、智慧消防、IT服务运维的市级高新技术企业，2011年转型智慧工地建设。目前，公司拥有CMMI三级证书、ITSS三级标准，并通过国家质量管理体系认证，拥有软件开发知识产权31项。

二、案例应用场景和技术产品特点

（一）应用场景

现阶段渣土车的管理存在两个难点，一是运输行业多头管理，联动难度大，涉及城市管理、城管执法、公安交警、交通运管等多个部门；二是车辆进出工地动态发生，现场执法难度大，如何利用信息化手段提高工作效率和监管力度是急需解决的问题。

随着青岛市建设工地扬尘治理水平全面提升，工地形象及其周边卫生环境得到了明显改善，然而工地渣土运输过程中存在的抛洒滴漏、私拉乱进等违法违规及扰民行为仍有发生，群众反映强烈并制约着城市品质改善提升。为解决此问题，青岛市住房和城乡建设局及相关责任部门进一步加强监管并开展了一系列联防联控执法行动，但是工地渣土运输存在运输地点多且分散、运输时间集中于夜间、"黑车"辨别困难、车辆冲洗及密闭情况无法实时监管等诸多问题，仅依靠执法检查人员现场巡查方式已难以实现工地渣土运输全时段全覆盖管控要求。

为解决这一监管"痛点"，青岛市住房和城乡建设局突破传统做法，变革监管模式，紧密结合建设行业管理特点和要求，在借鉴先进城市典型经验的基础上，利用智能化技术建立了青岛市建设工地渣土车管理平台，有效解决了建筑废弃物运输车辆管理、工地巡查管理、扬尘污染管控各项措施落实管理等难点问题，大大节约了公共执法资源、提高了执法效力与覆盖面。

平台旨在借助互联网、物联网、边缘计算、大数据和人工智能等信息技术建立面向边缘域的智能分析系统，真正发挥视频作为"智慧之眼"的作用，为监管部门提供丰富的视图数据检索、统计分析，不仅满足了发现、处置问题的渣土车日常监管和应急指挥需求，也促进了执法检查工作流程透明化、规范化。

(二) 产品特点

一是智能识别，高效查处。针对复杂的工地环境，系统通过部署具备深度学习算法的摄像机，借助边缘计算、实时采集、结构化车辆数据，多台 AI 摄像机智能联动形成多角度取证数据，可对建设工地进出的渣土车"黑车"、后盖未密闭、未清洗上路等违规行为进行智能识别并取证，实现全天候工地渣土运输自动化监管，解决渣土车现场核查覆盖率低、"黑车"辨别难、取证难、候检时间长等问题。

二是精准定位，透明执法。系统在取证同时，可提供违规行为完整可靠的证据链，实现"及时准确溯源、及时移交线索、及时处理责任人"的"三个及时"，确保建设工地的"三不准出"——"黑车"不准出、后盖未密闭不准出、未冲洗不准出。违规行为 AI 标准化判定，信息记录透明化，有效避免选择性、随意性执法。目前，系统可每小时识别分析3400 张车辆运输行为抓取图片，支持日增量 300 万条车辆结构化数据分析。

三是方便适用，易于推广。系统易于安装维护，可适用于各类施工场地；利用渣土车识别算法、后盖密闭异常算法、车身轮胎污损识别算法，可对推拉式、翻盖式等多类渣土车进行有效识别和分析；系统部件可重复利用，成本低，可推广性强。

三、案例实施情况

青岛市建设工地渣土车管理平台借助前端边缘计算技术和后台深度学习算法的渣土车 AI 识别管控系统，渣土车无需安装任何设施，即可实现对进入工地渣土车的智能化、透明化管理，在不影响企业施工作业的情况下，可自动识别分析出渣土车"黑车"、混证乱证、车辆未密闭运输、车辆进出未清洗等违规情况。

(一) 平台架构

平台采用三个系统的分层式架构，三个系统主要分为：渣土车数据采集系统、数据分析系统、业务应用系统（图 1）。

(二) 渣土车数据采集系统

渣土车数据采集系统部署在建设工地施工现场，主要实现渣土车的车辆信息采集、存储和上传，在工地车辆出入口部署多个 AI 智能摄像机，多角度、联动抓取进出工地的车辆信息，借助边缘计算技术，实现车辆信息结构化，车辆号牌、车牌颜色、车身颜色、车辆类型、进出时间、进出地点信息等，通过 4G、5G 链路实时上传数据到数据分析平台（图 2）。

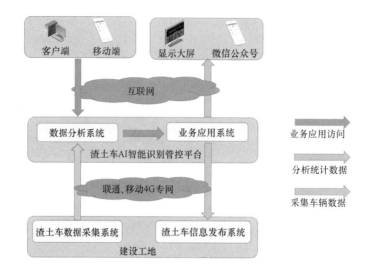

图 1　平台架构图

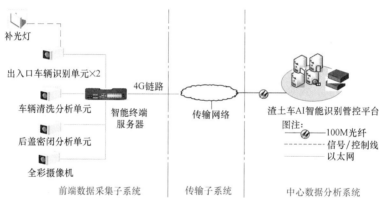

图 2　渣土车数据采集系统架构图

1.车辆捕获。选用的 AI 摄像机采用高清晰逐行扫描 CMOS，具有清晰度高、星光级低照度、帧率高、色彩还原度好等特点，支持车辆捕获、车牌识别、车型识别、车身颜色识别，采用"深度学习"算法，支持 8 种车型，11 种车身颜色，220 种车标，3000 种子品牌等特征识别，大幅提升了车辆目标行为检测和特征识别的准确率。系统能准确捕获记录的车辆信息包括通行信息和图像数据两大类。通行信息有抓拍时间、地点、方向、车牌、车牌颜色、车辆类型、车身颜色等；图像数据包含高清抓拍的车辆前端、车牌的图片数据以及视频数据，实现车辆经过全过程记录，并且系统采用的一体化抓拍单元，具备智能成像和控制补光功能，能够在各种复杂环境（如雨雾、强逆光、弱光照、强光照等）下和夜间拍摄出清晰的图片（图 3）。

2.图像智能联动。AI 摄像机抓拍的照片可任意组合，在终端服务器中关联，图片和车辆结构化数据通过智能终端服务器上传至中心实现智能分析和统一管理，终端服务器实现视频录像和过车抓拍图片本地化存储，中心可选择实时视频预览、录像回放和图片上传备份。

3. 车辆出入视频全覆盖。通过多台摄像机、多个出入口的全方位视频覆盖，实现多角度、多方位清晰采集渣土车进、出工地的运载情况以及车身清洗情况，同时保存实时图片和视频到智能终端服务器，提供历史录像、图片检索。

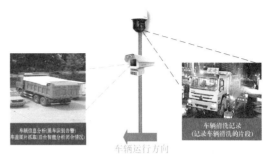

4. 远程实时查看。系统支持在本地值班室对工地出入口监控场景的实时查看，也可以通过远程平台或监控中心即时预览和回放。

图 3　工地出口渣土车抓拍示意图

（三）数据分析系统

建立面向边缘域的智能分析系统，系统定位在 AI Cloud 架构下，侧重于感知数据汇聚、存储、处理和智能应用，集成物联、AI、数据等能力，满足在边缘域及云中心场景下，跨时空的数据汇聚、存储、分析的应用系统，协助管理部门查找管控重点方向和工地。

1. 分析处理能力强。系统支持 20 亿条车辆结构化数据存储、查询，每日 300 万条车辆结构化数据增量，最大支持 2500 万张图片存储，支持每小时 3400 张违章图片分析。

2. 智能分析种类多。借助高性能 GPU，应用深度学习算法对前端感知层采集的车辆数据进行智能分析处理，目前，可支持渣土车车型分析、后盖密闭分析、违规清洗分析、车身脏污分析、轮胎脏污分析。

3. 数据实时告警、检索。系统支持对渣土车告警信息进行检索，告警信息检索条件可以通过抓拍点位、抓拍时间（时间可以通过时间范围，默认的为最近 7 天）、审核状态（审核或未审核）、是否违规（是否）等多个维度进行快速数据检索（图 4）。

图 4　数据检索示意图

4. 数据 BI 可视化。每日渣土运输工地信息实时展示，每日渣土车进出信息、违规信息实时展示。月度工地渣土车数据排行榜，进出车车次排行、违规率排行。单项目的渣土车各类数据展示、统计分析如图 5、图 6 所示。

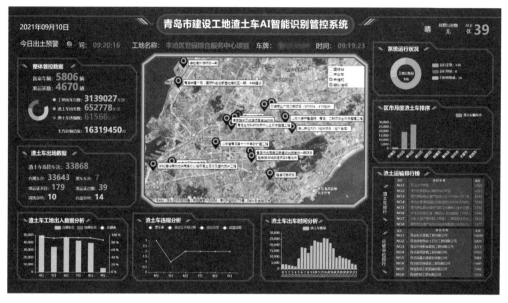

图 5　全市渣土车数据 BI 展示

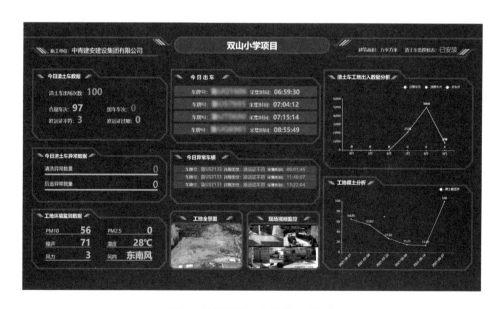

图 6　单项目渣土车数据 BI 展示

（四）业务应用系统

业务应用系统包含渣土车管理系统（微信小程序）、工地信息发布系统两个子系统。利用微信小程序渣土车管理系统实现项目数据申报、审核、信息查询，通过工地信息发布系统将相关渣土车进出信息、违规信息以及应急消息推送给各个监管人员和施工企业负责人，形成渣土车业务监管的闭环管理（图7）。

1. 渣土车管理系统。主要面向监管人员、施工企业负责人提供渣土车监管业务的数据申报、审核、信息查询（图8、图9）。

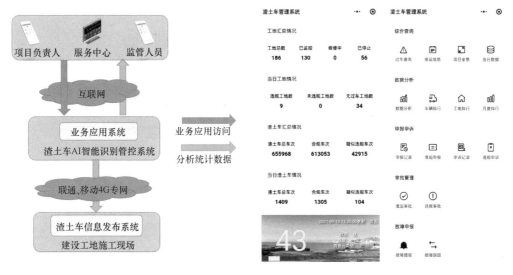

图7　业务应用逻辑流程图　　　　　　　　图8　综合查询等

定期安排专业无人机飞手对施工现场裸土苫盖情况拍摄720度高空全景图，根据裸土覆盖率不同时期的变化趋势，方便监管人员对不同项目动态调整监管力度（图10）。

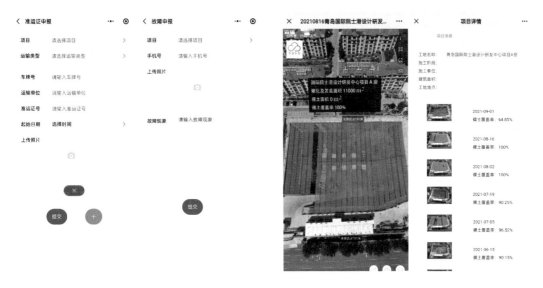

图9　自助申报　　　　　　　　图10　施工现场裸土苫盖全景图

2. 工地信息发布系统。显示进出场渣土车的车辆信息（车牌、进出时间）、车辆周期统计信息、违规信息以及主管部门实时推送的通知信息，实时连接中心平台，可实现数据动态刷新、智能区分不同的建设工地数据（图11）。

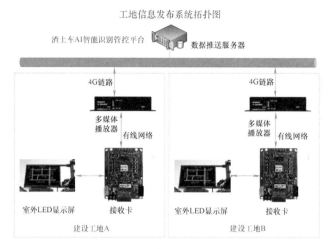

图11　工地信息发布系统架构图

四、应用成效

自2020年8月上线运行以来，青岛市建设工地渣土车管理平台已经覆盖管控200余处建设工地，对进出工地各类车辆260余万车次进行监控，分析识别渣土运输车辆44余万车次；推送渣土车无证、混证乱证、运输未密闭、出场未清洗等各类违规行为信息7000余次；结合无人机航拍辅助巡查，建立了工地高空全景图数据库1300余条目。2020年，平台获评"2020青岛新型智慧城市典型案例"。

该平台的有效应用，改变了渣土运输传统监管模式，提高了行政执法效能，将"人防"转变为"技防"，监管覆盖率由过去人工巡查不到10％提高到自动化监管的98.55％，渣土车违规率由8.52％下降到不超过1％，工地渣土运输分散无规律、夜间执法难、车辆识别难等执法难题迎刃而解。

平台发布后，应用区域内渣土车备案车辆从2000余辆短期内迅速提升至5000余辆，运输企业主动报备率大幅攀升，"黑车"逐渐失去生存空间。施工企业对渣土运输违规行为的被动管理转变为主动防范干预，车辆出场冲洗不净、密闭不严等问题明显减少，形成了较为完善的工地渣土运输长效管理机制，促进了渣土运输行业健康有序发展，为降低施工扰民影响、提升城市形象、创建文明城市作出了积极贡献。

执笔人：
青岛市建筑工程管理服务中心（孙雷、葛宏翔、王琮、台道松）
青岛英通信息技术有限公司（王阅微）

审核专家：
李久林（北京城建集团有限责任公司，总工程师、教授级高工）
郭红领（清华大学，建设管理系副系主任、副教授）

基于 BIM 和物联网技术的智能建造平台在青岛海洋科学国家实验室智库大厦项目的应用

青建集团股份公司

山东青建智慧建筑科技有限公司

一、基本情况

(一) 案例简介

智能建造平台是以项目管理为主线，利用 BIM、人工智能、物联网、云计算等技术打造的集成管理平台。通过数据可视化看板整体呈现工地各要素的状态和关键数据，可以对劳务、进度、质量、安全相关数据进行多维度的分析，在满足日常业务管理的同时，支持各级预警和日常检查，实现建筑实体、生产要素、管理过程的全面数字化，提高项目管理水平（图 1）。

图 1 智能建造平台

(二) 申报单位简介

青建集团股份公司主要从事国内外工程承包、金融投资、物流贸易、设计咨询等业务，荣获"鲁班奖"27 项、"国家优质工程奖"26 项、"詹天佑奖"7 项，省部级以上工程奖 200 余项，承建青岛国际奥帆中心、流亭国际机场等工程。

山东青建智慧建筑科技有限公司前身为青建集团股份有限公司 BIM 中心，成立于 2019 年，是青建集团股份有限公司战略布局智能建造新业务板块的重要组成部分，业务包括智慧工地建设、BIM 全过程咨询、影视动画等。

· 723 ·

二、应用场景和技术产品特点

(一) 技术方案

1. 平台分为设备层、传输层、汇集层、信息层、展示层。设备层对基础的传感器进行拓展,建立一个及时、准确、规范的施工数据库,及时掌握施工动态,有效控制施工过程;传输层利用物联网技术实现数据流通,实现对工地工程项目的全面监测与控制;汇集层通过数据分析,精确掌握工地相关的实时状况,实现智慧化管控;信息层聚焦工地管理难题,建设同步、共享的工地管理数据化生态圈;展示层通过多种形式实现 BIM 信息可视化管控,工地实景的有效监管,做到危险预警,避免重大事故的发生,提高工地安全生产水平和精细化管理水平,减少管理人员的工作量。

2. 平台应用场景包括项目管理类、施工安全管理类、施工质量管理类、绿色文明施工类、材料管理类、劳务管理类 6 大类别(图 2)。

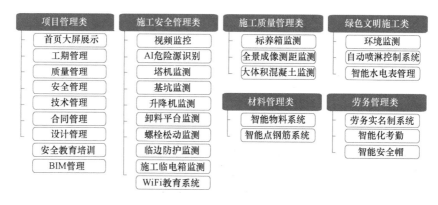

图 2 平台功能

项目管理类:包含工期管理、质量管理、安全管理、合同管理、设计管理、BIM 管理等系统,将设计、施工、管理作为一个整体,形成衔接各环节的综合管理平台,对建筑全生命周期进行管控。

施工安全管理类:包含视频监控、AI 危险源识别、大型机械设备监测等系统,从危险源的发生到控制、消失形成闭环管理,保证本质安全、过程安全、监测安全。

施工质量管理类:包含标养箱监测、全景成像测距监测、大体积混凝土监测等系统,从结构安全的主材、养护、检测着手,在过程管理、质量验收过程中提供可追溯、可检测、可量化的质量管控措施,保障质量目标更优实现。

绿色文明施工类:包含环境监测、自动喷淋控制、智能水电表管理等系统,形成节能降耗、绿色环保的施工环境,从扬尘监测到降尘控制,从节水循环到预警提醒,保证绿色施工目标的实现。

材料管理类:包含智能物料、智能点钢筋等系统,有效管理施工现场材料,抓好施工现场的物资管理,实现降低材料消耗、控制材料成本,提高施工现场管理质量的目标。

劳务管理类:包含劳务实名制、智能化考勤、智能安全帽等系统,监督企业合法用工、监督劳工工资发放,监督现场安全施工,实现人员安全、人力精准、人资准确的管理目标。

(二) 创新点

1. "BIM＋项目管理＋IoT 集成"的三方数据辅助决策平台，通过模型精确定位物联网设备位置，查看相关监测数据，全面获取施工信息，形成泛在互联、智能生产、风险预控的智慧工地建设模式。

2. BIM 模型经轻量化处理，无需安装插件，可直接在网页打开模型，实现模型在线测量漫游、剖切、工程量统计、进度模拟等。

3. 协同管理平台、集团信息化平台、政府监管平台相互打通，实现信息共享、系统协同运作。

(三) 市场应用情况

该平台作为一个成熟的产品，已经在烟台八角湾国际会展中心、青岛市第八人民医院东院区、青岛海洋科学国家实验室西区四期智库大厦等 10 余个项目投入使用。

三、案例实施情况

(一) 项目基本信息

平台应用情况以青岛海洋科学国家实验室西区四期智库大厦项目（以下简称"智库大厦项目"）为例。该项目是青岛市重点建设项目，占地面积 32536m²，单体总建筑面积 69467m²，建筑高度 98.1m，含科研办公楼、国际学术会议中心、生活辅助用房、泳池健身等建设内容（图 3）。

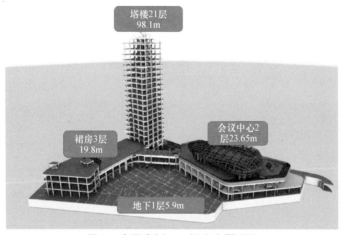

图 3　应用案例——智库大厦项目

(二) 项目应用点

1. 项目管理类

（1）平台采用工期管理系统，本项目施工日期为 2021 年 3 月 18 日至 2022 年 12 月 30 日，根据总计划时间设置 6 个关键时间节点，系统自动对施工计划按月、周进行划分，管理人员需定期填写实际进度，系统检测到施工计划临期、超期进行预警、报警，保证工程按期完成（图 4）。

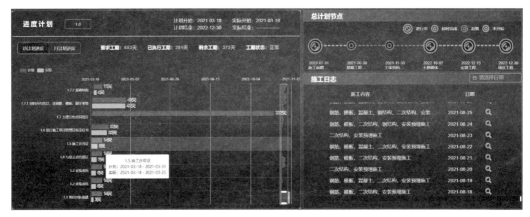

图 4　进度管理

（2）应用技术管理系统对施工方案进行流程审批，保证方案的可行性，明确相关责任人，管理方案状态，对方案进行技术交底。至封顶阶段，已顺利完成施工方案 28 项，13 项方案正在应用，通过加强对施工方案的管理，杜绝了施工重大安全隐患的发生（图 5）。

图 5　技术管理

（3）本项目采用设计管理系统对设计图纸进行进度管理，并对图纸会审过程中产生的问题进行记录，计算由此产生的工程量的变化（图 6）。

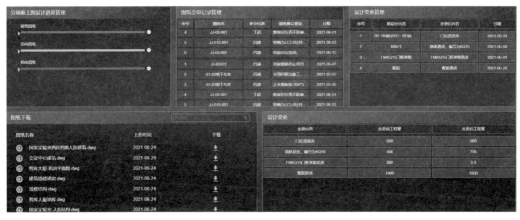

图 6　设计管理

（4）本项目建设过程中利用 BIM 技术辅助设计、指导施工，辅助竣工验收，根据专业或施工任务创建模型（图 7）。

图 7　BIM 模型

利用 BIM 技术对施工现场、办公区、生活区、安全教育区等区域的位置、大小进行优化设计，实现合理分区、布局。针对不同时期分包入场及场地变化情况对材料加工场地、垂直运输设备进行动态布置（图 8）。

基础阶段场地布置　　　　塔吊位置及高度优化　　　　机房及临水布置优化

图 8　场布优化

根据行业规范及 BIM 实施标准对混凝土结构、钢筋布置、砌体工程、幕墙工程、钢结构工程、机电安装、精装修工程等不同施工场景、复杂节点进行深化设计（图 9）。

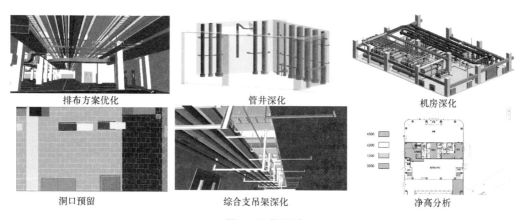

排布方案优化　　　　管井深化　　　　机房深化

洞口预留　　　　综合支吊架深化　　　　净高分析

图 9　深化设计

配合项目部完成创新做法的施工工艺模拟，用于技术交底，提高沟通效率和质量，并通过施工模拟验证方案可行性和合理性，优化施工方案（图 10）。

2. 施工安全管理类

（1）聚焦施工现场产生的安全问题，监管问题的处理过程，形成问题处理闭环，为项目安全管理提供信息化应用支持。

安全人员模块对特种作业人员、三类人员的基本信息进行统计，对证件信息进行分析、管理，证件临期可自动预警，保证劳务用工安全。安全资料模块对专项安全方案及安

聚氨酯填平凹槽

抗浮锚杆防水节点做法

砌体施工工艺模拟

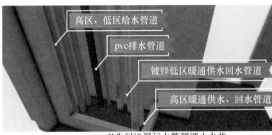

卫生间地漏污水管预埋止水节

图 10　施工工艺模拟

全技术交底进行管理，方案状态和内容透明，实现各方信息共享。风险和隐患实现安全生产风险分级分类管控、有助于施工隐患及时排查，生成风险和隐患曲线，定时发送安全周报和月报至管理人员，让施工安全有据可依。安全教育统计模块对劳务人员的安全教育情况进行统计，保证现场安全教育培训活动顺利开展，有效健全管理制度；同时，每日安全施工日志可在线编辑（图 11）。

图 11　施工安全管理

（2）现场在塔吊上安装黑匣子、吊钩可视化系统和智能螺栓。黑匣子实时监测塔机高度、载重、倾角等运行数据，达到限位值进行报警，保证塔机安全运行。吊钩可视化系统通过摄像头自动追踪吊钩位置，辅助塔司操作。此外，在塔机标准节安装智能螺栓，监测螺栓的旋出角度，防止塔吊倒塌造成人员伤亡（图 12）。

（3）为维护基坑和周边环境安全，在支护节点和承重结构处安装传感器，实时采集沉降、倾斜、基坑水位、锚杆应力等变化数据，并通过无线传输节点传至云平台，解决传统监测手段不及时、受现场条件制约影响大以及存在一定的人为误差等问题（图 13）。

（4）在对基坑结构监测的同时，还要保证基坑、涵洞以及施工边界防护网的状态安全，实时监测现场是否存在防护网人为破坏、违规翻越、夜间坠落等行为。

3. 施工质量管理类

本项目应用施工质量管理模块对质量方案进行审批、统计、管理，形成变化曲线，可按照不同的数据类型进行查询。对质量隐患进行统计，按问题类型、问题级别、紧急程

智能螺栓

螺栓监测数据

图 12　塔机监测

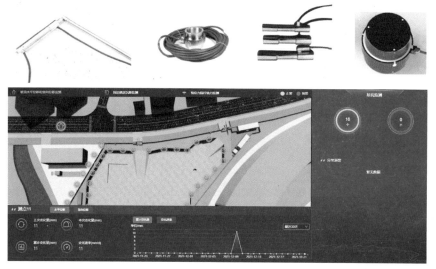

图 13　基坑监测

度、问题位置等多维度进行数据分析。

4. 材料管理类

为节约人力成本，精细化管理进场物料，本项目采用智能物料系统和智能点钢筋系统对材料供货商进行制约。智能物料系统的应用有利于实现材料验收的质量、数量双效把控，减少项目支出（图 14）。

图 14　材料管理

(三) 创新举措

1. 监控联动 AI 算法。结合现场的地形和布局，在施工现场设置了 18 个监控点，与

BIM 模型进行位置关联，方便对监控区域进行定位；塔吊安装全景成像摄像机，一方面实现钢筋距离的测量，另一方面实现施工现场的全面监控，对施工质量和进度进行把控；在大门口的摄像机配置车辆清洗识别算法，发现车辆出场未清洗自动拦截；对施工现场重点区域采集的监控视频进行 AI 识别，检测人员进出现场是否按照要求正确佩戴安全帽、穿戴反光衣，检测危险区域是否有人员闯入等，发现安全隐患抓拍留档，并联动音柱报警提醒（图 15）。

2. 环境监测数据联动自动喷淋。现场创新应用自动喷淋控制系统，并与扬尘监测数据进行联动，当现场扬尘数据超标时，自动控制围挡喷淋、塔吊喷淋开启进行除尘，及时消除污染源，保证绿色施工（图 16）。

图 15　监控联动 AI 算法

图 16　环境监测数据联动自动喷淋

图 17　智能安全帽
辅助考勤管理

3. 智能安全帽辅助考勤管理。通过在普通安全帽上安装含定位、通信功能于一体的智能芯片，辅助工人的考勤管理，智能安全帽实时监测工人的运动轨迹，同时支持脱帽检测、倒地检测、一键 SOS 报警等功能，加强安全施工管理（图 17）。

四、应用成效

（一）解决的实际问题

传统施工环境往往存在现场数据信息不同步、劳务用工混乱、工程结构安全监测不到位、大型设备监管困难、材料控制与施工过程缺乏有效监管手段等问题。智能建造平台聚焦传统建筑行业的固有问题，利用互联网技术、智能化系统、移动通信、云计算等新技术，在 BIM 技术的基础上，集成项目管理、施工质量管理、施工安全管理、材料管理、绿色文明施工、劳务管理功能，实现"一个管理平台主导，多个业务系统协同"的管理模式，有效弥补传统方法和技术在监管中的缺陷，实现全方位实时监控，变被动监督为主动监控，真正做到事前预警，事中常态检测，事后规范管理。

智库大厦项目通过应用平台后减少了管理人员资料、技术方案资料、第三方检测报告等各种纸质资料数量，将各种资料、数据电子化，主管部门可以远程查看各种施工数据，通过智慧工地指挥中心监管各种异常数据，几分钟就能全面掌握现场施工状态，极大地提高了管理效率。应用劳务实名制系统精准记录工人出勤时间，劳务用工制度透明，劳务纠纷达到零发生的概率，现场高支模、基坑等场景摒弃人力监测，应用监测设备和平台后，几秒钟就能对异常数据作出反应，甚至达到预判的效果。据统计，平台应用后能够减少78％的工程结构安全问题，传统施工安全事故频发，因此，对升降机、塔吊等大型机械设备进行实时监管，在到达限位值前进行预警，自施工以来未发生过安全事故。现场对物料加强管理，仅混凝土一项，在进料峰值期间，平均每月为项目节约成本 5 万元，减少了进场材料超负差的概率，施工过程中通过 BIM 技术进行指导，减少了75％的返工现象，和传统施工进度相比，平台的应用极大地缩短了项目工期。

（二）意义和价值

1. 信息采集：打破"信息孤岛"。平台通过设备集成和信息交互，把人员、机械、物料、环境等数据紧密联系在一起，实现现场数据在建设单位、施工单位、监管单位之间的高效流转，构建横向到边、纵向到底的信息交互关系，破除"信息壁垒"、实现大数据融合。

2. 系统集成：汇集多元力量。通过集成项目管理、施工安全管理、劳务管理等模块，实现工程项目的精确设计，建立互联互通、智能生产、科学管理的信息化体系，从而达到规范施工管理、减少安全隐患、节省人力投入、降低运营成本的目的。

3. 数据应用：升级项目管理。在信息采集和系统集成的基础上，发挥大数据、智能化对提升施工项目管理效能的价值，"了解"工地的过去，"清楚"工地的现状，"预知"工地的未来。实现建筑施工标准化、安全化、智能化、信息化、可视化发展，推动整个工程设计、施工、运维的管控、评估和优化过程。

执笔人：
青建集团股份公司（王胜）
山东青建智慧建筑科技有限公司（张超、王剑阁、李春姣、罗阳）

审核专家：
李久林（北京城建集团有限责任公司，总工程师、教授级高工）
郭红领（清华大学，建设管理系副系主任、副教授）

数字工地精细化施工管理平台在湖北鄂州花湖机场的应用

湖北国际物流机场有限公司

一、基本情况

（一）案例简介

鄂州花湖机场在建设过程中应用了数字工地精细化施工管理平台，通过移动互联网、传感器、BIM等技术，管理人员可以迅速掌握最新、最准确的施工人员、机械、车辆、物料、施工过程等数据，辅助进行质量、安全管理，实现了对施工的人、机、料、法（施工过程）等因素的精细化管控，解决了施工管理过程中数据不透明的问题，提高了施工质量和管理效率，节约了人力成本，减少了工程总投资（图1）。

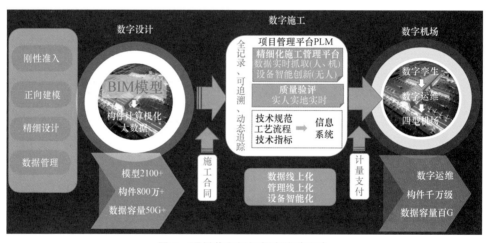

图1 鄂州花湖机场数字建造理念

（二）申报单位简介

湖北国际物流机场有限公司（以下简称"机场公司"）于2017年12月15日正式成立，注册资本50亿元。公司由湖北省交通投资集团有限公司、深圳顺丰泰森控股（集团）有限公司和深圳市农银空港投资有限公司共同出资设立，作为鄂州花湖机场的项目法人，负责机场的规划、设计、投资、建设和运营。

二、案例应用场景和技术产品特点

（一）技术方案要点

数字工地精细化施工管理平台作为鄂州花湖机场数字建造中的重要一环，与项目管理平台、质量验评系统共同构成了完整的工程信息化管理体系（图2）。三个平台（系统）既作为独立系统分别运行各自的业务，又从数据上统一整合，将工程管理关键数据进行无缝对接。

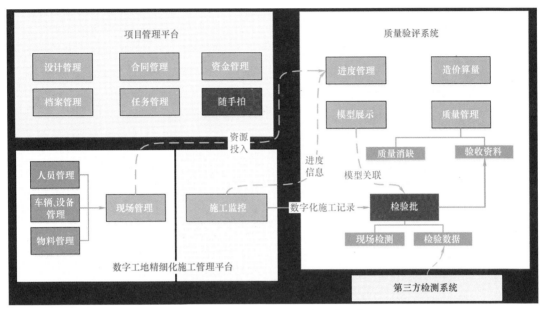

图 2 鄂州花湖机场工程信息化管理体系

数字工地精细化施工管理平台应用各类新技术，对施工现场的人、机、料、法（施工过程）进行全面管控。

人员管理方面，平台实现一码（人员信息录入二维码）、一证（身份证）、一 ID（一人员为一个唯一标识），多维信息（标段、单位、工种等信息）融合。并通过现场参建人员使用手机 APP、人脸闸机的方式实现了空间位置、时间信息及人脸数据多项数据结合考勤。人员管理系统采集到的人员信息及实名制信息，为解决务工人员工资问题、防疫管控问题提供了强有力的数据支持。

车辆、设备管理方面，平台对全场车辆、设备安装定位及抓拍装置，实时采集车辆位置及周围影像，作为现场安全、质量管理的重要依据。

物料管理方面，平台对施工单位自建的物料加工厂进行精细化监控，采集每批物料加工的骨料配比、加工温度等各项指标，作为物料质量管控的重要依据。

施工过程管控方面，平台对 9 种道面类施工工艺进行管控（碾压施工管控、CFG 桩基施工管控、强夯施工管控、水泥搅拌桩基管控、碎石桩施工管控、推土机施工管控、摊铺机施工管控、拌和站管控、排水板施工管控等），对 6 种结构类施工工艺进行管控（塔式起重机运行管控、升降机监控、深基坑安全监测、高支模变形监测、桩基机械施工管控、吊钩可视化监控等），管控数据实时传输到后台进行分析，管理人员可通过后台直接看到施工情况，配合现场视频监控等手段，可对现场进行精准监控。平台可基于施工管控数据生成数字化施工报告，作为质量验评的重要依据。

（二）关键技术创新点

1. 充分利用移动互联网技术。数字工地精细化施工管理平台利用移动互联网技术，可随时随地通过手机扫码进行实名制登记及审核，将实名制管理工作从后台管理人员统一操作的传统做法改善为一线工人自主操作，后台管理人员审核关键信息的创新做法。同时，实名制登记时通过身份证识别、人脸识别等技术保证信息的真实性。如此做法极大提高了实名制信息录入的便利性和数据的真实性，为后续诸多应用提供有力保障。

在车辆、机械管理方面，数字工地精细化施工管理平台全面使用基于移动网络的车载终端，采集全场施工车辆、机械的实时位置及周围影像，统一传送到管理后台，让管理者可以随时掌握全场车辆、机械的工作情况。

2. 广泛使用传感器技术。数字工地精细化施工管理平台对全场施工机械按照能装则装的原则，全面安装传感器，对各类机械的施工过程数据以及物料加工数据进行采集、分析，最终形成数字化施工报告，辅助质量验评。

3. 基于鄂州花湖机场细致的 BIM 模型，数字工地精细化施工管理平台将 BIM 模型和施工有机结合，实现了挖机、平地机的自动引导，碾压机无人驾驶以及自动摊铺等创新应用。结构工程中，通过对已完成工程的三维激光扫描，生成点云模型，与其 BIM 模型进行对比，对完成工作进行检验。

三、案例实施情况

（一）工程项目简介

鄂州花湖机场场址位于鄂州市鄂城区燕矶镇杜湾村，机场工程本期飞行区等级指标 4E，建设东、西 2 条远距平行跑道及滑行道系统，跑道长 3600m，宽 45m，跑道间距 1900m；建设 1.5 万 m² 的航站楼，2.4 万 m² 的货运用房，126 个机位的站坪，配套建设空管、消防救援、供水供电等设施（图 3）。

图 3　鄂州花湖机场效果图

（二）项目实施过程

1. 人员实名制精细化管控

传统的实名制统一录入、统一管理的模式经常出现数据造假、数据更新不及时等诸多问题，最终使实名制管理工作流于表面。

　　为解决这个问题，数字工地精细化施工管理平台改变了管理逻辑。为了保证实名制工作的有效性，鄂州花湖机场对施工现场用 12km 的临时围界进行封围，仅留 3 个大门供人员、车辆进出，所有人员需保证实名制状态正常才可以刷脸进入，这为实名制精细化管控提供了强有力的基础。

　　工人在进场前通过扫描二维码录入实名制信息（图 4），管理人员对工人录入的信息进行审核，审核后工人才能正常进出施工现场。工人进场后可通过 APP、卡口闸机、考勤机等多种方式打卡，以保证实名制状态正常。

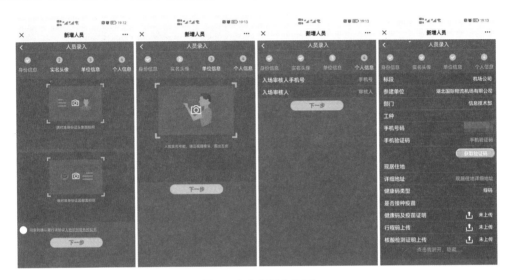

图 4　实名制录入页面

　　通过上述方式，建设单位全面掌握了工人实名制信息，并可依此进行更多的应用。例如，可通过短信直接与工人联系，询问其工资是否正常，将讨薪问题超前解决（图 5），也可与当地公安、防疫部门联合，快速排查场内不安全人员与防疫重点人员。

图 5　通过短信询问工资问题

除此之外，所有人员的实名制信息中都包含本人的"直接上级"，平台可根据直接上级信息生成全场人员的关系网（图6），系统可分析出其中的关键人员，对其进行宣传教育，进一步将拖薪讨薪问题解决关口前置。

2. 施工机械、车辆精细化管控

为精确了解全场施工机械、车辆的使用情况，鄂州花湖机场要求施工单位对所有施工机械、车辆安装前端装置，安装该装置后方可进场。

该装置随车辆自动启动，可实时记录车辆所在位置，并可拍摄车辆前方影像并回传到管理后台。后台管理端可实时查看全场车辆、机械的位置，并可对任意一辆

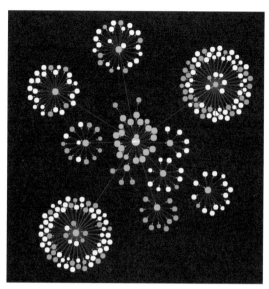

图6　部分人员关系网

车、一台机械进行历史数据回放，查看其历史轨迹及抓拍照片（图7）。

图7　车辆抓拍照片

建设单位掌握上述信息之后，可对场内发生的事故、质量安全问题进行回溯，精确查找相关信息，快速解决问题。

3. 施工物料精细化管控

该模块实时监测拌和站的6种原材料（水泥、砂石、沥青、矿粉等），在进料、生产等环节中实现拌和生产时间、产量和配合比3种生产关键参数自动监测。通过接收回传数据，处理分析后以图表图形的方式显示级配变化等过程，便于操作人员对混合料进料、生产等各环节进行管控。目前，已经监测生产100万t的场道水泥稳定层材料。工作人员可以对生产和施工过程进行分析研究，不断完善优化施工工艺。

4. 施工过程精细化管控

（1）碾压机械施工监控。该模块实现对振动碾、冲击碾施工过程的远程监管。通过从

施工现场实施回传的施工信息，对施工区域的压实过程进行监控，对整个项目的压实区进行管理。对振动碾、冲击碾这两类施工机械的位置与状态进行管理，实现振动碾、冲击碾监控信息查询以及碾压过程回放。该模块还能对各标段进行完成工程量统计；分析、统计、生成质量、进度等相关信息的报表。通过对碾压施工的实时监控，确保现场 2044 个碾压施工单元的碾压质量合格率达到 90% 以上。

（2）摊铺机施工监控。该模块主要针对摊铺机施工过程进行远程监管。通过接收摊铺机回传数据，将施工机械的实时空间位置数据与施工状态进行综合处理分析，实时显示摊铺机位置、施工状态、摊铺速度、摊铺高度及夯锤、熨平板等施工参数。同时，系统会对比施工设计数据与施工实际数据，输出对应的报警信息。截至目前，已经对 50 万 m^2 的场道水泥稳定层摊铺施工进行数字管控。

（3）推土机械施工监控。该模块主要对 100 余台推土机、平地机施工过程进行远程监管。通过接收前方施工机械的回传数据，将施工机械的位置与状态进行地图化显示以及信息数据的管理，同时，对施工信息进行数据分析，实现推土施工过程的三维化展现。实现施工机械监控信息查询和过程回放。该模块还能对各标段进行完成工程量统计；分析、统计、生成质量、进度等相关信息的报表。

（4）结构工程数字化监控系统模块。该模块包括桩基机械施工监测、塔式起重机运行监控管理、吊钩可视化监控、升降机监控、深基坑安全监测、高支模变形监测等。除此之外，还对现场进行了 36 次三维激光扫描并将扫描结果与施工 BIM 模型进行对比，对施工成果进一步检验。

5. 基于精细化管控的严格质量验评

质量验评系统将技术规范描述成计算机可执行的流程、表单、参数，共计 2823 道施工工序及检测指标，划分到 15376 个检验批中。采用移动端管理施工数据的人工采集，同步记录采集人的身份、采集的时间和地点，以及数据本身的证据，数字工地精细化施工管理平台产生的各类数据均可作为要求的实时记录数据同步给质量验评系统，作为验评的重要依据，确保建造过程真实可追溯。

6. 基于严格质量验评的精准计量支付

通过计量支付形成闭环管理。鄂州花湖机场工程是国家 BIM 工程造价改革试点，造价人员利用设计阶段准确维护的构件造价信息，在质量验评系统中设置了 8611 条"构件类型—合同清单"的造价对应规则，系统根据规则自动从全场 2000 多万个构件的属性中抽取相应的造价信息，统计形成工程量清单，验收通过即可发起计量支付流程。

四、应用成效

（一）解决的实际问题

信息不透明是工程管理过程中引起各类问题的根本原因，而数字工地精细化施工管理平台解决的最大问题就是打破信息壁垒，使管理人员能够掌握最精确的一手信息。

1. 通过实名制系统直接掌握全场工人的所有信息，能够准确判断劳动力是否充足，为进度决策提供有力支撑。通过实名制信息中的电话号码，管理人员可直接与工人进行沟通，了解其工作中的问题，尤其是薪资问题，使管理单位能够直接了解、解决欠薪、讨薪问题，防止问题扩大。

2. 通过车辆设备管理系统掌握全场施工机械、车辆的详细信息，能够判断生产工具是否充足，为进度决策提供有力支撑。同时采集到的定位、抓拍照片等数据，也可为解决其他问题提供一手资料。

3. 通过物料监控、施工监控等系统，可掌握施工过程中的所有细节，例如高程、压实度等，都可以通过系统直接查看。施工监控系统从根本上解决了施工现场监管难度大、人手不足的问题，极大地提升了施工质量，提高了施工效率。

（二）应用效果

通过全面应用数字工地精细化施工管理平台，鄂州花湖机场工程的质量得到了极大保证。

2020 年 3 月，作为湖北省头号工程，鄂州花湖机场率先复工复产。得益于实名制管理系统的严格管控，机场公司进度、防疫两手抓，上千名建设者陆续到达现场开工，截至 2021 年 10 月，鄂州花湖机场未发现一例新冠确诊、疑似病例，真正做到了"无疫工地"，使施工进度至少提前 5 个月。

鄂州机场地处湖区，土方施工量巨大，累计填方量达 1 亿 m^3，得益于对填挖方过程中的强夯、碾压、排水板等各项施工工艺的数字化监控，2019 年底开工至今，鄂州花湖机场未发生一起因施工质量问题引起的返工现象，使施工进度至少提前 3 个月，节约投资至少 5 亿元。

（三）应用价值

1. 经济效益。平台解决了施工管理过程中数据不透明的问题，使得管理人员可以迅速掌握最新、最准确的施工人员、机械、车辆、物料、施工过程等数据，辅助进行质量、安全管理，提高了管理效率，减少了管理人员数量，节约了人力成本，缩短了工期。

2. 管理效益。现场所有机械设备安装传感器及视频监控设备，实时回传施工过程数据及车辆轨迹，实时掌握现场进度，及时对比技术方案要求，纠正现场不规范施工（回填料大粒径、碾压、强夯、插水板等）。监理、第三方检测人员必须现场通过移动端 APP，实人实地实时填报记录数据，并上传管理平台，杜绝监管检测不规范。同时，通过集成化的 BIM 模型设计，指导数字化施工，通过精细化、智慧化的施工过程管控，最终交付一个与现实机场完全吻合的，所见即所得的数字机场模型。

执笔人：
湖北国际物流机场有限公司（冯晓平、朱方海、刘鸣秋、李如峰、潘乐）

审核专家：
李久林（北京城建集团有限责任公司，总工程师、教授级高工）
郭红领（清华大学，建设管理系副系主任、副教授）

湖南省"互联网＋智慧工地"管理平台

湖南省住房和城乡建设厅
中湘智能建造有限公司

一、基本情况

(一) 案例简介

湖南省"互联网＋智慧工地"管理平台是由劳务管理、质量安全数据预警、施工现场视频实时监控、重大危险源和文明施工监控、BIM技术应用等板块构成的模块化一站式的工地信息化管理平台，分为"6＋X"物联网监测和基于BIM模型的项目管理两大板块。目前，平台已在湖南省推广应用，注册项目约1400余个，其中完成数据接入的项目达857个(图1)。

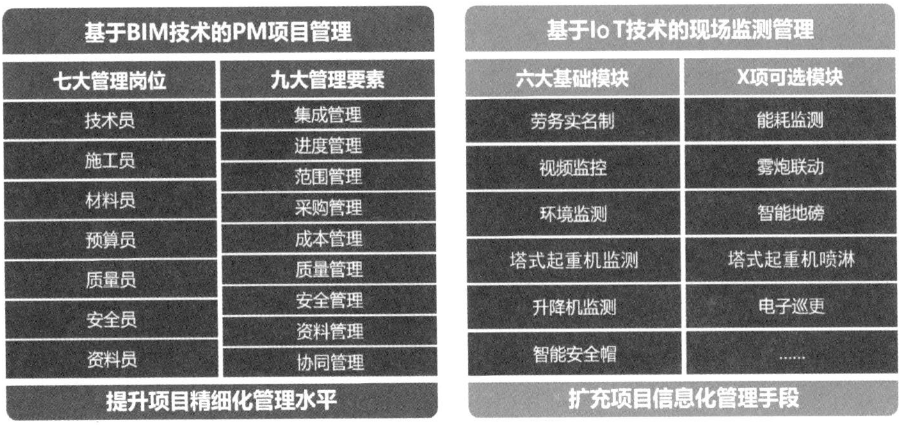

图1　湖南省"互联网＋智慧工地"管理平台

(二) 申报单位简介

湖南省住房和城乡建设厅是隶属于湖南省人民政府的政府部门，以保障城镇低收入家庭住房、推进住房制度改革、全省城乡规划管理工作、建立科学规范的工程建设标准体系、规范房地产市场秩序、监督管理房地产市场、指导和管理全省建筑活动、制定城市建设的政策等为主要职责。

中湘智能建造有限公司(下简称"中湘智建")的前身是湖南建工集团BIM中心，2021年由湖南建工集团的职能部门转制为科技型企业。业务工作涵盖建筑地基基础及岩土工程、建筑软件与智能建造技术开发、建筑产业互联网、建筑设计与工程顾问咨询、模块化与集成化建筑等领域。

二、案例应用场景和技术产品特点

(一) 技术方案要点

湖南省"互联网＋智慧工地"管理平台,基于BIM模型的工程项目管理模块开发,包含模型轻量化处理、进度管理、质量管理、安全管理、采购管理、三算对比等功能;基于IoT设备的数据监测模块开发,包含劳务实名制、环境监测、智能安全帽、视频监控、塔式起重机监测、升降机监测等功能。湖南省"互联网＋智慧工地"管理平台分为业务数据展示层、数学分析模型层、开放式数据协议层、数据感知层4层架构(图2)。业务数据展示层涵盖质量管理、进度管理、安全管理、范围管理、物资管理、成本管理、风险管理、人力资源、沟通管理等,实现可视化动态浏览;数学分析模型层综合文本、算法、反馈机制、交互等技术搭建为各类应用提供算法支持与数据交互;开放式数据协议层基于HTTP数据请求协议、物联网数据总线、Web Socket全双工通信协议建设;数据感知层拥有劳务实名制、环境、升降机、塔式起重机、视频、智能安全帽6大基础模块,后续还将添加能耗监测、雾炮联动等应用模块。

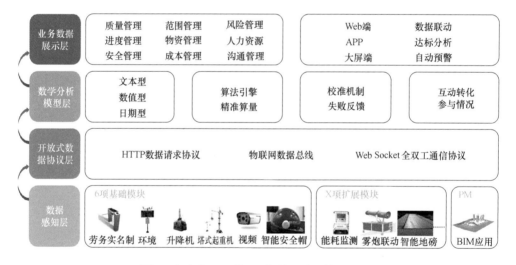

图2　湖南省"互联网＋智慧工地"管理平台

(二) 产品特点及创新点

1. 多类型硬件设备的数据对接。许多在建项目均已安装了劳务实名制硬件设备,但是数据却无法被采集和应用。通过研究多协议硬件设备的数据标准化转译,在不更换硬件设备的情况下,帮助更多的项目完成数据的采集和应用。支持更多设备的接入,进一步促进全国劳务实名制管理工作的推进。

2. 项目管理规范的语义转换。通过对建筑业项目管理规范的梳理、分析、抽离,将与劳务人员配置、关键岗位人员配置等相关条文进行拆解,进行自然语言处理,将其变为内嵌规则置于平台中,自动根据项目人员出勤统计判断项目人员配置是否合理,关键岗位履职是否到位,实现自动监管。

3. 自定义完成数据的多方转发。劳务实名制建设过程需要满足智慧工地、建筑工人实名制管理平台等多个系统的数据需求。数据对接工作量非常大、数据对接难度高、成功率低。本平台整合常见平台的数据对接协议，将功能内嵌进项目级管理平台中，只需要输入项目在对应平台的唯一标识码，即可快速完成数据对接，满足多方监管需求。

4. 以大气环境为关键要素的建筑工地扬尘治理。通过颗粒物传感器获取建筑工地的扬尘排放值，计算扬尘排放平均值。从生态环境部获取监测点位所在区域的颗粒物浓度值。将同时间段的平均值与发布值进行比较，若平均值超出发布值一定比例，则判定建筑工地扬尘排放超标。

5. 以周边功能区为关键要素的建筑工地噪声治理。通过噪声传感器获取建筑工地实时的瞬时声级，转换为周边功能区的影响值，再将影响值与对应功能区的噪声限值进行比较，若影响值超过了功能区的限值，则判定建筑工地的噪声排放超标。这种方式以是否对周边环境造成噪声污染作为判定建筑工地噪声值是否超标的依据更加契合噪声控制的目的，判定结果也更加合理。

6. 基于 IoT 技术的特种设备安全性能监测。通过分析物联网监测对象及监测数据的特点，将特种设备安全预警划分为工装设备运行状态趋势预测和离线长期设备安全状态预警；建立熵值分配及神经网络修正的灰色综合预警特种设备状态参数趋势，并采用归一化的数据处理方法综合不同特种设备性能退化特征值对特种设备运行风险进行预测，在性能下降前进行预警。

三、实施情况

(一) 工程项目基本情况

建工·象山国际项目位于长沙市岳麓区象嘴路与含浦大道交汇处，是高层住宅及配套商业的综合型小区，项目净用地面积约 25 万 m^2，计划分五个组团开发。一期工程规划净用地面积 59271.00m^2，总建筑面积 201943.24m^2，地下建筑面积 54802.06m^2。一期工程中的 A5～A9 为高层住宅楼（建筑高度在 100m 以内）、S2～S10 为商业楼，整个建筑群底部为 2～4 层地下室。项目作业面广，参与人员众多，对信息化管理需求大。

(二) 应用流程

1. 前期筹备阶段

(1) 账号注册与开通。湖南省"互联网＋智慧工地"管理平台采用 B/S 结构，项目信息化管理人员通过直接访问平台录入管理员手机号、项目名称、公司名称、施工许可证号等基本信息，完成项目级智慧工地账号的注册与开通。

(2) BIM 模型创建。项目 BIM 工程师根据设计图纸、采用统一坐标系创建项目建筑、结构、机电、场地模型，针对项目重点管控材料对象自定义添加资源名称、型号规格、计量单位三条属性，便于后期进行 BIM 工程量的统计。

2. 系统部署阶段

(1) 硬件部署。项目根据自身建设管理需要，确定湖南省"互联网＋智慧工地"管理平台硬件模块建设内容为劳务实名制、视频监控、扬尘监测、噪声监测、塔式起重机监测、升降机监测六项基础模块。由相应硬件供应商按照相关布点要求完成设备的安装（图 3）。

图 3　硬件设备安装

（2）数据对接。硬件供应商按照湖南省"互联网＋智慧工地"管理平台统一开放的数据对接文档进行数据对接，将相应模块的实时数据传输至项目管理平台，并设置好相应的控制红线，设定好预警指标。

（3）BIM 模型管理。按照项目单体建筑进行划分，分专业上传对应的 BIM 模型至平台，进行轻量化处理。平台根据模型自带的项目基点坐标信息，自动合并为项目整体模型（图 4）。后续可根据 BIM 模型优化情况进行线上轻量化模型的替换与更新。

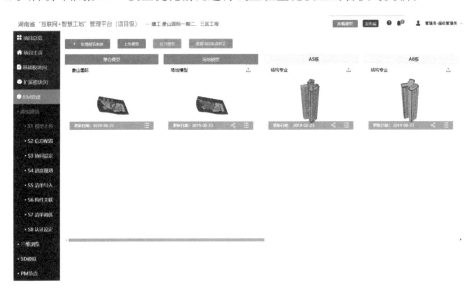

图 4　BIM 模型轻量化与整合

（4）进度计划设定。通过平台制作项目进度计划表，也可直接导入 Project 进度文件生成项目进度计划表（图 5）。将进度计划与 BIM 模型进行关联，生成项目的 4D 进度模型，指导项目进行进度管控。

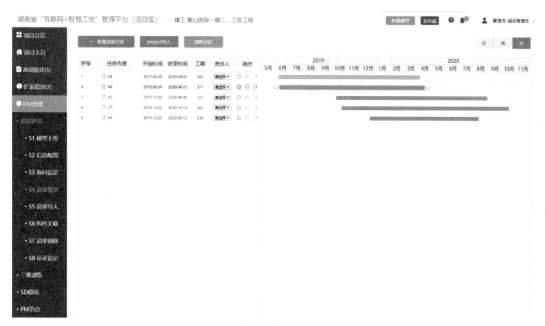

图 5　进度计划

（5）成本红线设定。由 BIM 模型直接提取 BIM 工程量（图 6），辅助进行项目材料管理红线的设定。也可通过导入工程量清单与 BIM 模型构件进行关联，指导项目后续实施过程中的材料采购、成本管控等工作。

图 6　BIM 模型自动生成工程量清单

（6）关键节点设定。根据项目进度计划安排划分关键性的任务节点，设定任务节点的截止时间、提醒周期、完成事项、存档资料等内容，提示项目抓好关键工作主线（图 7）。

图 7　关键节点任务设定

3. 管理应用阶段

（1）三维浏览。通过电脑端、手机端均可查看轻量化后的 BIM 模型，可以进行漫游、剖切、测量等多种操作，在实际应用过程中，即时给予三维视图辅助项目实施（图 8）。

图 8　三维浏览

（2）进度管理。根据进度计划模型所设定的任务节点，通过上传现场实景照片进行当前进度的百分比认证。平台自动比对分析当前任务的进度状态，并在模型中通过不同颜色进行显示区分，总共分为八种状态：正常、滞后、正常开始、正常完成、提前开始、提前完成、滞后开始、滞后完成（图9）。可通过点击图例切换显示模型样式，辅助项目快速定位当前任务滞后区域，增强对进度的把控。

图9　进度管理

（3）采购管理。施工员结合 BIM 模型，利用构建树筛选对应施工区域的模型构件，通过一键同步导出对应区域的 BIM 工程量（若系统部署阶段是导入工程量清单并与模型进行关联，则该步骤导出的即为实际工程量），通过线上流程发送至材料员进行采购（图10）。材料员根据需求进行对应材料的采购、入库、出库、退还管理，生成对应统计报表。

图10　采购管理

（4）成本管理。平台通过对已设定的目标工程量、实际消耗量自动进行实时比对，并通过 BIM 模型以不同颜色进行区分，直观反映材料消耗情况，也可导出表单进行详细查看，辅助项目进行节超分析（图11）。

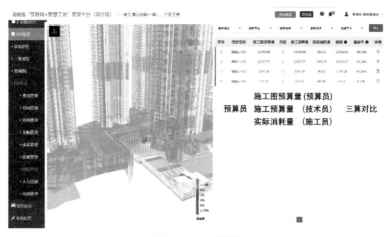

图 11　成本管理

（5）风险管理。巡检过程中发现的施工安全风险与隐患，可通过手机端拍照发起整改流程，指定责任人进行整改。责任人收到整改任务后，可在截止日期前完成对应整改项，并作出相应整改认证操作，上传整改完成后的照片，实现风险管理的闭环（图 12）。

图 12　风险管理

四、应用成效

（一）解决的实际问题

1. 打破信息孤岛，达成岗位串联，实现协同管理

平台以 BIM 模型为中心，柔性化配置项目协同工作网络，覆盖项目管理关键岗位（施工员、预算员、技术员、劳资员、资料员、安全员、材料员），乃至项目各参建方，从而形成一个协同工作的网络空间。针对项目参与人员众多，沟通协作难的问题，按项目参建单位配置项目的职能部门、岗位、人员以及管理范围，按照岗位划分人员的管理权限和工作职责。在项目实施过程中，可以由施工方按照项目管理岗位向参建各方分级授权开放使用，实现项目多方管理数据的交互和协同（图 13）。

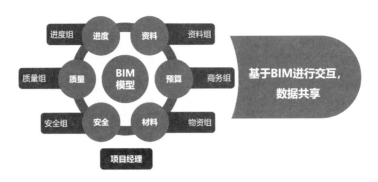

图 13　BIM 模型与模块数据交互

2. 根据 PM 项目管理要素，助推工程项目精细化管理

按照 PM 项目管理要素和工作目标划分应用职能，配置岗位工作职责，以明确项目管理各项事务的责任主体，从而最大化的发挥各岗位的工作职能，避免因管理交叉发生矛盾冲突，实现"专业的人做专业的事"，保障项目精益建造；同时，平台也支持工作职能个性化配置，能够满足不同管理企业不同管理模式的诉求（图 14）。

图 14　劳务人员精细化管理

3. 设备辅助提升效率，数据联动支撑管理

针对管理需求日益增长，信息化程度低的问题，平台开放标准协议接口用于接入物联网监测模块，包含劳务实名制、环境监测、智能安全帽、视频监控、塔式起重机监测、升降机监测等，用户可根据需求进行自定义拓展配置及采购。除此以外，通过工程项目协同管理平台还能够基于施工深化设计模型，进行多专业碰撞检测和设计优化，提前发现设计问题，减少设计变更，提高深化设计质量。

（二）实际效果

1. 项目管理效益

湖南省"互联网+智慧工地"管理平台作为湖南省智慧工地官方平台免费在全省范围

内推行。目前，湖南省智慧工地已注册 1400 余个项目，完成数据接入的项目达 857 个。

2. 社会效益

湖南省"互联网＋智慧工地"管理平台获得了"湖南省企业管理现代化创新成果一等奖"，通过智慧工地在湖南省的实施与推广，促进了项目信息化管理水平的提升，引导了一批建筑企业积极推行数字化转型，建立了智慧工地省、市、项目三级监管体系，有效提升了全省建筑行业的信息化水平，平台采集的数据资产也为全省的建筑业转型升级提供了宝贵的数据资源。

执笔人：
湖南省住房和城乡建设厅（张志斌、莫鑫海）
中湘智能建造有限公司（聂雷、刘志鹏、潘嫣然）

审核专家：
郭红领（清华大学，建设管理系副系主任、副教授）
李久林（北京城建集团有限责任公司，总工程师、教授级高工）

智慧建造管理平台在广州"三馆合一"项目的应用

中建三局集团有限公司

一、基本情况

(一) 案例简介

中建三局集团有限公司研发的智慧建造管理平台,包含工地物联设备管理平台和智慧工地信息管理平台,平台围绕设计、技术、安全、质量、物资、进度等项目建造管理工作,采用 AI(人工智能)、VR(虚拟现实)、MR(混合现实)、BIM、物联网、云计算、5G 等技术,满足了工程项目全过程能耗管理、远程控制、视频监控、门禁实名制、设备运行监测、物料管理等建设需求,以标准化、规范化的管理方式,建立了互联协同、智能生产、科学管理的项目运营环境,提升精细化管理水平。

(二) 申报单位简介

中建三局集团有限公司累计获得 218 项鲁班金像奖(国家优质工程奖),22 项詹天佑奖。

二、技术产品特点和应用场景

(一) 技术方案要点

智慧建造管理平台包含物联设备管理系统和智慧工地信息管理系统,平台架构包含网络传输、数据管理、功能应用(图 1)。通过智慧建造管理平台的全面应用,实现对工地的可视化和智能化管理相结合,使管理者能够更直接、更及时、更准确地掌握现场情况,同时,通过对所采集的数据进行深入挖掘和分析,提供预测和预案,从而提升项目管理效率(图 1)。

图 1 智慧建造管理平台架构

物联设备管理系统包含智能电表监测、智能门禁实名制管理、塔吊运行监测、远程视频监控、AI 识别、无人机巡航等 11 项功能，智慧工地信息管理系统包含虚拟样板、关键施工工艺三维交底、项目工程管理文件办公平台、安全质量管理等 4 项功能（图 2）。围绕智慧建造管理平台在工程建设各环节的应用，能促进项目节能减排，实现绿色建造，同时可以监督施工现场安全生产管理行为，维持项目安全生产运营高效运转。

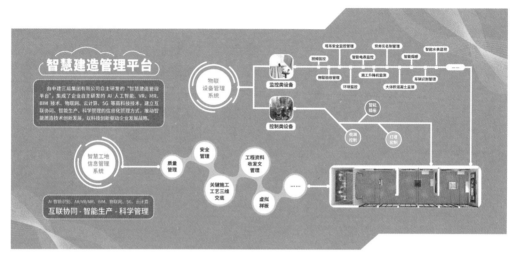

图 2　智慧建造管理平台功能图

（二）产品特点及创新点

通过企业自主研发的智慧建造管理平台在项目实施应用，旨在建立一套精细化、标准化、规范化的管理方式，全面提升项目管理效能，降低施工运营成本。

1. "BIM＋智慧工地"应用。将 BIM 技术与智慧工地相结合，三维展现"三馆合一"项目智慧工地建设情况，建立项目 BIM 三维数据中心，实景化展示项目概况、数字工地、进度管理、视频监控等内容（图 3）。

图 3　"BIM＋智慧工地"应用

2. 关键施工工艺三维交底。智慧建造管理平台集成关键施工工艺三维交底资源库，针对项目重要施工工艺进行工艺交底、工艺演示、个性化考核，以游戏化的方式让交底对象借助虚拟场景演绎重要工艺各个操作流程，并进行考核评价（图4）。

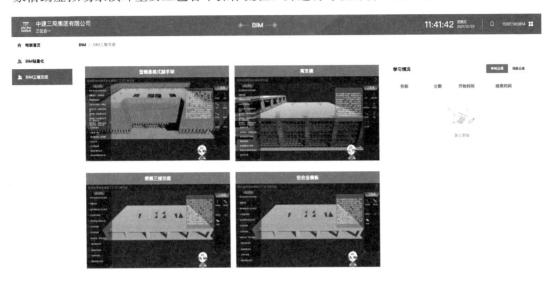

图 4　关键施工工艺三维交底资源库

3. 虚拟样板技术。以 BIM 轻量化模型为基础，将建筑设计效果高度还原成虚拟场景，建立多方协同定样定板管理流程，供相关使用方随时随地完成样板的选择、更换、审批，以及材料样板明细表的生成，提高决策效率（图5）。

(a) 更换前　　　　　　　　　　　　　(b) 更换后

图 5　"三馆合一"项目建筑外形虚拟样板

4. 项目工程管理文件线上办公。平台集成项目工程管理文件线上办公功能，共有收文管理、发文管理、收发文台账和档案中心等板块，项目所有管理文件审批和交底均可实现线上处理，实时跟踪相关人员处理文件进度，所有文件可归集到平台档案中心，可随时查阅。

5. AI智能识别。平台将 AI 人工智能识别技术部署到施工现场的视频监控摄像头，尤其是门禁出入口位置，实时监测现场人员的安全帽、安全服等安全装备佩戴情况，违规图形将被标记自动转入安全管理系统，形成整改任务。

6.智慧门禁防疫。平台改变了现有的依靠人去测量体温、健康码和行程卡拍照留档、书面登记的新冠疫情防控模式，建立了体温监测、健康码、行程卡与门禁实名制管理协同联动的"智慧防疫"系统，辅助项目提升疫情常态化管控效率（图6）。

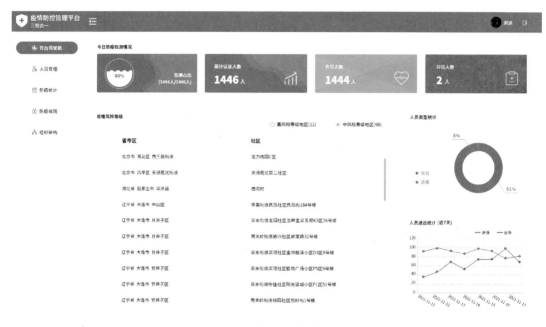

图6 疫情防控管理平台

三、实施情况

（一）工程项目基本信息

广东美术馆、广东非物质文化遗产展示中心、广东文学馆"三馆合一"项目，位于广州市荔湾区白鹅潭产业金融服务创新区，项目总建筑面积为 12.45 万 m^2，最高建筑高度为 80m，于 2021 年 5 月 15 日进场施工。

（二）应用过程

1. 物联设备管理

项目通过物联设备管理系统的应用，实时监控物联设备运行状态，并对其采集的数据进行分析，生成管理报表，进行预警信息提醒，使项目管理者对施工现场进行动态管控。

（1）智能门禁实名制管理

1）人员动态管理：项目每天直接从系统后台采集人员进出现场情况，及时准确掌握人员流动信息。

2）异常出勤管理：针对人员出现越闸、代人刷卡等异常行为，平台每天晚上八点定时生成管理信息。

3）缺勤管理：如有工人连续三天未出勤，系统自动生成异常提示，发送给项目安全管理人员调查缺勤原因（是否旷工、请假或者退场），根据实际情况进行处理。

4）劳动力对比：平台每日将实际出勤情况与劳动力计划进行对比，管理人员实时查看人员变化情况，及时进行人员调整。

5) 管理报表：平台每天晚上八点自动生成项目人员实名制管理台账，作为工人工资发放参考依据。

（2）塔吊运行管理

1) 关键数据实时采集：平台自动读取塔吊安全管理系统（防碰撞系统）的实时数据，包括塔吊安装情况、即时吊重、吊运高度、实时风速等信息，并设置警戒值，超警戒值立即生成管理信息发至责任人进行处理。

2) 运行情况分析：对每台塔吊的运行情况进行实时监控及分析，结合吊运记录数据，分析塔吊单位时间吊运次数，核算工作效率。

3) 塔吊使用率监管：监督塔吊的有效利用率，管理人员结合前一天的设备使用申请计划表和今日实际运行状态，判断塔吊是否出现闲置情况。

（3）智能插座

与空调进行联动，提供办公室、宿舍、会议室空调定时断电、定时开启、APP手机操作等管理方式，对空调使用进行智能化管理，避免空转造成用电浪费（图7）。

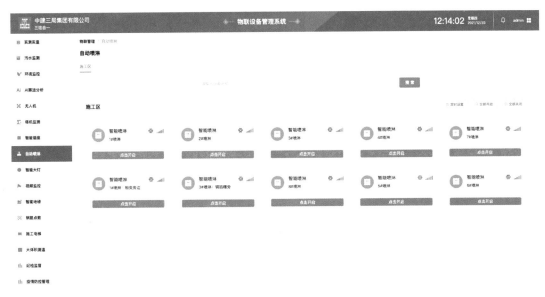

图7　智能插座管理

（4）远程控制开关

机电管理人员对现场布设的照明灯塔、塔吊大灯、水泵等设备可通过平台网络端或手机APP进行控制，并且该平台与智能监测设备配合使用，出现监测指标预警，即自动开启或关闭，如水位监测出现超标自动开启水泵（图8）。

（5）喷淋联动控制

机电管理人员通过平台网络端或手机APP对项目围挡布设的喷淋开关进行全面控制，实现远程操作（图9）。

（6）环境监测

打通智能联动喷淋与项目环境监控系统，当项目环境监控数据超过阈值后，智能喷淋

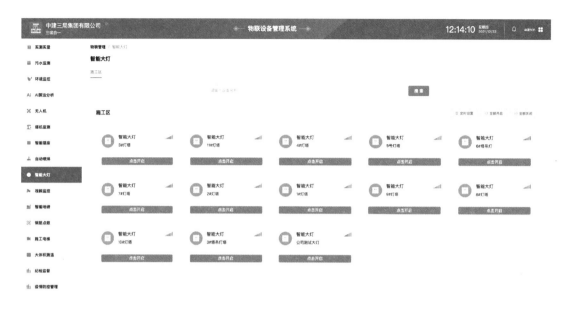

图 8　远程控制开关管理

图 9　喷淋联动控制界面

系统自动开启（图 10）。

（7）远程视频监控

1）远程实时监控：企业领导、项目管理人员定期通过 Web 客户端、手机 APP 或者微信远程实时监控现场画面。

2）虚拟电子围栏：系统在钢筋加工场、基坑临边位置的监控画面中设置虚拟电子围栏，对部分关键区域（如材料堆场等）进行重点监控，在设定的时间段内（如深夜无人施工期间）如有人闯入虚拟电子围栏区域，系统将自动抓拍并发出报警信息。

3）智能 AI 识别：对视频监控画面进行智能 AI 识别，分析安全违规行为，自动生成

图 10　环境监控界面

整改记录（图 11）。

（8）无人机巡航

基于 5G 及高清直播技术，将无人机巡航画面实时链接智慧建造管理平台，项目和企业相关管理部门每周定期进行同步远程巡视现场，项目管理人员通过扫描二维码实时进行直播分享，同时提供截图功能，可将问题画面导入安全管理系统，形成整改任务（图 12）。

图 11　视频监控界面

图 12　无人机巡航界面

（9）预警信息提醒

对用水用电、环境监测、人员实名制管理等方面产生的异常信息生成预警信息提醒，通过微信关联推送至相关责任人，提醒管理人员查找原因及时消除问题（图 13）。

2. 智慧工地信息管理

（1）虚拟样板

利用三维建模技术应用，创建了项目建筑外形和室内剧场的 VR 版样板间，协同施工、监理、设计、建设等单位在平台上详细了解每个部位的材料、设备的品牌、型号、规

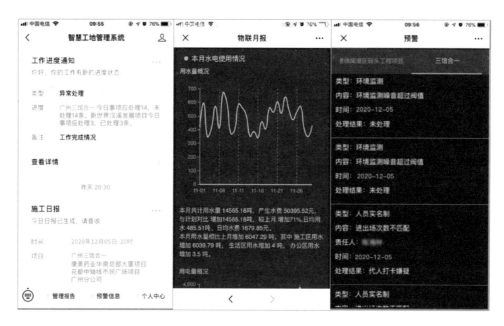

图 13　预警信息提醒

格、材质、色彩、功能等，各方通过材料调整功能从资源库进行实时调整，辅助定板定样，提高决策效率（图 14）。

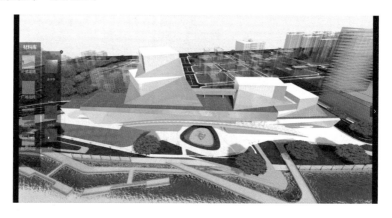

图 14　虚拟样板平台界面

（2）关键施工工艺三维交底

项目制作完成高支模、型钢悬挑式脚手架、盘扣式脚手架等关键施工工艺三维交底，针对相应的管理人员或施工人员由技术负责人在智慧展厅进行交底学习，并进行考核评价，根据结果实行分级管理，对不合格人员进行再教育再评价（图 15）。

（3）安全质量管理

项目安全管理员和质量管理员在施工现场巡视时，运用微信小程序对现场问题进行拍照，并对现场安全质量问题填写整改任务单，上传至平台，平台根据管理流程进行整改跟踪、提醒、监督和统计（图 16）。

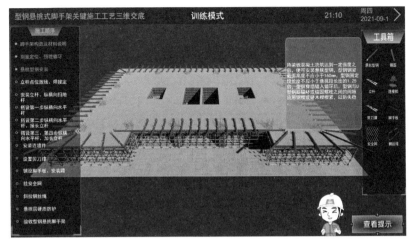

图 15 关键施工工艺三维交底界面

图 16 质量安全管理小程序

四、应用成效

一是远程控制技术提供高效管理。针对施工现场的喷淋、照明大灯、水泵的控制,通过远程控制技术,改变了传统人为低效管理方式,节省了管理人员往返于现场和办公区域手动启闭的时间，摆脱了常规事务性工作的束缚，释放了人力，减少了浪费，提供了一种方便、快捷、高效的管理方式。

二是提升项目绿色建造管理水平。智慧建造管理平台在"三馆合一"项目的实施应用，通过对施工现场临时用水、用电实时监测，并进行数据采集及分析，有效控制了临时用水、用电管理，建立了项目临时用水用电标准，实现了精细化管控，综合节水率约7.4%、综合节电率约12.6%（图17）。

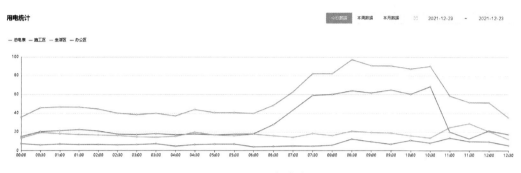

图 17　用电统计

三是增强项目安全管理水平。智慧建造管理平台不仅可以实时监控塔吊、施工电梯等大型机械设备运行状态，实现安全可控，同时，通过在门禁位置的摄像头部署 AI 识别技术，对安全帽、反光衣等佩戴行为进行识别，自动生成整改信息，规范了施工现场人员安全作业行为。

四是三维交底强化安全技术交底实效。通过高支模、悬挑型钢式脚手架三维交底的应用，让交底对象在接受安全教育和技术交底时，能够在虚拟场景中进行交互体验，感受以游戏化的方式所带来的教学趣味性，让其全面、系统地掌握施工工艺流程，并通过考核评价实行分级管理。

五是虚拟样板技术提高定样定板决策效率。项目通过对工程建筑外形和室内剧场虚拟样板技术应用，让施工、监理、设计和建设单位快速锁定幕墙样板材质及颜色、剧场装修材料，提高了定样定板决策效率，推进了项目设计管理工作。

执笔人：
中建三局集团有限公司（白宝军、严达、王亮、殷灿、莫林昊）

审核专家：
郭红领（清华大学，建设管理系副系主任、副教授）
李久林（北京城建集团有限责任公司，总工程师、教授级高工）

基于 BIM 的智慧工地管理系统

广联达科技股份有限公司

一、基本情况

（一）案例简介

广联达科技股份有限公司（以下简称"广联达"）基于 BIM 的智慧工地管理系统，以工程项目为载体，聚焦工程施工现场，紧紧围绕人、机、料、法、环等关键要素，综合运用 BIM 技术、物联网、云计算、大数据、移动互联网等信息化技术及相关智能设备，与施工过程相融合，对施工生产、商务、技术等管理过程进行赋能，提高了施工现场的岗位效率、生产效率、管理效率和决策能力等，实现了工地的数字化、精细化、智慧化管理。

（二）申报单位简介

广联达科技股份有限公司是数字建筑平台服务商。公司专注于建筑信息化行业 20 余年，业务领域正逐步由招标投标阶段拓展至工程项目的全生命周期，业务领域围绕工程项目的全生命周期，在工程造价、施工、设计等多个业务板块，涵盖工具软件类、解决方案类、大数据服务、移动 APP、云计算服务、智能硬件设备、产业金融服务等多种业务形态，客户群覆盖政府、行业主管部门、开发商、业主方、咨询公司、施工企业、院校、产业供应商等，在全球 100 多个国家和地区建立 80 余家分子公司，累计为行业 31 万家企业提供专业化服务。

二、技术产品特点和应用场景

（一）技术方案要点

基于 BIM 的智慧工地管理系统包含设备层、接入层、平台层、应用层四层体系建设（图 1）。

1. 设备层：是平台的数据来源，施工现场的设备根据设备用途，可分为机械类、感知类等。对设备的统一归类进行数字化建模，为设备接入平台做好前提准备。

2. 接入层：是平台建设的核心能力，实现将现场的设备接入到平台，需要研究不同协议，以及不同的接入模式。通过开发云联网关接入，现场网关接入需要屏蔽各协议的差异性。

3. 平台层：是施工现场物联网平台建设的主体，是设备接入和应用支撑的桥梁，其中主要内容为模型、设备、数据、安全体系的建设。通过平台体系建设，为设备接入及应用开发提供支撑。

4. 应用层：是平台能力整体表现的模块，通过对现场设备的归类和分析，从业务层面发挥设备数据的价值。

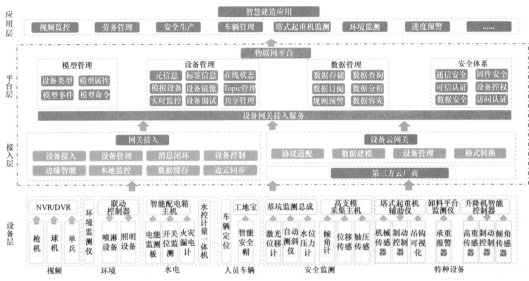

图 1　平台架构

(二) 产品特点及创新点

1. 聚焦现场，实时感知。通过广联达筑联平台，实现硬件一站式链接，集成数据采集，形成项目数据中心。

2. 围绕业务，精细管理。基于广联达 23 年的施工管理业务积累以及专业管理软件和 BIM 技术，形成项目管理中心，实现精细化管理。

3. 积累数据，智能决策。基于现场数据和管理活动数据，让项目管理者能便捷、全面的掌控项目进展，辅助管理者作出各项决策。

通过基于 BIM 的智慧工地管理平台，构建 BIM 中心、数据中心、物联中心三个技术中心，业务中心、决策中心、指挥中心三个管理中心 (图 2)。

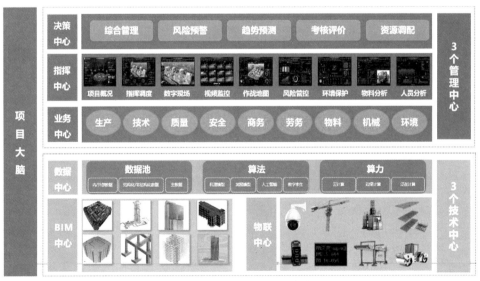

图 2　智慧工地管理平台六个中心

（三）应用场景

基于 BIM 的智慧工地管理系统应用于工程项目管理的全过程，在设计阶段可贯穿概念设计、方案设计、初步设计、施工图设计等各阶段设计和分析应用。在施工阶段可用于各专业深化设计、施工策划与场地规划、方案比选与优化，施工过程中的进度、质量、安全、成本等各方面管理，以及人员、机械、物资、环境等要素管理等。

三、实施情况

（一）工程项目基本信息

知识城南方医院（九龙新城综合医院）建设项目是黄埔区、广州开发区与南方医科大学南方医院合作，在知识城建设的国内一流的综合性三级甲等医院。项目总用地面积 85395m²，总建筑面积 201189m²，规划床位数 1000 张（图 3）。

（二）应用情况

基于 BIM 的智慧工地管理平台主要应用于项目的建筑设计与深化设计阶段、施工策划阶段、施工过程管理阶段等，通过全过程应用，提升项目管理水平。

图 3　知识城南方医院项目效果图

1. 建筑设计与深化设计阶段

（1）建筑性能分析。建立 BIM 模型并进行空间、采光、通风等计算分析，确保项目满足绿色、节能、环保的各项指标，同时，对三级流程点位进行建模，与建设业主、使用业主提前沟通，减少损耗（图 4）。

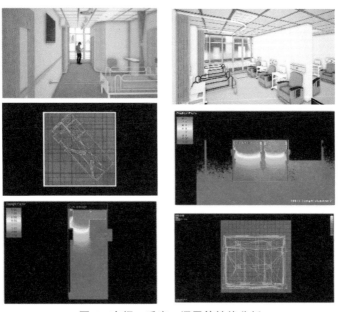

图 4　空间、采光、通风等性能分析

（2）幕墙设计。利用 Dynamo①技术自动完成幕墙系统设计，通过 Dynamo 编程技术提前设计楼层两结构柱的位置点，自动计算生产点阵，布置幕墙系统（图 5）。

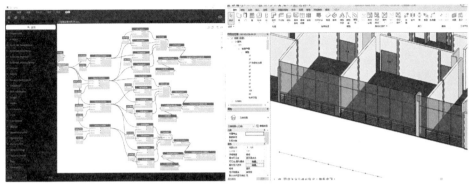

图 5　Dynamo 编程

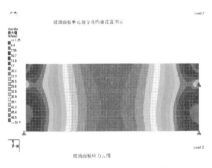

图 6　分析模拟及受力计算

（3）连廊设计。通过大跨度连廊施工模拟，提高玻璃生产精度和施工质量。大跨度连廊施工难度大，通过玻璃受力分析模拟及计算，模型提取板块数据信息及加工图由工厂进行数字化加工，从而控制材料及工厂加工质量及精度，确保大跨度连廊的施工质量（图 6、图 7）。

（4）机房空间优化。通过优化医院管道及设备布置，提高空间利用率。医院地下室机房众多、通道狭窄、管线复杂，除了传统的水电风系统，还有医气管道、氧气管道、真空管道等，地下空间初次排布净空不足 2m。经过反复优化提升至 2.8m，提高了地下室的空间利用率（图 8～图 10）。

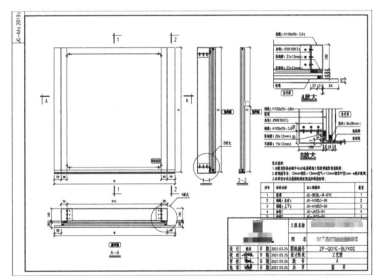

图 7　生成板块加工图

---

① Dynamo 应用程序是一款可视化编程工具，旨在同时供非编程人员和编程人员使用。

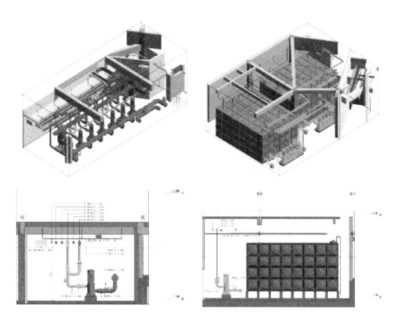

图 8　机房优化、通道管线优化

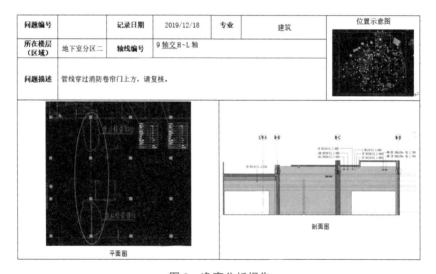

问题编号		记录日期	2019/12/18	专业		建筑	位置示意图
所在楼层（区域）	地下室分区二	轴线编号	9轴交H~L轴				
问题描述	管线穿过消防卷帘门上方，请复核。						

图 9　净高分析报告

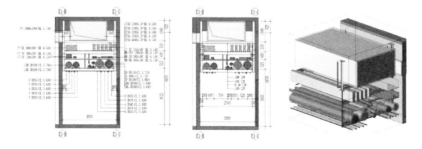

图 10　净高分析图（一）

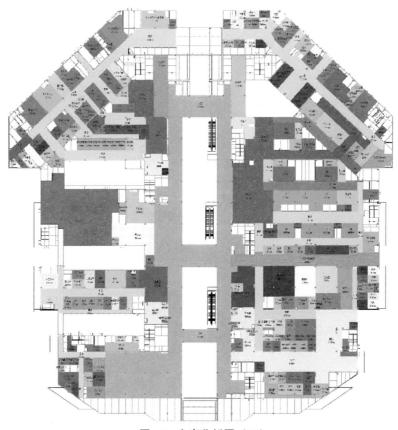

图 10 净高分析图（二）

（5）综合支吊架设计。基于 BIM 技术的深化出图、图纸校核，确定出图方案及图框、出图内容、标注内容（图 11）。

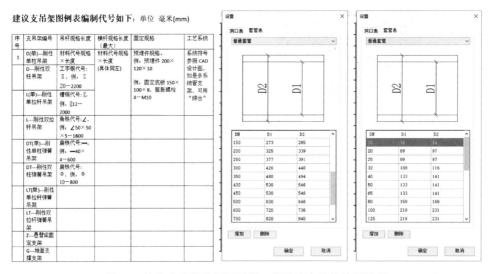

图 11 综合支吊架的标识设置、穿砖墙套管的管径设置

（6）图纸优化。参建各方利用 BIM 进行图纸会审。本项目通过 BIM 三维模型复核设

计图纸,相比二维图纸的复核校对,三维模型的空间感、多专业模型碰撞测试等工作,大大提高了效率,保证项目后续工作顺利开展(图12)。

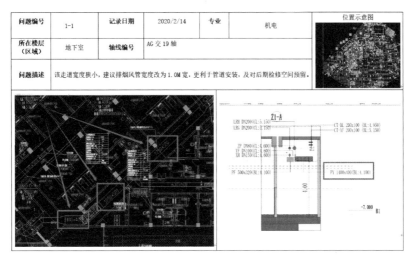

问题编号	1-1	记录日期	2020/2/14	专业		机电	位置示意图
所在楼层 (区域)	地下室	轴线编号	AG 交 19 轴				
问题描述	该走道宽度狭小,建议排烟风管宽度改为1.0M宽,更利于管道安装,及对后期检修空间预留。						

图 12 施工项目图纸会审

2. 施工策划阶段

(1)场地规划。无人机航拍建立实景模型,实现土方预测、基坑定位,规划施工红线和进场路线。施工期间,根据航拍实时调整工程计划及关键线路,保障工期(图13)。

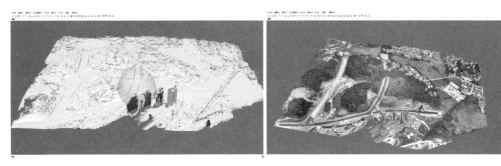

图 13 无人机航拍+实景建模应用

(2)场地布置。进行多塔分析,避免塔式起重机吊臂覆盖范围不足或相互碰撞的情况发生。以绿色节能为目标,合理规划场地道路、材料堆放区、办公区、生活区等,全面推进标准化施工(图14、图15)。

(3)基坑工程策划。基于 BIM 的地质建模及桩基础建模,为施工提供参考,应用高强混凝土管桩、地质建模,提高建设效率。利用超前钻地质数据建模,优化基坑支护与土方开挖顺序。在平台上完成桩施工顺序模拟,实现资源合理组织,提高施工效率(图16、图17)。

图 14 多塔分析

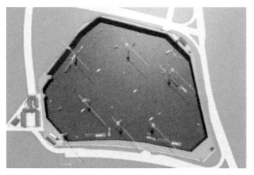

图 15　施工现场标准化

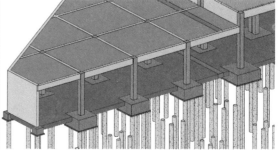

图 16　支护桩模型

图 17　桩工程量统计

（4）大荷载支撑方案策划。基于 BIM 的工艺模拟，确保施工方案最优化。直线加速器施工中，针对重晶石混凝土、密集配筋分布和超厚顶板等问题，利用 BIM 技术设计出一套安全可靠的支撑体系，确定纵横钢管支撑合理间距，确保直线加速器室防辐射混凝土的整体施工品质（图 18）。

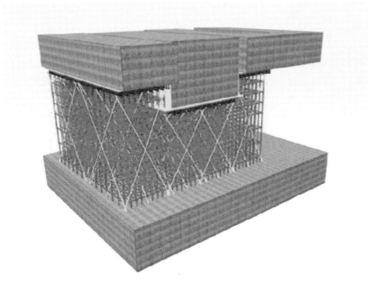

图 18　直线加速器模型

（5）高大模架方案策划。通过 BIM 进行高支模设计，优化施工方案，降低施工风险。住院楼的造型曲折多变，大量的错位悬挑结构，部分支模搭设高度为 9.5m，脚手架搭建难度大。利用 BIM 对复杂部位进行脚手架模拟，对危险性较大的高支模方案进行计算验证，确保施工安全（图 19、图 20）。

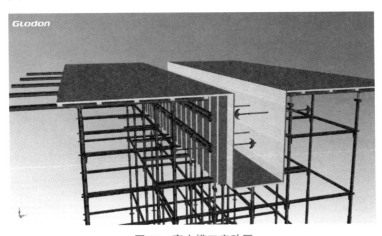

图 19　高支模工序动画

（6）BIM 自动排砖。本工程的隔墙采用发泡陶瓷隔墙板代替传统砌体。利用 BIM 实现自动排砖，统计隔墙板用量，减少浪费，节省成本（图 21、图 22）。

3. 施工过程管理阶段

（1）劳务实名制管理。通过人脸识别闸机，与智慧工地平台对接，并通过劳务实名制系统进行劳务精细化管理（图 23）。

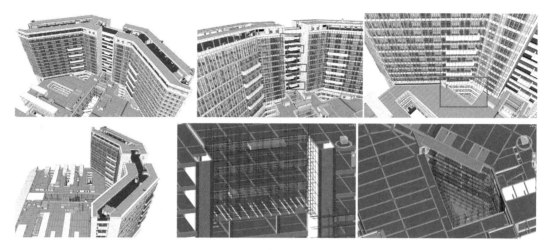

图 20 高支模建模

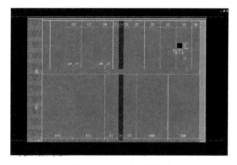

图 21 BIM 自动排砖

图 22 发泡陶瓷隔墙板

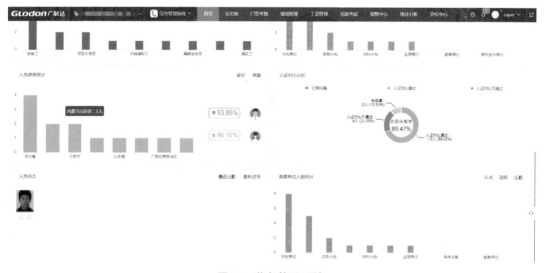

图 23 劳务管理系统

（2）人员行为识别。使用 AI 算法对序列图像进行自动分析，对监控场景中的作业人员进行定位、识别和跟踪，并在此基础上分析和判断目标的行为，能在异常情况发生时及时发出警报。

（3）塔式起重机监测及吊钩可视化。通过塔式起重机变焦摄像头，消除视觉盲区，实现塔式起重机司机无死角作业，降低安全风险，最终进行塔式起重机安全监测（图 24）。

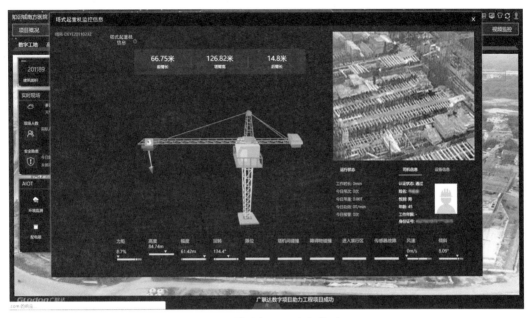

图 24　塔式起重机安全监测

（4）智能视频监控。视频监控有效地协助安全人员处理危机，并可对安全事故进行追溯查阅（图 25）。

图 25　视频监控

（5）环境监测。现场配置环境监测设备，实时对扬尘、噪声、风力等数据进行自动化采集，通过监控数据与扬尘控制设备联动，实现自动降尘控制（图 26）。

图 26　环境监测

（6）风险管控。关联 BIM 模型与风险具体位置，通过移动巡检设备，实时沟通解决问题（图 27）。

图 27　BIM 模型与风险位置关联

（7）质安巡检。紧抓隐患整改进度，保证所有隐患记录均被销项整改，提高信息传递效率，整改单资料替代手写资料单，减轻工作负担。

（8）工序验收。系统内置验收规范，辅助提高施工人员专业能力，依据内置条例现场验收，验收记录自动留存，微信分享验收记录，有助于提高汇报验收进度。

（9）水电监测。采用 NB-IoT（Narrow Band Internet of Things，窄带物联网）技术，实时监测办公区、生活区、施工区用水用电，通过与计划值对比分析现场用水用电量是否超标，为项目节水节电管理提供数据支撑。

（10）红外线自动测温。新冠疫情期间，通过红外线自动测温仪，自动采集人员体温情况，及时预警，智能语音播报人员健康状况，助力复工复产及健康施工。

四、应用成效

（一）解决的实际问题

基于 BIM 的智慧工地管理系统的应用，解决了项目管理的痛点难点，弥补了管理盲区，项目管理效率得到大幅提升。

1. 建筑设计与深化设计阶段

通过 BIM 技术应用，解决了人工分析不足的问题。对专业性较强的幕墙、连廊等进行三维虚拟设计、模拟建造，解决了设计深度不够、专业不交圈等问题。对机房、病房等特殊部位进行三维模拟、分析，解决了潜在净高不足、空间使用不合理的问题。对整体施工图纸进行模拟、碰撞、审图等，打破各专业壁垒，提前发现设计问题和施工中可能存在的问题超过 700 个，其中机电管综问题统计见表 1。

机电管综问题统计 表 1

楼层	问题数	解决的问题数	形成的设计变更数	节约因图纸问题额外产生的费用(万元)	解决率
地下室	252	252	85	126	100%
医技楼	198	198	43	75	100%
住院楼	118	118	36	52	100%
行政楼	98	98	44	43	100%
后勤楼	25	25	12	47	100%
室外管网	17	17	9	22	100%
合计	708	708	229	365	100%

2. 施工策划阶段

通过实景建模和场地布置分析，快速获取施工现场第一手资料并直观呈现，解决了现场场地规划信息不足、场地布置不合理的问题。通过对专业性较强的分部分项工程的方案规划、设计，并进行计算、验证，解决了危险性较大工程设计不符合实际的问题，降低安全质量事故发生的概率。通过对现场二次结构的优化、策划，解决了现场施工材料浪费严重、使用不合理的问题。

3. 施工过程管理阶段

（1）人员管理：通过智慧工地管理系统对现场人员快速登记，解决上千工人信息登记烦琐的问题。通过对工人日常行为监测，补充了现场管理漏洞，解决了监管覆盖不全面、不到位的问题。对劳务人员体温监测和监控，减少了新冠疫情传播风险，保障新冠疫情期间有序生产。

（2）机械管理：通过对现场大型机械的实时监控，解决了靠人力检查能力不足、覆盖不全的问题。通过吊钩可视化系统，解决了塔式起重机司机视觉盲区的问题，避免事故伤害的发生。

（3）工期管理：通过周任务派发与跟踪，实时清晰了解现场施工进度，严格把控生产进度，及时解决进度相关问题。

（4）方案管理：方案交底、技术交底二维码与 BIM 集成应用，减少 BIM 部门与施工员信息交流不对称造成的进度影响。实时反馈现场情况及方案问题，及时完善或补充方案不足情况。

（5）质量安全管理：通过质量、安全的日常巡检，实现线上发现问题、提出问题、整改问题、销项问题的闭环管理，减少传统纸质整改单的填写、打印等过程，使问题得到及时反馈与解决，并共享问题状态，提高了工作效率。通过质量实测实量与工序验收，各级管理人员实时了解现场质量情况。

（6）成本管理：工人考勤月报自动生成，把握人力成本主动权，避免班组长虚报考勤。实测实量提高施工质量，避免现场拆除返工增加施工成本。

（二）实际效果

通过基于 BIM 的智慧工地管理系统赋能项目管理全过程，实现全过程、全要素、全参与方的数字化、在线化、智能化，提高了项目综合管理效率、协同效率，为实现工程建设目标，打下坚实基础。在项目的建设实施过程中，通过 BIM 技术与其他数字化技术融合应用，各专业图纸集成设计，部品部件细化到节点，设计深度和设计质量大幅度提高。通过工序级排程、任务实时跟踪，实现进度管理实时化、形象化，提高进度管理效率。通过现场实测实量、精准验收，提升过程质量管理水平，产品品质得到有效提升。通过风险识别、移动检查，构建全面安全管理体系，有效避免安全事故的发生。通过方案模拟、策划、工序安排，合理选择适用方案，合理组织，减少现场浪费，提高管理效率。

执笔人：

广联达科技股份有限公司（冯俊国、崔明、赛金山、史春燕、杨甜）

审核专家：

郭红领（清华大学，建设管理系副系主任、副教授）

李久林（北京城建集团有限责任公司，总工程师、教授级高工）

智慧施工管理系统在机场建设中的应用

广东省机场管理集团有限公司

一、基本情况

(一) 案例简介

广东省机场管理集团有限公司基于机场建设特点研发了智慧施工管理系统,涵盖总体规划、前期工程、勘察设计、土建及安装装修工程、机电设备工程、运行评估、竣工验收、尾工整改等工程建设全阶段,实现项目投资、进度、安全、质量、工程资料等要素的全过程监控管理,将建设项目管理过程标准化、数字化、流程化,提高了机场建设各参建单位之间的协同效率,提升了建设单位对机场建设的投资和进度控制能力。

(二) 申报单位简介

广东省机场管理集团有限公司是省属大型航空运输服务保障企业,下设机场工程建设指挥部,先后承担了白云机场一、二期,揭阳、潮汕、湛江、梅州、惠州、韶关等机场的建设任务,积累了丰富的机场建设经验,并积极探索利用智能建造新技术更好地进行机场工程建设管理。

二、产品技术特点和应用场景

(一) 技术方案要点

系统技术架构分为四层(图 1),其中感知层为物联网设备数据采集层,通过各种设备终端将管理类数据进行智能化采集;数据层为数据分析层,针对采集的数据进行组合归类;服务层为系统对数据进行管理、处理、监控、分发、检索等服务,支撑应用层工作;应用层为针对项目管理、面向不同对象、不同阶段的各类应用集合,是终端用户的操作层。

按功能架构区分,系统又可分为三层(图 2),最底层面向工程项目现场,提供对现场各类要素的监控能力;中间层为职能管控层,从建设方角度对项目进行进度、投资、质量、安全等各类控制活动;最顶层为决策分析层,是数据综合分析展现的门户,为各级领导提供决策辅助。

(二) 产品特点

系统打破了传统"表单+流程"式的管理模式,在进度统筹、可视化展示、自动数据采集方面重点进行了技术难点突破。

1. 研发了进度计划引擎,基于网络计划技术,对工程建设计划任务之间的工期、日

图 1　系统技术架构

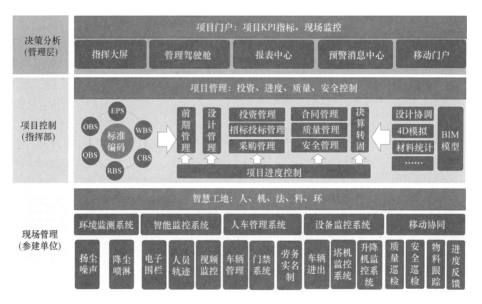

图 2　系统功能架构

历、逻辑关系进行定义，通过进度计算形成项目关键路径，并可在后续项目执行过程中进行动态偏差分析。

2. 研发了 BIM 轻量化引擎，支持常规三维模型解析生成浏览器可识别的格式，解决了设计原始模型与项目应用相互割裂的问题，形成了基于模型构件的结构化数据，提高了设计信息在项目建设各环节的传输效率和准确率。

3. 研发了智慧工地相关设备标准接口，通过物联网设备采集现场人力、环境等信息，可以实现数据的实时性、准确性。

(三)产品功能

1. 数据标准管理。参考民航相关行业标准和规范,建立了机场项目的主数据结构(图3),用于支持项目管理标准化,如费用科目库、标段库、合同库、清单模板库、组织结构库等,为结构化数据分析奠定基础。

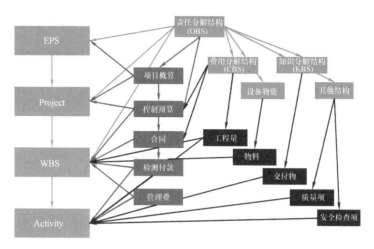

图3 机场建设管理核心数据逻辑

2. 业务流程管理。围绕项目"投资、进度、质量、安全、合同"五大控制目标,利用开放式的互联网平台,实现项目管理流程的在线化运转,提高建设单位对各参建单位的管控能力。系统共设计并开发24个业务模块,包括整体管理、前期管理、进度管理、设计管理(含专家库管理、品牌库管理)、投资管理、合同管理、采购(招标投标)管理(含黑名单管理)、施工管理、质量管理、HSE管理、沟通管理、图纸档案管理、竣工验收管理、主数据管理、项目管理知识库、多项目/项目群综合管理、项目综合门户、报表中心、移动端应用、决算转固、财务管理、综合管理、BIM管理、物资管理,涵盖了机场建设管理的各个方面。

3. 智慧工地管理。本项目综合运用物联网、云计算、大数据、移动计算和智能设备等软硬件信息,真正构建一个智能、高效、绿色、精益的施工现场管理一体化平台,包括视频监控管理、实名制考勤管理、环境监测管理、质量监督、安全监督等子系统,结合行业监管功能需求,实现了质量、安全、扬尘防治、人员管理,项目现场数据统计分析、政府监管等功能,极大地发挥了数字化、智能化赋能建设管理专业化、精细化的作用。

4. 多项目管理门户。通过对项目过程数据的提炼,自动计算形成项目进度绩效指标(SPI)、项目成本绩效指标(CPI)、项目质量绩效指标(QPI)等项目执行健康状态跟踪指标数据,为发现问题和及时调整纠偏提供决策抓手和依据,减少落入传统的被动协调窘境,强化有的放矢、主动指挥的驾驭能力。

(四)产品创新点

1. 电子签章技术应用(图4)。工程建设过程中会产生大量的过程文档资料,包括施工记录表单、监理表单、质量验评表单等。传统模式下,工程资料通过线下制表、线下签字盖章,再扫描电子版存档,效率较低,成本也高。通过电子签章技术应用,可实现各类工程资料的在线签名、盖章，自动生成 PDF 格式表单，直接转存到竣工资料目录下，进行归档。

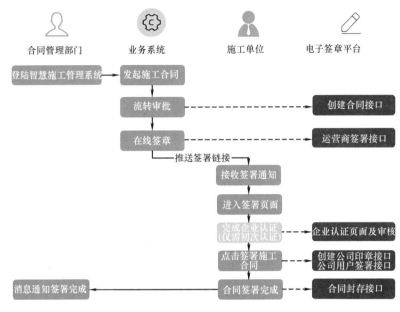

图 4 电子签章应用流程示例

2. 工程进度可视化应用。通过搭建 BIM 模型，利用轻量化解析技术，实现模型轻量化浏览、视点标注、4D 进度模拟、模型进度展示等功能，将传统基于甘特图的进度展示形式进行升级，通过三维视图形象直观地展示项目进展，让各级管理人员能够更加清晰地掌控项目进度。

3. 施工管理智慧化。系统通过物联网技术实现碾压、强夯、土溶洞处理、桩基、排水板等施工过程的自动化控制、可视化管理和量化计量，有效降低人员投入，大大提升施工质量和效率（图 5）。

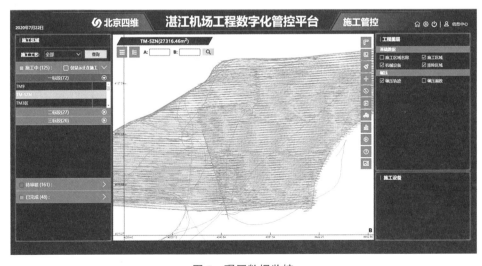

图 5 碾压数据监控

三、实施情况

目前，智慧施工管理系统已经在韶关机场、湛江机场、白云机场三期工程建设管理过程中应用，取得了不错的实施效果，实施内容和成效如下。

(一) 智慧管理应用

1. 前期管理。项目前期工作事项和项目报批报建过程管理，以进度计划任务编排的方式将程序报批工作与责任部门关联，对报批节点进行跟踪反馈，以图形方式直观展示工程项目前期手续的办理进度，对工作任务进行统计、查询、分析、预警提醒（图6）。

图6 项目报批报建程序跟踪

2. 设计管理。设计模块覆盖勘察、初步设计、详细设计的全过程管理，包括成果审查、设计计划、关键设计节点会签评审、图纸上传、分发，以及设计方案确定、设计变更、图纸会审、设计技术交底等方面的工作，并对进度偏差进行预警。系统将传统设计流程管理与BIM模型管理结合起来，可实现三维设计校审、设计图纸版本控制、设计变更流程控制等关键应用（图7、图8）。

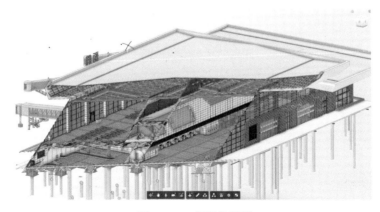

图7 BIM轻量化模型

3. 采购管理。通过系统可以对采购活动从招标申请、招标文件审批、投标跟踪、评标、中标通知书发放、合同谈判、合同登记各个环节进行流程化跟踪，节点化展示，直观

图 8　基于模型的设计审查

掌握每个采购包的采购进展。

4. 投资管理。系统从投资估算、设计概算、施工图预算、过程结算和竣工决算五大核算体系出发，进行环环相扣控制，前一阶段的预算将是后一阶段造价控制的目标，涵盖工程投资建设全过程的关键成本数据点，实现五算对比分析与赢得值分析（图 9）。

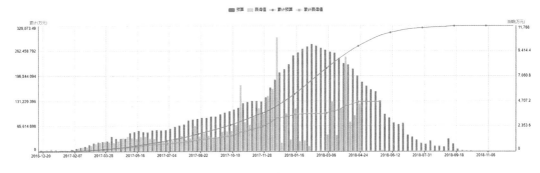

图 9　项目赢得值曲线

5. 进度控制。建立多级计划管控体系（图 10），以"总控计划"为总纲，统筹项目前期工作计划、设计计划、工程施工计划、运行保障计划，建立计划编制、审核、发布、反

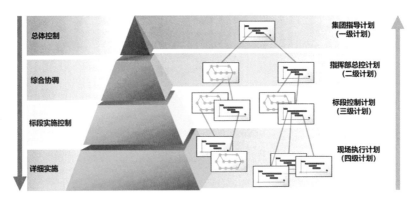

图 10　多级计划管控体系

馈、监控、更新的闭环管理过程，形成项目进度目标"自上而下层层下达"、进度反馈"自下而上层层汇总"的多级网络管控体系，为集团提供"指挥抓手"，为各参建单位提供"进度助手"。

6. 合同管理。合同是项目投资的载体，合同管理模块覆盖了合同签订、履约保证金管理、工程计量、支付申请、变更、签证、发票登记、合同结算等业务过程，实现合同相关数据与业务的串联，形成各阶段合同执行数据的统计分析。

（二）智慧工地管理

1. 劳务实名制系统。通过引入人脸识别、智能安全帽、考勤闸机等设备，自动采集现场劳务人员数据，辅助集团了解用工状况，考核各班组履约情况，筛选优质分包或班组，避免出现高峰期劳动力不足以及劳动力比例不合理情况（图11）。

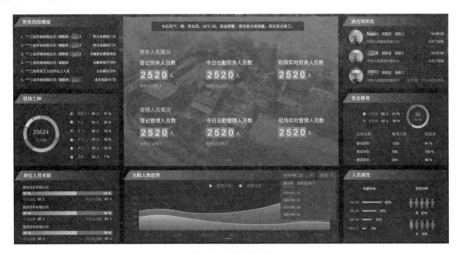

图 11　劳务监控

2. 机械设备智能化管理（图12）。通过视频监控、塔机监测等软硬件，自动统计企业大型设备数量，收集所辖项目的设备预警信息，并按照时间设备种类进行智能分析，筛选需要重点关注的区域，把控项目大型设备安全，消除操作隐患。

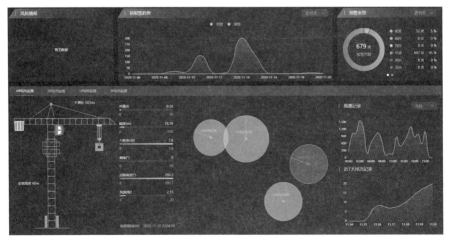

图 12　施工机械监控

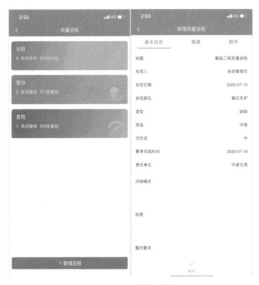

图13 移动巡检

3. 移动巡检系统（图13）。通过小程序、APP在质量、安全检查过程发起对项目的整改及考核，通过对各参建单位质量与安全检查隐患及整改反馈情况做数据分析，帮助集团对项目存在的质量、安全隐患进行快速定位、及时处理。

4. 环境监测（图14）。通过在现场部署环境检测物联网设备，实时监测，实现对施工噪声、扬尘等自动化监测，并生成各施工区域、各参建单位的评比排名；通过智能控制现场设备，比如雾炮机及喷淋系统，对现场环境状况进行自动控制。

图14 环境监测

四、应用成效

智慧施工管理系统的应用是企业数字化转型的诉求，也是行业发展的必然趋势。机场建设代表了行业最复杂的建筑形态，其成功应用不仅给工程项目管理带来管理效益和经济效益，也给同类企业数字化转型起到带头示范作用。

（一）解决的实际问题

1. 辅助解决工期控制问题。机场工程是国计民生工程，对工程进度尤为重视。传统管理模式下，进度管理依靠工具性软件、现场例会等形式，预见性、协同性不强。通过系统应用，建立了进度计划编制、审核、下达、反馈、分析、纠偏的在线闭环过程，运用关键路径算法、进度测量方法对各区域施工进度进行量化测算，及时发现进度偏差。

2. 辅助解决超概问题。机场工程投资规模大，概算控制难度较大。应用系统后，可以基于概算进行合同策划，通过招标控制、合同控制，实现对项目概算的追踪，做到付款有依、结算有据、变更有理。

3. 辅助解决现场监管问题。传统管理方式下，管理人员必须到施工现场，才能了解现场资源投入情况、环境情况、安全情况，而通过智慧施工管理系统，将现场劳动力投入数量、现场车辆出入情况、用电情况，甚至噪声、污染等情况都可以传递到远程屏幕上，达到建设方对项目现场的全面监控。

（二）经济效益

智慧施工管理系统共设计功能点 326 个、配置工作流程 218 项，可承载白云机场三期、湛江机场迁建工程、惠州机场飞行区扩建工程等多个机场改扩建工程建设，用户范围包括广东机场集团建设管理指挥部各职能部门、机场建设施工单位、监理、造价咨询单位等参建方，用户规模累计可突破 2000 人。

通过发挥系统的管控作用、协调作用、数据分析作用，可以解决机场建设信息流程不畅、数据分析不力、资源浪费等问题，达到效率提升、管理人员减少、工期缩短、投资节约的经济效益。通过测算，预期产生的经济效益如表 1 所示。

预期产生的经济效益　　　　　　　　　　　　　　　　　表 1

效益	项目类型		
	1 亿～10 亿元	10 亿～50 亿元	50 亿元以上
工期缩短	1～10 天	10～20 天	30 天左右
管理人员减少	1～3 人	3～5 人	5～10 人
审批效率提升	1～3 天/流程	2～5 天/流程	3～7 天/流程
签证变更减少	0～50 万元	0～200 万元	0～500 万元
投资节约	500 万元左右	1000 万元左右	2000 万元左右

（三）社会效益

1. 带动绿色文明施工风气。智慧施工管理系统利用物联网、移动互联网等数字化技术，帮助机场建设工地进行环境、安全检测，有助于贯彻落实绿色发展理念，推进绿色建造，节约资源，保护环境，减少排放，提升建筑工程品质。

2. 带动行业数字化转型。数字化转型不仅将加速驱动数字技术深化产业场景融合，也成为带动各行业重焕活力的抓手。智慧施工管理系统顺应新时代对建筑行业发展的新要求，立足于用信息化手段实现工程项目全流程管理。系统以 PMBOK 项目管理理念为指导，以建设方项目管理痛点为触点，综合运用互联网、BIM、物联网、电子签章、云计算等技术，在项目流程管理、项目控制管理、项目可视化管理、系统集成应用等多个领域进行了尝试和创新，希望能为机场建设行业数字化升级提供经验借鉴。

执笔人：
广东省机场管理集团有限公司（冯兴学、凌语珍、宋健、贺小辉、李斌）

审核专家：
郭红领（清华大学，建设管理系副系主任、副教授）
李久林（北京城建集团有限责任公司，总工程师、教授级高工）

广西建筑农民工实名制管理
公共服务平台

广西壮族自治区住房和城乡建设厅

一、基本情况

为全面治理拖欠农民工工资问题，建立解决建筑行业管理问题的长效机制，促进建筑行业的健康发展，广西壮族自治区住房和城乡建设厅建设了广西建筑农民工实名制管理公共服务平台（简称"桂建通平台"）。平台自 2018 年 11 月上线以来，注册企业超过 17000 家，在建工程数超过 4600 个，实名人数超过 257 万人，累计发放农民工工资超 667 亿元，有效推动了广西房建市政领域实名制管理及保障农民工工资各项工作的落实，并为全区建筑信息化管理提供了重要基础平台，获得国务院第六次大督查通报表扬。

二、技术产品特点和应用场景

桂建通平台紧密把握政策导向，深入剖析根治欠薪及建筑行业信息化的推进难点，在产品构架、运营模式、核心技术、功能应用等多方面都实现了创新突破。

（一）技术方案要点

桂建通平台针对不同的用户需求端提供完善的功能产品体系，并以开放包容的体系对接合作生态伙伴，以达成合作共赢的目标。根据使用对象划分三端：监管端、企业端、工人端（图 1）。

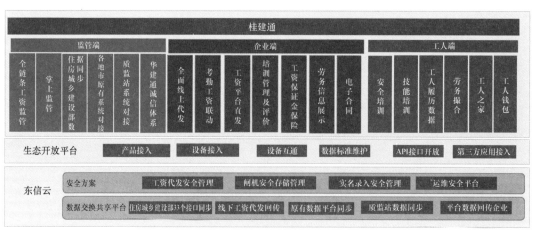

图 1　产品构架

桂建通监管端提供了大数据驾驶舱、Web 管理页、手机 APP 等多种管理工具，为主管部门提供从劳务招聘到工资发放的全流程远程管理功能,有效提升管理效率(图2、图3)。

图 2　监管端 Web 管理页

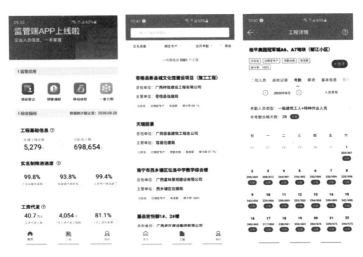

图 3　监管端 APP

企业端依托加密数据直传、薪资直发和智慧工地等技术,建筑企业可以通过平台快速掌握项目施工进展,项目部可以实现所有工人的发薪及考勤等管理,实现了企业的分层、分角色高效管理(图4、图5)。

工人端提供了考勤工资查询、找工作、学习培训、社交工友圈、电子合同、班组管理、欠薪投诉等功能(图6)。

(二)运营模式创新

广西通过建设桂建通平台,解决传统交付型信息系统难以持续运营、政府建设资金不足等问题,平台遵循政府引导、企业投资、市场化运营的原则,基于免费、创新、真实、共赢的四大核心理念,以政府零投资、企业及农民工无负担为前提,打造"一人一卡,全区通用"的平台模式,实现了"农民工、施工企业、银行、运营公司、监管部门"的五方共赢,维护社会和谐稳定。一是主管部门可通过平台实现对所有建筑工地的有效监管,切实提升全区住房城乡建设主管部门的监管效率和水平;二是建筑农民工免费办卡,并能够按月足额拿到工资,还可以获得免费异地跨行取款、转账等优惠,切实增强获得感;三是施工企业免费使用平台，通过银行代发工资可免收手续费，降低企业支出成本；四是银行通过代发工资获得商业投资收益，有效提升银行参与保障农民工工资支付工作的积极性；五是建设运营公司通过合法商业运营获得收益（图7、图8）。

图 4 企业 Web 端

图 5 企业端 APP

图 6　工人端 APP

图 7　首张"桂建通"工资卡发放

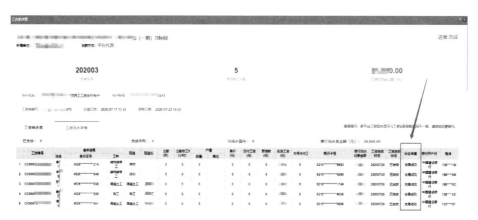

图 8　平台直发农民工工资

（三）核心技术创新

桂建通平台作为全区性政府平台，涵盖了全区近260万建筑工人的身份信息、生物特征、工资等详细数据，涉及17000家企业经营管理数据，数据安全性至关重要。一方面，为解决全区上万台考勤设备接入带来的大量物理机暴露问题，构建平台核心安全防护机制，桂建通平台自主研发了《基于商用密码保护的闸机物联网安全系统》。另一方面，平台申报的《基于新一代安全技术防护的建筑工人实名制管理平台》获得了工信部颁发的"2018年度网络安全技术应用试点示范项目"荣誉，为全区百万级用户信息的安全保障奠定了核心技术基础。

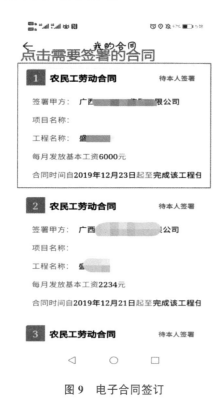

图 9　电子合同签订

（四）功能应用创新

1. 电子合同

为解决建筑行业劳动关系复杂，劳动合同签订落实不到位等问题，桂建通平台基于人脸识别和企业电子签章技术，发布了建筑工程领域的电子合同应用，企业在平台批量生成合同后，工人在桂建通APP即可完成线上签订，整个合同签订流程简单快捷，可切实保证合同的真实性，降低能源消耗和企业管理成本，极大提高合同管理能力，并实现了监管部门对工人劳动合同签订的有效监管（图9）。

2. 安全教育培训管理系统

通过构建"实名制登记、多媒体培训、在线式管理、现场联动管理"四位一体的"互联网＋安全培训"模式，在帮助企业解决管理工作量大、专业师资匮乏、培训质量不佳等问题的同时，提升企业开展安全培训的实际价值。

（1）实名制登记：基于桂建通实名制平台，对参培工人进行统一身份认证管理，确保培训全覆盖（图10）。

（2）多媒体培训：利用多媒体技术，实现在线教学，同时培训过程自动建档（图11）。

图 10　人脸识别（示例）　　　　　　图 11　多媒体课件

（3）在线管理：培训在线管理，全面解决企业安全培训管理问题（图12）。

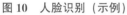

图 12　在线管理后台

（4）现场管理联动：完善工地管理体系，通过多项措施提升培训实际价值（图13）。

图 13　数据展示大屏

3. "互联网＋用工"系统

（1）依托实名制管理平台，精准记录、展示实名制工人真实工作履历。通过"互联网＋劳务用工"平台与技能培训平台系统对接，优先展示持有技能等级证书的建筑工人，优化建筑行业劳务市场，促进良性竞争。

（2）平台透明化展示项目、企业招聘信息，明确计薪模式。给予按时、按量发放工资的项目及企业优先展示权重，促进劳务用工双方在平等的基础上进行选择，降低合同履行及工程质量风险，进而激发建筑用工市场活力。

（3）通过大数据算法，实现项目用工缺口与待业建筑工人的精准匹配，实现建筑工人有序流动，有效避免资源浪费。对于技能水平更高的工人、等（星）级更高的班组，给予适当的资源倾斜。

（4）结合评价机制，公平、公正展示劳务用工双方的评价口碑，实现班组与项目、企业互评，帮助优质企业、优质班组成长。形成高等（星）级队伍比低等（星）级队伍接单多、报酬高的态势，实现技高者多得、多劳者多得、绩优者多得的鲜明导向（图14）。

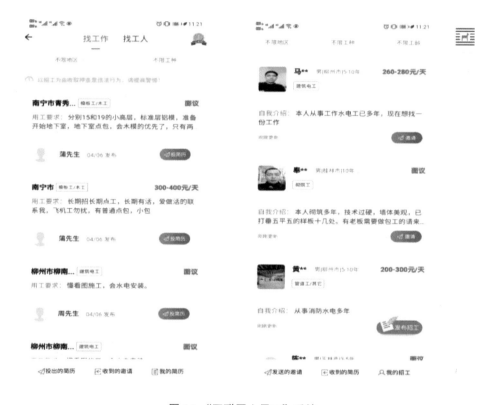

图14 "互联网＋用工"系统

三、实施情况

（一）解决的实际问题

一是从根本上遏制了欠薪的发生。通过要求建筑企业将每个农民工实名制信息录入平台，使用与平台联网的考勤设备，并通过为农民工办理全区通用的"桂建通"工资卡，引入银行直接向农民工代发工资，可以实现对全区在建房建市政工程农民工工资发放的实时监管，从根源上保障农民工工资按时足额发放。

二是全面掌握全区建筑行业数据。长期以来，政府对全区建筑农民工的人数、来源等具体情况缺乏掌握，桂建通平台的建设，使全区所有在建房建市政工程信息、农民工信息统一到一个平台，便于政府和主管部门能够更全面掌握全区建筑行业发展的情况，及时作出统筹调度和科学决策。

三是有效解决了劳务纠纷。桂建通平台代发工资的依据是工人每天上下班通过与平台联网的考勤设备"刷脸"考勤的信息，既避免了传统人工发放工资导致工资款被挪作他用，也能在欠薪维权、劳务纠纷时作为有利的依据，保障工人和企业双方的合法权益。

四是平台建设运行实现多方共赢，维护社会和谐稳定。首先，建筑农民工能够按月拿到工资，并获得免费异地跨行取款、转账以及乘坐公交车 8 折等额外优惠，方便使用；其次，施工企业免费使用平台，通过银行代发工资免收手续费，降低企业支出成本；最后，全区住房城乡建设主管部门通过该平台，可以实现农民工工资发放实时监管，切实提升监管效率和水平。

（二）实际效果

桂建通平台上线以来，广西房建市政领域欠薪案件、人数、金额大幅下降，广西欠薪农民工比重降至近 5 年来最低水平，在 2019 年全国农民工工资支付考核中获得 A 等。2019 年 11 月，中国政府网发布《国务院办公厅关于对国务院第六次大督查发现的典型经验做法给予表扬的通报》（国办发〔2019〕48 号），"广西壮族自治区建设'桂建通'平台探索破解农民工工资拖欠难题"的经验做法获得表扬。

执笔人：
广西壮族自治区住房和城乡建设厅（陈世山、王晓明、焦家门、黄翔）

审核专家：
郭红领（清华大学，建设管理系副系主任、副教授）
李久林（北京城建集团有限责任公司，总工程师、教授级高工）

广西建工智慧工地协同管理平台

广西建工集团有限责任公司
广西建工集团智慧制造有限公司
广西建工智慧制造研究院有限公司

一、基本情况

(一) 案例简介

广西建工智慧工地协同管理平台面向工程项目"人、机、料、法、环"的精细化管控，形成了七个子系统，包括塔机安全监控、施工升降机安全监控、视频监控、人员实名制考勤管理、工地环境监测、大门卡口以及质量和安全管理。平台通过各子系统实现从项目层级、企业层级、行业层级等多方面完成对施工工地的监管，并与广西建工集团智慧制造有限公司现有电商平台、物流平台等互通互联，实现从物料下单、物料生产到物料进场的闭环管控。

(二) 申报单位简介

广西建工集团有限责任公司（以下简称"广西建工集团"）是绿地集团成员企业，是广西壮族自治区千亿元企业，业务涵盖建筑施工与安装、房地产、建筑机械制造与租赁、混凝土、建材销售、基础设施投资、国际业务、矿业等板块。旗下有子公司30家，在职员工3.3万人，拥有各类专业技术人员近1.8万人，建造师1万多人，提供就业岗位超25万个。2020年，公司实现营业收入1202亿元，名列中国企业500强第185位。

广西建工集团智慧制造有限公司（以下简称"智慧制造公司"）是广西建工集团全资子公司。公司成立于2011年8月，注册资本金21295万元，是集集中采购、国内外贸易、钢材智能制造、电商物流、信息科研、文化传播等科工贸为一体的创新型企业。

广西建工智慧制造研究院有限公司（以下简称"研究院"）是智慧制造公司全资子公司，成立于2018年5月22日，注册资本金1000万元。研究院致力于为建筑行业信息化、智能化提供解决方案以及科技成果孵化研究，是"广西壮族自治区高新技术企业""2021年广西瞪羚入库培育企业""2020年度新型研发机构"。

二、技术产品特点和应用场景

(一) 技术方案要点

广西建工智慧工地协同管理平台功能齐全，涵盖施工过程的"人机料法环测"等多个环节的功能，并提供多种现场物联网监测的终端，数据实时、准确、标准统一；具有实现多方协同管理的能力，可以为项目工地、企业、监理、业主、行业监管等多个方面提供管理权限划分。采用云中心—边缘计算的应用架构，即使断网也能实现现场的安全监管；云中心能按应用规模持续扩容，边缘计算能满足现场 500 个终端以上的接入和数据运算。提供接入的技术标准和接口，易于扩展功能和对接其他应用平台，产品兼容性强（图1）。

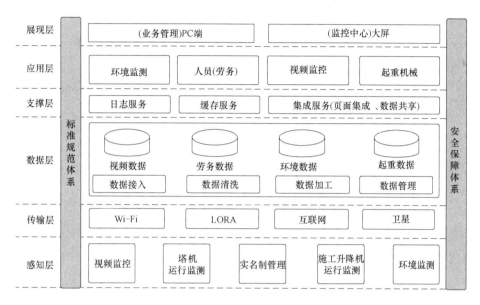

图1　广西建工智慧工地协同管理平台系统架构

（二）产品特点及创新点

1. 立足于项目现场的监管，根据国家和行业相关的管理规定研发的功能，不仅使用范围广，而且提供各类型预警和报表，提升项目现场的管理水平。

2. 能够提供标准化的产品和应用程序，部署快捷，注册使用简便。

3. 云中心—边缘云架构方式，即使网络中断也能实现现场监管，网络恢复后能完成数据的同步。

4. 提供接入的技术标准和接口，易于扩展功能和对接其他应用平台，产品兼容性强。

5. 对接行业多项监管平台，解决项目报备、监管的问题。

6. 提供多层级的管理功能，为企业、行业监管部门提供管理的抓手，提供数据分析。

（三）应用场景

平台适用于各类施工工地，主要应用于施工人员管理、塔机运行安全监管、施工升降机使用安全监管、工地重点区域安全视频监管、噪声扬尘监管、质量巡检、安全巡检、深基坑监测、高支模监测、材料入场管理、项目过程资料管理等方面。

（四）总体应用情况

目前，平台累计接入监管公司的有3600多个项目工地，平台在线劳务人员信息18万人，塔机设备1058台，施工升降机1453台，视频监控1086路，建筑工地信息达到200亿条以上，信息量达到200TB，监控范围辐射至广西、广东、上海、武汉、四川、济南、重庆、湖南等地区。平台已实现与广西壮族自治区住房和城乡建设厅的劳务实名制平台，扬尘噪声环境治理平台，南宁市建委的视频监控平台，梧州、贺州、北海等地级市监管平台数据对接。

三、实施情况

(一) 工程项目基本情况

凌云县 2018—2020 年棚户区改造工程百花安置房小区项目（一期）位于凌云县泗城镇城北片区茶乡大道中部，总用地面积 16668m^2，总建筑面积 72437.3m^2，新建住宅 440 套。

(二) 应用过程

1. 人员实名制考勤管理。为给项目现场的劳务人员基础管理提供保障，便于项目对进出场人员的管控，人员实名制考勤管理子系统以"人脸＋实名认证"的方式，对进出工地的劳务人员进行实时监管，实现实名制入场、驻场人数清点、考勤统计、异常人员预警（如列入黑名单、长时间驻场、超龄等人员）。为确保安全教育履职的执行，系统对进入工地的劳务人员进行强制性的岗前安全教育，否则无法通过闸机。按照新冠疫情管控的要求，在原有基础上增加了自动测温模块，实现了"人脸实名制＋测温＋疫情防控"的功能，每天自动生成报表，还可以进行超温自动预警推送提醒，有效提升新冠疫情防控能力，为项目的安全生产提供重要保障。

对于企业来说，平台提供了全局的劳务资源、技术人员、专业证书的管理功能，为企业对各个项目的劳务资源调配提供了重要的数据支持。对政府来说，平台符合广西桂建通平台的需求，形成了"企业—政府监管"双方良性互促的局面。

2. 建筑施工设备监控管理。为进一步加强项目大型机械设备的管理，项目安装建筑施工设备监控管理子系统。系统具有驾驶员人脸实名认证功能，非授权人员无法操作，为安全驾驶提供了基础；实时监控塔机运行状态，对塔机上五限位（重量、力矩、高度、幅度、回转）传感器实时检测，对于超限等违规操作实时预警和记录，为安全生产提供监督手段；通过安装在塔机大臂前端、塔机卷扬、塔机司机驾驶舱的高清球机实时跟踪吊装现场，实现对吊装现场的实时监控，并传输到塔机司机屏幕和视频监控平台，避免因为吊装过程视角盲吊发生安全事故。同时，对塔机卷扬、塔机司机驾驶舱、塔机运行数据进行监控，满足塔机运行安全监管要求。当司机做出违规操作，或系统监测塔机超限位时，通过短信实时推送、系统自动云端记录，为安全监管落地提供技术保障（图 2）。

3. 视频监控管理。为满足广西壮族自治区住房和城乡建设厅要求，实现对工地五大重要场所进行高清视频监控，保证工地重要现场有录像回放，项目安装视频监控管理子系统，所有的视频数据接入中心平台，并分发至分中心，支持多方实时浏览、录像回调，为项目可视化协同监管，提供重要保障。同时，为保障视频不断线，能将数据实时上传至监管平台，系统对接入的视频进行 AI 智能化巡检，对掉线、画面停滞、模糊不清等情况进行告警，改变了以往人工巡查的遗漏和低效，提升了视频监管的效果（图 3）。

4. 工地环境监测。为保证项目环保数据达标，项目安装工地环境监测子系统。系统可实时监测工地扬尘数据，实现对施工现场噪声、风速、风向、温度、湿度、PM2.5、PM10 等内容的实时数据监测和预警并将数据上传政府监管平台，自动生成统计报表，数据超标自动预警，并自动开启喷淋系统降尘，为城市的环保提供监管（图 4）。

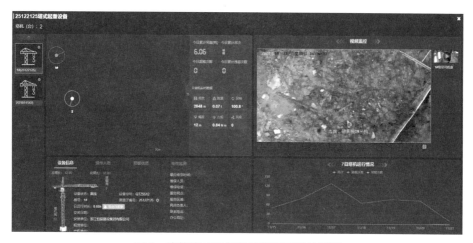

图 2 建筑施工设备监控管理子系统界面

图 3 视频监控管理子系统界面

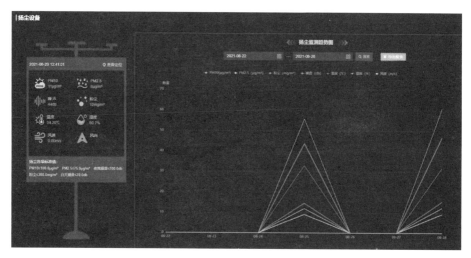

图 4 工地环境监测子系统界面

5. 质量和安全管理。为提高项目安全管理效率，规范日常检查工作的有序开展，项目应用质量和安全管理子系统。通过系统平台管理端、APP 移动端等多种途径，为项目现场提供日常安全和质量检查管理。该系统已在广西建工集团的项目中广泛应用，实现"隐患排查、整改闭环、履职监督"的数字化管理，提升了安全履职能力和质量监督能力（图5）。

图5　质量和安全管理子系统界面

图6　远程指挥系统设备

6. 远程指挥。在原有视频平台基础上，提供了单兵视频巡检装备，实现现场人员与总部管理人员可视化沟通，把现场情况实时反馈给总部，实现了远程指导、工作协同的功能，极大地降低了沟通成本和紧急事件的处理响应时间（图6）。

7. 慧眼——大门卡口。为加强对工地进出场渣土车管理，满足广西壮族自治区政府对于渣土车的监管需求，在项目部入口加装慧眼——大门卡口子系统，实现"过车号牌识别、数据上传、联动共享"等功能，最终达到渣土车进出场管控的目标，有效提高项目对于进出场车辆、进出场材料的管控力度和效率（图7）。

8. 手机 APP 和项目大屏。为满足项目管理人员能够实时查看项目现场情况，无需在电脑前办公即可了解项目详情，及时了解和处理项目预警信息，项目管理人员安装手机 APP，以与 PC 端同样的功能，让项目管理人员实现工作的实时协同（图8）。

为满足广西建工集团总部、分公司、子公司对于项目的实时监管，以一览化的界面及时了解项目全部信息，平台为项目提供项目大屏，也为企业的安全生产运营提供最重要的技术保障（图9）。

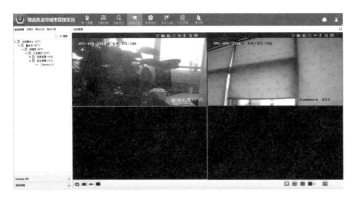

图7 慧眼——大门卡口子系统界面　　　　　图8 手机 APP 界面

图9 项目大屏界面

四、应用成效

(一) 提高项目协同管理效率

广西建工智慧工地协同管理平台实现对项目部多方位数据采集，实现信息的大数据管理应用。为施工单位、监理单位、设计单位之间的信息交流与沟通提供全面完整的信息，促进各方信息实时共享，让施工阶段各个环节更加可视化，提高协作效率。

(二) 提升项目安全监管能力

广西建工智慧工地协同管理平台为项目人员管理、施工起重设备管理、绿色施工管理、安全检查和危大危险源等方面管理提供了有效的信息化、数字化管理工具，进行"全方位、立体式、无缝隙"的全景监控，施工现场的工作模式由人工模式向智慧化模式转变。平台利用大数据分析技术对现场动态工况进行分析与预警，项目管理模式从被动"监督"向主动"监控"升级，帮助管理者及时发现现场存在的问题隐患，有效辅助项目管理者规避安全风险，极大提高施工现场安全管理效率，降低事故发生概率，保障现场施工作业安全。

（三）有效降低项目管控成本

通过广西建工智慧工地协同管理平台汇总各子系统收集的数据，再通过大数据、云计算进行数据分类、处理和分析，最终可视化呈现在监控端，管理人员通过电脑端或移动端实现远程监控，实时了解项目现场动态信息，通过数据分析为项目管理人员提供辅助决策，合理调配劳务用工人员，提高用工效率；合理调配设备周转调度，提高设备使用效率。上级管理部门可通过单兵移动视频，有针对性地开展远程专项检查整治活动，有效降低管理成本。

执笔人：

广西建工集团有限责任公司（肖玉明、刘阳国、唐长东）

广西建工集团智慧制造有限公司（李长国）

广西建工集团智慧制造研究院有限公司（姜小戈）

审核专家：

郭红领（清华大学，建设管理系副系主任、副教授）

李久林（北京城建集团有限责任公司，总工程师、教授级高工）

智慧建造施工管理平台在成都市大运会东安湖片区配套基础设施建设项目的实践

中国五冶集团有限公司
上海鲁班软件股份有限公司

一、基本情况

(一) 案例简介

该案例是智慧建造施工管理平台（图 1）在成都市大运会东安湖片区配套基础设施建设项目的实践应用。平台基于项目体量大、工期紧、社会关注度高、传统管理模式难以满足的实际情形，采用"BIM（建筑信息模型）＋GIS（地理信息系统）＋IoT（物联网）＋AI（人工智能）"技术，实现了项目设计可视化、参数化，项目施工虚拟化、流程化，项目信息互通互联，项目管理立体化。

图 1　智慧建造施工管理平台

(二) 申报单位简介

中国五冶集团有限公司是国家高新技术企业、国家知识产权示范企业、全国质量标杆企业，拥有国家级企业技术中心，在智能建造领域拥有智慧城市、智慧工地、BIM 技术服务等多项产品，具有成熟的智能建造能力。

上海鲁班软件股份有限公司成立于 2001 年，致力于 BIM 技术的研发和推广，专注打造能够支撑建筑企业集团未来发展的 BIM 数字化平台——鲁班工程管理数字化平台（Luban Builder），以及可承载园区级或城市级的 BIM、CIM 数字化底板——鲁班开发者平台（Luban Motor），为建筑产业相关企业提供基于 BIM、CIM 技术的数字化解决方案。

二、技术产品特点和应用场景

(一) 技术方案要点

智慧建造施工管理平台在建设初期，构建了"规、建、管"一体化数字底板平台。以大运会东安湖片区配套基础设施建设项目实施为依托，主要建设内容为"建设施工"阶段的开发与应用，并备有"运营维护"阶段的开发接口。

数字底板平台分为数据层、服务层、应用层 3 层体系架构（图 2）。数据层支持主流建模软件数据（Revit、Bentley、Catia、Sketchup、Rhino、Tekla 等）及主流数据格式（FBX、OSGB、TIFF 等）进行数据规整融合，通过提供场景编辑器进行数据组织，构建 1∶1 数字场景。从数据底层解决多种数据统一组织、输出的瓶颈。服务层提供数据存储、计算、权限等服务，并基于 SDK 框架提供各种功能性接口，以实现场景的控制及交互。应用层提供仿真技术、逼真的视觉效果、极致的性能表现，在特大三维场景塑造和画面渲染表现方面可以应用于各阶段各领域。

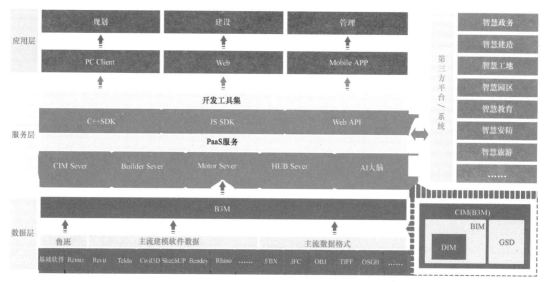

图 2 数字底板平台体系结构

智慧建造施工管理平台基于数字底板平台完成开发应用，分为数据层、服务层、应用层、终端层 4 层体系架构（图 3）。数据层对设计软件的 BIM、GIS 的静态数据及 IoT 设备采集的动态数据等多源异构数据进行融合与组织。服务层提供对数据的存储与处理，基于基础组件及 API ＆ SDK 框架完成对应用场景的功能模块开发与第三方系统集成。应用层主要以"BIM＋GIS"数字场景为基础，结合无人机、IoT 设备，实现进度管理、资料管理、环境监测等 12 个项目管理应用场景。终端层主要通过 PC 端、Web 端、移动端进行应用、协同及共享。综合打造一个可视化、信息化、数字化、智能化的智慧建造管控中枢，从"人与经验"向"系统与数据"进行现代化创新管理模式的转变。

（二）产品特点及创新点

支持多源异构数据融合（多种主流 BIM 模型数据、GIS 数据、倾斜摄影数据等）、多样数据服务、开放的数据接口；采用智慧建造施工管理平台完成工程项目 5 个示范区 196.7hm² 公园景观高精度场景还原，建立无边界 1∶1 的数字孪生虚拟场景；分级授权 60 余家单位、554 个管理人员进行协同管理；通过智慧建造施工管理平台完成 8 个子系统的智慧物联网应用，对各项数据获取、分析，完成了预警推送不少于 200 次。

1. 模型轻量化。支持多种主流 BIM 静态建模数据接入，通过自主研发的模型轻量化

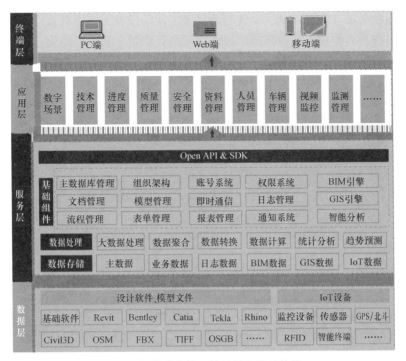

图 3　智慧建造施工管理平台体系结构

算法，在不影响 BIM 模型展现的情况下将模型体量减少 90% 以上（图 4），最大程度实现在 GIS 中将 BIM 模型无缝接入及高效渲染。

图 4　模型轻量化

2. 多源异构数据融合。整合了时空大数据和建筑大数据，提出一体化数字底板平台（图 5）。底层基于开源大数据引擎 Spark、HDFS 等，融入 GIS、BIM 相关分析算法，扩展了 RDD（弹性分布式数据集）使之具备 GIS、BIM 专业特性，提供真正的数据融合与数据计算平台。

3. 分单位、分部门、分岗位的权限机制。通过对各参建单位人员的不同应用权限设置（图 6），明确其岗位工作内容，提高各方协同参建能力。

（三）应用场景

智慧建造施工管理平台适用于建筑工程建设全过程各环节，目前主要在城市公园项目、特色主题园区项目、公路工程项目等不同类型的工程项目建设管理中应用，受工程地域、规模、类型等因素影响小。平台主要解决组织及统筹管理难、高品质设计效果呈现难、地形营造控制难等难题，改变了传统建筑施工现场参建各方现场管理的交互方式、工作方式和管理模式，实现工程管理的可视化、信息化、数字化、智能化。

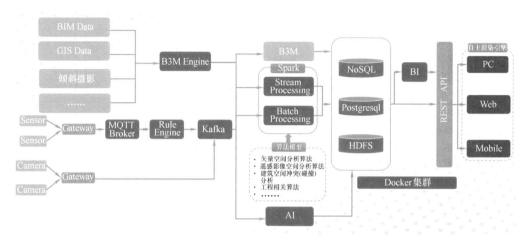

图 5　数据融合

图 6　角色授权

三、实施情况

图 7　项目效果图

（一）工程项目基本信息

大运会东安湖片区配套基础设施建设项目（图 7）是第 31 届世界大学生运动会支撑性的重要配套设施项目，也是成都市公园城市建设的基础，项目占地 394.73hm^2，主要包括水库、园林、桥梁、道路、隧道工程。

(二) 数字孪生

1. 虚拟建造。根据设计方案,对园区内 300 余种乔木及 100 余种灌木进行 1：1 建模,形成苗木模型库(图 8),并进行模拟栽植(图 9),共完成 5 个示范 196.68hm² 公园景观虚拟建造,提前感受完工效果,起到优化设计和服务施工的作用。

图 8　苗木模型

图 9　苗木模拟栽植

2. 绿植优化。依靠虚拟建造技术,直观的进行栽种方案比选,提前呈现公园完工效果。在苗木搭配、树种间距等方案中,累计完成 526 处绿植优化(图 10)。较传统设计方法可缩短 25%~30% 的景观方案定稿时间,并避免后期变更造成的资源浪费。

图 10　绿植优化

3. 服务施工。依托数字虚拟场景,施工人员能更好理解设计意图,较传统施工方式,此方法提供三维可视化工具,便于管理人员对作业人员更好的交底(图 11),避免因施工误差造成的经济和工期损失。

图 11　现场施工对比

4. "无人机＋GIS"测量。工程实施前，利用无人机（大疆 M300RTK＋赛尔 PSDK102S）采集作业区域内的地理空间数据，采集范围达到 394.73hm²，生成三维地形模型（图 12），将模型中的地理点云数据导出，处理形成场地等高线及坐标点，提供地形设计所需的原始地形数据。

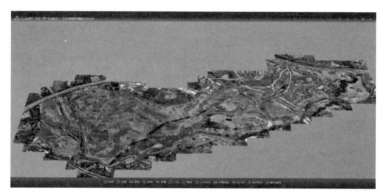

图 12　三维地形模型

工程实施中，将采集的空间坐标数据处理，形成场地等高线及坐标点，动态分析区块挖填方量，实时调整土方开挖方案，减少土方二次开挖量。据统计，采用传统的人工测量方法约 600 人次才能完成全区域的测量工作，而无人机测量仅耗时 2 个工作日，且测量精度可达全场区分米级、局部厘米级的要求，较传统人工测量方式减少 90%～95% 的测量时间，提高了土方作业工作效率。

图 13　地形模型叠合比较

5. 微地形调整。采用"无人机＋GIS"测量技术输出并处理生成地形模型，在平台中原始地形模型与设计地形模型叠合比较（图 13），能够直观地掌握填挖高差，高效率、高质量地完成地形营造工作，为项目节约 2 个月的地形微调时间。

6. 临建方案比选。平台通过自主研发的模型数据算法，对地形、BIM、倾斜摄影等数据进行融合，直观展示施工主体与周边地形关系，通过人员、运输车辆三维行进路线模拟，验证临时设施的合理性和实施性，得到最优的临设搭建方案（图 14），最大限度减少现场材料二次搬运。

（三）创新项目管理

1. 无人机巡航影像。无人机模块（图 15）集成了正射影像、倾斜摄影地形模型、土方挖填分析、航拍画面。通过实际土方挖填量与数字场景中土方挖填数据进行对比分析，完成了 5 次土方挖填方案优化；通过将无人机设备接入平台，定时定区域完成了 86 次自动巡航飞行；通过数字场景与航拍施工视频进行对比，直观展示项目进度。

2. 人员定位。采用 5G 通信技术、北斗定位技术与管控平台融合，项目管理人员通过佩戴定位胸牌，将项目管理人员在项目数字场景中动态展现（图 16），确保安全巡视工作落地。

图 14　模型融合

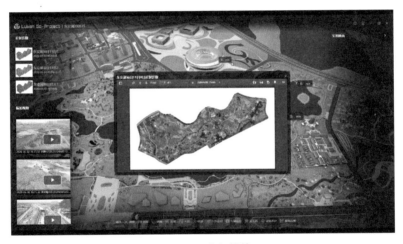

图 15　无人机模块

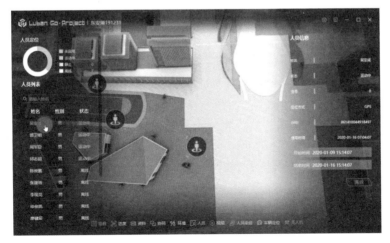

图 16　人员定位

3. 车辆定位。通过在主要作业车辆上安装定位装置，追踪车辆行动轨迹（图17），优化线路规划方案，最大限度减少交通冲突点，提高机械设备安全管理及运输效率。

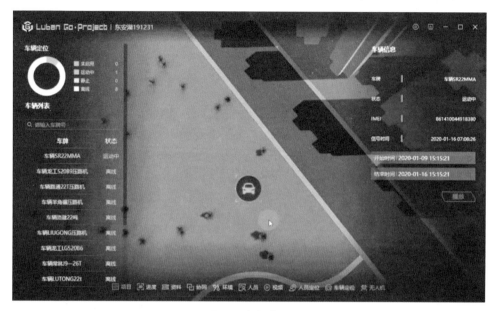

图17　车辆定位

4. 混凝土试块养护智能监控。该系统由植入设备、标养架、同养架、收样设备、认样设备、管理终端共同组成。系统信息包括养护状态、养护条件、养护预警次数等（图18），使得各参建单位实时监控养护质量，保证混凝土的养护质量。

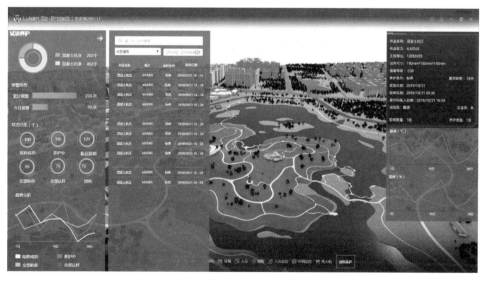

图18　混凝土试块养护智能监控系统

5. 基坑位移监测。本项目现场布置监测点93个，通过平台实时查看各监测点位移变化、变化趋势及监测的可视化区域范围（图19），对监测数据异常情况完成预警推送5次，有效减少基坑边坡的施工风险。

图 19 基坑位移监测系统

（四）基础项目管理

1.电子沙盘。电子沙盘（图 20）包含项目参建单位的基本信息，便于对项目基本信息的区域划分、统一归集、可视化查询。

图 20 电子沙盘

2.进度管理。平台与 BIM 系统数据互通，建立结构物全生命周期状态，能查看进度现场生产管理信息（图 21），实现施工过程模拟及现场进度对比，为进度纠偏提供直观依据。

3.资料管理。各工程资料与 BIM 模型构件关联，各参建方通过电脑端、手机端查阅（图 22），实现项目资料的各方协同、应用与共享。

4.协同管理。基于平台线上完成了各方报检报验、专项检查等传统线下工作流。本项目 60 余家参建单位共 554 名人员，共完成了 2890 个工作审批的流程闭环（图 23）。

5.环境监测。通过平台可实时查看现场天气、温度、湿度、PM2.5 及 PM10 情况（图 24），现场环境数据达到预警阈值时，预警消息会自动推送到手机端，便于管理人员及时、有效完成对现场环境的整治处理。

图 21　进度模块

图 22　资料模块

图 23　协同模块

图 24 环境监测

6. 人员考勤。人员考勤模块（图 25）将人员实名制、出勤记录对接监管系统，通过平台实时查看当日现场各队伍、各区块、各工种作业人员数量及考勤记录。

图 25 人员考勤模块

7. 施工现场监管。通过实时视频监控并记录施工现场车辆、人员进出、人员安全帽佩戴等情况（图 26）。

图 26 视频监控模块

四、应用成效

(一) 解决的实际问题

1. 提升了组织及统筹管理效率。该项目参建单位多、施工范围广、进度控制难、施工组织管理难度大。传统管理模式中，消息流通不畅导致沟通效率低，影响项目组织及管理。通过使用智慧建造施工管理平台，加强了各参建单位间的协调与管理，使管理立体化，能够实时获取施工过程中的质量、安全、进度等信息，大幅提高了数据收集与传递的效率，保障信息交互的时效性，实现了项目信息化管理，提高了各岗位间的沟通效率，为项目决策提供了可视化的数据支撑。

2. 解决了景观设计效果呈现难的问题。景观工程受关注度高，参与各方对美的审视存在不同，导致项目景观设计方案确定时间长、实施过程中变化大，最终成形效果难以控制。通过场景虚拟还原技术，对未来场景进行数字化、虚拟化建造，在沉浸式体验中，提前感受景观完工效果，锁定设计成果、加快设计方案敲定；并且具备优化设计和服务施工的作用，使景观效果一次成型，完美展现设计效果，减少施工样本区的修建，控制施工成本，缩短施工周期。

3. 解决了地形营造控制难的问题。大型施工场区内征迁推进不一，多区域需要分步实施，短时间内需要完成大量土石方内平衡，形成设计地形格局，土石方调配难度大，地形复测工作量大，地形调整时间长。将无人机测量数据生成施工地形模型，导入智慧建造施工管理平台与设计地形叠合比较，能够精确掌握填挖高差并快速计算工程量，优化土石方调配方案，提高地形测量效率，缩短地形调整时间，极大提升土石方作业工作效率。

4. 促进参建单位数字化转型。当前建筑企业的数字化程度相对较低，通过以"BIM＋GIS"数字场景为基础，结合无人机、IoT设备，实现数据采集多元化、功能便捷化、应用场景立体化，为企业数字化转型添砖加瓦，推动建造过程智慧化。

(二) 应用效果

智慧建造施工管理平台实现三维场景的搭建和还原、多专业软硬件信息的互通互联、打破了项目管理的数据壁垒，工程信息随时、随地抓取，及时反映项目推进的各项信息，为决策提供了数据支撑，强化对项目现场的实时监管，提升了项目智慧化建造应用水平，为实现建造过程智慧化奠定坚实基础。本平台构建了一个全生命周期的智慧建造管控中枢，有利于实现项目现代化创新管理模式的转变，达到服务设计、提升施工品质、加快施工进度、优化项目成本、实现虚拟建筑、管理信息化的整体目标。

执笔人：
中国五冶集团有限公司（杨根明、罗建勋、陈明实）
上海鲁班软件股份有限公司（胡铂、魏茂文）

审核专家：
郭红领（清华大学，建设管理系副系主任、副教授）
李久林（北京城建集团有限责任公司，总工程师、教授级高工）

华西集团智能建造管理系统

四川省建筑科学研究院有限公司
中国华西企业股份有限公司

一、基本情况

（一）案例简介

华西集团智能建造管理系统针对"人、机、料、法、环"等多要素实现数字孪生，利用互联网、物联网、云计算、人工智能、BIM 等新一代信息技术赋能于华西集团建设施工全过程。各个建设工程项目在统一的组织框架、标准体系和平台下协同作业，通过全面感知、智能分析、精准预测、实时预警及深度反馈等功能实现建筑施工全过程的闭环管理，提高了集团、公司、项目三级监管的效率，促进了施工关键信息的高效流动，提升了集团在建设工程项目中的多源数据信息高效化、智能化应用水平（图1）。

图1　华西集团智能建造管理系统工程指挥中心

（二）申报单位简介

四川省建筑科学研究院有限公司成立于1954年，曾为国家建工部西南建筑科学研究所。历经多次变革和发展，已成为专业门类齐全，科技力量雄厚的综合性建筑科研机构，具有科研、质量检测鉴定、勘察设计、监理、咨询、专项施工和新产品开发等业务能力。

中国华西企业股份有限公司传承了70多年的发展历史，是特大型国有建筑企业之一，年营业收入超过600亿元，市场遍及全国30多个行政区以及海外20多个国家和地区。公司共荣获"鲁班奖"、国家优质工程奖、"詹天佑奖"80余项，国家和省部级科技进步奖200余项。

二、技术产品特点和应用场景

（一）技术方案要点

1. "1+N+M"模式。在华西集团数字化平台统一框架下，华西智能建造管理系统建设采取"1+N+M"模式。1个平台（华西集团智能建造管理平台）、1个数据库（华西集团工程项目与施工大数据）、1套APP（松耦合式架构）。N个服务商，在华西集团统一管理标准的基础上，全国范围内发展多家智能建造集成服务商。M个硬件供应商，针对人脸识别、监控摄像头、闸机、传感器、黑匣子等硬件设备，在全球范围内遴选优质供应商，建立智能建造硬件供应商库。

2. 满足政策，统一管理，全国适用。四川省建筑科学研究院发挥标准优势，基于智能建造管理平台，深挖重点业务地区政府标准，建立政府标准数据库，结合项目诉求，对各项指标进行拆分、校核，在适用于华西集团工程项目管理标准的同时，又能在项目地有极强的适应性。

3. 统一数据中心，实时数据联动和传输。华西集团智能建造管理平台部署在云服务器上，统一数据中心，实现与数字化平台其他模块的数据库进行实时数据联动和传输，支持集团数字化平台如招标投标、合同签订、项目验收、库存管理等的协同运行。

4. 统一的开发者平台，标准化的数据接口。搭建统一的开发者平台，实现数据统一汇总和处理。建立标准化数据接口，满足现有项目的数据接入，保证现有项目数据接入的高效通顺。

5. 多方协同，提高信息传递效率。华西集团智能建造管理平台，将智能建造与建筑施工项目管理相结合，利用物联网设备和5G技术，在满足各地政策要求的同时，实现职责划分，精准推送，满足逐级管理需求，实现企业高效管理（图2）。

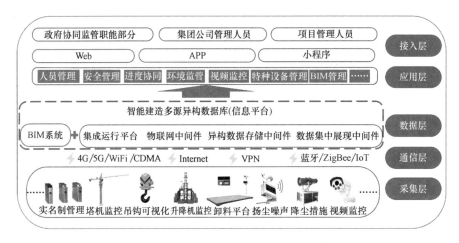

图2　华西集团智能建造管理系统架构

（二）产品特点

华西集团智能建造管理系统主要由劳务实名制系统、视频监控、塔机监控、环境监控、非道路移动机械及运渣车管理、安全质量巡检、进度管理、安全教育管理、危大工程管控、物料管理等多个板块组成。围绕数据采集、现场管理两个维度，对现场项目数据全方位采集，完成对项目现场数据整合，在智慧工地数据库进行数据存储、数据分析、问题分类、分级推送，最终进行预警通知、数据报表、作业联动、变化趋势的可视化呈现（图3）。

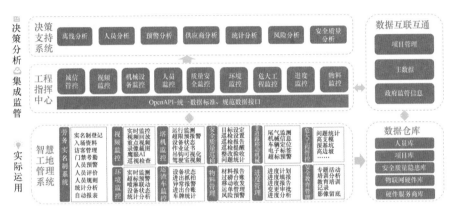

图3 功能构架

1. 劳务实名制系统。劳务实名制系统支持项目部通过实名认证功能对所有施工现场作业人员进行实名采集，并完善人员的相关信息。信息采集后汇总到平台形成人员库，供集团、企业、项目部等层级的管理人员对施工现场人员的考勤情况、从业情况、违法违纪情况进行精准掌控（图4）。

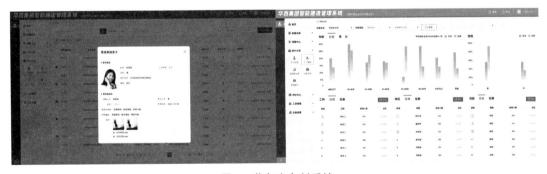

图4 劳务实名制系统

2. 视频监控系统。系统涵盖基础视频预览、控制、联动广播系统、AI智能识别等功能。AI智能识别功能主要基于深度学习算法，对工程项目中视频流进行智能分析，实现安全帽佩戴、反光衣穿戴、口罩、周边入侵及裸土等应用场景的智能识别（图5）。

3. 环境监控系统。环境监控系统支持空气质量、气象参数的实时监测，将PM2.5、PM10、噪声、温度、湿度等数据实时显示并上传平台。系统支持自动喷淋功能，当达到设定的阈值时系统自动向雾炮机、喷淋系统发送指令进行自动降尘处理，当超标数据下降到阈值以下时，喷淋系统自动关闭，实现环境监测的无人化、自动化管理（图6）。

图 5　视频监控系统

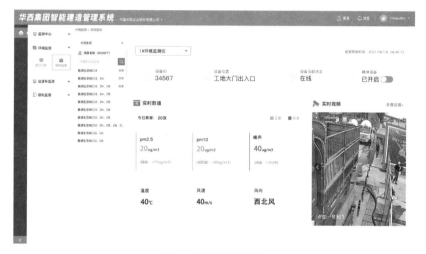

图 6　环境监控系统

4. 运渣车监控系统。在日常施工中整合现场视频监控系统，通过施工项目进场车辆识别结果与建立运渣车信息库进行比对，禁止不符合规定的车辆入场，达到入场车辆管控，避免造成使用未备案车辆的信用扣分（图 7）。

图 7　运渣车监控系统

5. 塔机监控系统。塔机监控系统包含了前置系统、传感器设备、监控平台，实现了塔机的实时安全监控、运行记录、预防碰撞、安全报警等功能。通过物联网技术，实时分析塔机运行情况，使建设主管单位、施工责任单位等相关责任主体都能及时了解工地设备运转状况，提高安全生产水平（图8）。

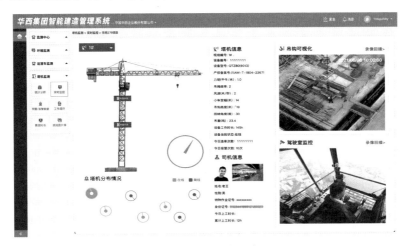

图8　塔机监控系统

6. 预警告警系统。围绕人、机、料、环、进度、安全等维度打造适用于华西集团的预警告警系统，可实现提前防范、指导处理、扩大接收面以及提供问题发生后的申诉通道（图9）。

图9　预警告警系统

7. 安全质量巡检系统。安全质量巡检系统可在巡场过程中发起质量检查和整改要求，后续工作可实时在线化进行，最大限度地提高质量问题的发现和处理信息的时效性（图10）。

（三）产品创新点

1. 技术创新。利用大数据和建筑案例深度学习的方法，确定传感器种类及数量、传感器通信方式、数据应用能力、软硬件系统集成度等20项因素指标，应用"ISM（解释结构模型）＋AHP（层次分析法）"方法，识别因素指标的层次关系及影响力，提高智能建造的建设水平。

2. 理论创新。针对智能建造物联网构建本身，研发电子标签，传感器、摄像头、红外感应器等几十种在智慧工地中使用的传感器，并且抽象其物理模型，实现数字孪生技

图 10 安全质量巡检系统

术，分析信号信息的可用性和必要性，为构建基于数字孪生的智能建造物联网系统提供扎实的理论依据。

3. 应用创新。华西集团智能建造管理系统的构建基于云计算、边缘计算的离网、在线双智能"大脑"系统，实现智能建造全生命链条的"人、机、料、法、环"五大要素的信息采集和管理，依靠交互、感知、决策、执行和反馈，将信息技术与施工技术深度融合与集成，形成智慧建造、智慧管理、智慧溯源、深度决策的一体化平台。

三、实施情况

（一）工程项目基本信息

成都青白江铁路港木材物流仓储基地项目（以下简称"成都物流仓储基地项目"）位于成都市青白江大西南木材城以东，经二路以西，青山路一段以南，是青白江国际木材交易中心的大型木材交易市场。项目共 8 栋，由 1 号综合楼、2 号～8 号库房组成。1 号综合楼结构形式为框架剪力墙结构，2 号～8 号库房结构形式为门式轻钢结构，项目总建筑面积为 56685.66m^2，于 2021 年 5 月 20 日开工，预计 2023 年 1 月对外试运营。

（二）应用过程

为强化华西集团建设工地施工管理手段，成都物流仓储基地项目根据施工管理要求，项目施工全过程全部应用智能建造管理系统，提高施工过程中"人、机、料、法、环"等全场景监管效率。系统功能主要包括：劳务实名制系统、视频监控系统、环境监控系统、运渣车监控系统等。

1. 劳务实名制系统

基于成都物流仓储基地项目的需求，劳务实名制系统聚焦在实名制、门禁出勤、工资管理、预警中心、人员评价等功能。图 11 展示的是项目人员汇总数据，从项目现场作业人员分布、近 7 日人员变化及出勤情况、人员动态等数据实时展示项目施工人员进出场信息，一览式掌握项目人员情况。

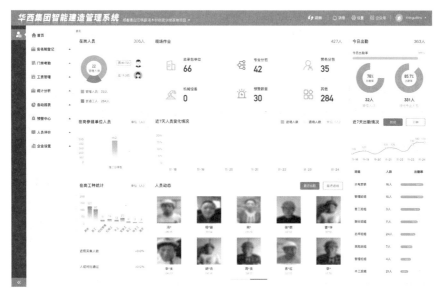

图 11　劳务实名制系统

同时，项目中创新性应用了临时人员来访管理功能。通过使用二维码登记的方式，使来访人员只需通过手机填写访客信息以及安全教育须知阅读，就可实现与门禁闸机联动。来访人员可在对应的时间获得通过门禁系统的许可证，劳务实名制系统实时显示和储存来访人员信息，提高了项目来访人员信息登记、管理以及来访人员查询的效率。

2. 视频监控系统

根据政府、集团、公司规定，成都物流仓储基地项目对重点施工区域、主要作业面、人员通道进出口、主要道路面、围挡以及项目施工制高点等重点部位实现了无监控盲区的实时监控。在该项目中还使用了现场连线功能，若项目部或者公司发现施工问题或安全隐患，管理人员可直接下发整改并与现场人员视频连线（图12）。

成都物流仓储基地项目在制高点安装了高清球形摄像机，实现了吊钩可视化功能（图13）。从制高点对施工现场的实时监控，可清楚地掌握全现场的施工情况，提前锁定安全隐患，及时推送违章、报警数据，提高文明施工、安全施工的管理效率，降低事故发生的概率。

图 12　视频监控画面

图 13　吊钩可视化

此外，该项目还创新性地应用了 AI 智能识别功能（图 14），对工地明火烟雾、安全帽佩戴、口罩佩戴等情况实现了智能识别，项目安全帽佩戴率达到了 100％，提高了施工现场的管理效率，强化了项目管理手段。

图 14　AI 智能识别功能

3. 环境监控系统

物流仓储基地项目根据成都市扬尘、噪声监管要求，对施工现场环境状况进行了实时监测，实时显示现场环境的监测数据（图 15）。一旦发现扬尘异常超标情况，系统将自动联动喷淋系统进行降尘处理，解决了传统人为启动扬尘设备的弊端，提高了施工现场污染治理能力，助力现场绿色施工。

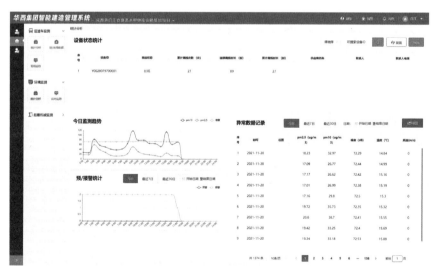

图 15　环境监控系统

4. 运渣车监控系统

物流仓储基地项目对施工现场每日进出车辆进行实时监控、图片抓取，及时发现未备案、未清洁、未覆盖车辆，不让问题车辆进入和离开施工现场（图 16）。

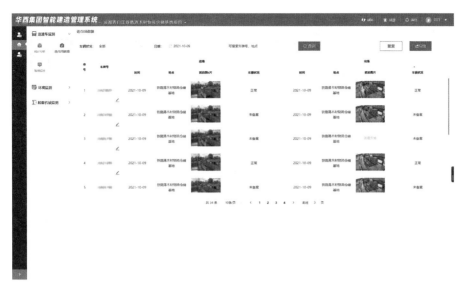

图 16　运渣车监控系统

四、应用成效

(一) 解决的实际问题

华西集团智能建造管理系统旨在解决数据孤岛，实现华西集团各建筑施工工程的数据联动和传输，提高集团管理效率。

1. 打通项目数据互连通道，提高了华西集团管理效率。目前，同一建筑企业内部存在不同项目使用不同平台技术方案的问题，造成无法统一调配。华西智能建造管理系统的建设，避免了平台在各地无法兼容及数据孤岛问题。

2. 建立了企业智能建造相关技术、数据标准、导则，形成了项目预警报警体系。通过华西集团智能建造系统的建立，形成企业自身的智能建造相关技术、数据标准、导则，生成项目日常生产建设中的各项预警信息，为项目日常管理提供依据和警示，做到提前预警防患未然。

3. 建立了数字化管理平台，构筑竞争新优势。华西集团智能建造管理系统，通过物联网设备和互联网技术，依托云底座，提高了华西集团数字化、智慧建造意识，培育了基于数据驱动的企业新型能力，构筑了华西集团竞争新优势。

4. 完善了项目监管体系，形成标准化业务流程。通过华西集团数字化平台的上线应用，利用数字化技术和手段，将项目施工的全流程数据串联，统一集团的建设项目安全质量监管体系，形成标准化建设业务流程。

(二) 实际效果

华西集团智能建造管理系统建成后，通过实时管理、远程管理、智能管理等精细化管理手段，将建筑工人的自我管理与企业管理融合在一起，建立起满足总包企业多层级现场施工管理需求的数据中心，实现项目现场管理与企业管理的互联互通，从而实现现场施工管理模式的创新，进而完善项目现场监管信息化体系，降低了建筑施工管理成本，拓宽了管理幅度，提高了管理效益，实现了向技术要利润，向管理要效益。

执笔人：

四川省建筑科学研究院有限公司（杨晓娇、马杰）

中国华西企业股份有限公司（赵崇贤、赵立春、赵兵）

审核专家：

郭红领（清华大学，建设管理系副系主任、副教授）

李久林（北京城建集团有限责任公司，总工程师、教授级高工）

成都市智慧工地平台

成都市建设信息中心
成都鹏业软件股份有限公司

一、基本情况

(一) 案例简介

成都市智慧工地平台主要通过布置在施工现场的监测设备,如视频监控、扬尘监控、塔式起重机监控、实名制考勤、运渣车监控、基坑监测、地基检测等设备,采集现场业务数据,清洗、校验和存储后,根据指标进行数据建模,实现现场各数据的统计查询及深入挖掘。根据处理结果,系统锁定施工现场质量、安全隐患,并提示预警。预警信息直接通知施工现场相关负责人,责令限时整改或信用扣分。主管部门对责任主体整改的情况进行监督检查或抽查,进一步规范施工现场行为,确保监管落地,措施见效。目前,平台已实现了质量管理、安全管理、文明施工、人员管理、智能识别、综合分析、活动保障、历史回顾等 8 个大场景 32 个小场景。

(二) 申报单位简介

成都市建设信息中心于 2021 年 3 月因机构改革合并至成都市住房和城乡建设信息档案中心(成都市建设工地事务中心)。该中心由成都市房地产信息档案中心更名成立,加挂成都市建设工地事务中心牌子,于 2021 年 3 月明确机构职能编制规定,为正处级公益二类事业单位。

成都鹏业软件股份有限公司成立于 1998 年 10 月,是国内建设行业和房地产行业信息化管理整体解决方案的供应商和服务商。公司是国内较早从事工程项目管理软件的企业之一,围绕工程建设项目全生命周期为客户提供信息化软件产品、应用解决方案及服务,拥有 7 项专利、130 项著作权,参编 4 个国家标准、13 个行业标准、11 个地方标准。

二、技术产品特点和应用场景

(一) 技术方案要点

平台采用微服务架构体系,分为数据支撑层、数据管理层、核心服务层和应用系统层。数据支撑层涵盖企业、人员、项目以及业务数据库,通过 ETL 工具实现数据的抽取、治理和归集。数据管理层以项目为主线将企业、人员和业务数据进行有机融合,支持数据分析、共享和异常预警。核心服务层主要提供业务基础支撑组件和业务逻辑管理服务,为业务平台的建立提供数据微服务支撑。应用系统层主要是为主管部门、建设单位、施工单位、监理单位等提供大屏端、PC 端和移动端等多应用场景的功能应用支撑(图 1)。

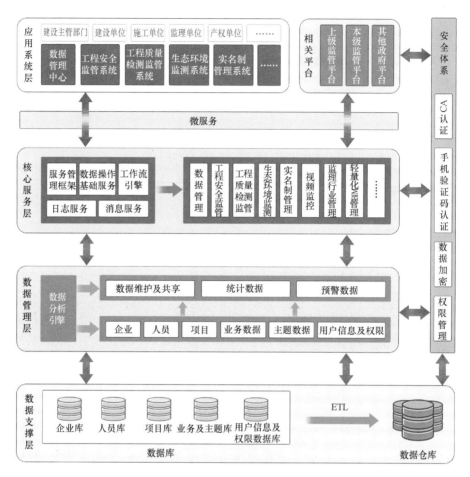

图 1　系统架构图

　　一是微服务架构，支持与不同平台的集成；二是现场监管模块全覆盖；三是引入 AI 智能视频识别功能，实现运渣车、安全帽、裸土覆盖等实时识别和平台巡查识别的应用场景；四是与信用评价结合，形成管理闭环；五是"1＋N"管理办法，为智慧监管提供制度保障。

(二) 产品特点及创新点

　　1. 数据综合分析应用。通过对施工现场数据的全面采集，实现了对质量检测、塔式起重机（安装、拆卸、顶升）安全风险、岗位人员脱岗、违规作业、劳务用工、疫情防控、混凝土供应、工资发放、停工停建、夜间施工等多方面的数据分析应用和预测预警。

　　2. AI智能识别应用。通过前端视频智能巡检施工现场情况，自动发现未佩戴安全帽、裸土未覆盖、现场脏乱差等违规行为，对进出车辆、安全帽、裸土、危险区域闯入等综合识别。车辆识别准确率达到 98％以上，其他准确率达 70％以上，大大提高巡检效率，同时延长了监管时间，真正实现 24 小时全天候自动监管。

　　3. 线上巡查巡检。建立日常巡查和专项巡查制度，通过双随机抽取项目，专业技术团队进行线上巡检，发现问题及时发起现场处置流程。当发现重大安全风险时，可通过视频连线，与项目现场实时交互，实现现场视频画面全覆盖，通过线上巡查能发现80％的安全和文明施工问题。

4. 全过程全要素监管。涉及质量安全日常巡查、工程质量检测、塔式起重机全生命周期监控、运渣车及非移动机械监控、人员实名制管理、扬尘监控、建材管理等人、材、机、环的全要素一体化管理平台。

5. 与信用评价结合。通过数据分析落实的问题，自动与信用评价进行关联扣分，提高了信用评价的公平性，同时也减少了自由裁量权。信用评价结果与企业招标投标挂钩，直接影响企业市场活动。

6. 大数据分析及预警应用。解决人员到岗、扬尘监控、夜间施工、停工停建等传统管理模式难以解决的问题。

7. 无人机巡检。通过无人机巡查，不但能确保巡查人员人身安全，又能及时发现施工中存在的质量问题和安全隐患，便于管理者开展隐患排查和工程质量检查工作，提高工作效率。

（三）应用场景

平台主要适用于两大场景，一是建设行政主管部门监管场景，配合相关管理办法，对质量、安全和文明施工进行全方位的监管；二是建设单位、施工单位精细化管理场景，通过全面采集施工过程数据，实现过程可追、环节可闭、风险可控。

三、实施情况

（一）案例基本信息

平台以企业、人员、项目为基础，以"一网通办、一网统管、一键回应"为指导思想，通过建立数据标准和协议，对相关各子系统数据按照数据标准进行全方位采集、治理、应用和共享，形成工地大数据中心，并利用大数据分析技术，对质量、安全、文明施工等多个维度进行统计分析，辅助管理层决策动态掌握建设情况和突出问题，提升科学决策能力。目前，平台已接入3800多个工程项目，涉及质量、安全、文明施工、现场人员、施工机械、进场材料等多个方面，是项目管理、企业管理和政府监管相结合的综合管理平台。

（二）应用过程

1. 线上巡查应用场景。通过安装于施工现场的高清摄像头，配合《智慧工地线上巡查管理办法》实现人工巡检和AI智能巡检。人工巡检是安排视频监控专职人员负责项目内设备检查及视频监控数据调取、检查，并对违规行为进行取证。AI智能巡检是利用智能图像识别算法，对作业面未佩戴安全帽、裸土未覆盖、基坑积水等安全或文明施工风险进行自动识别和证据留存。人工和智能巡检发现的问题都将自动生成问题处置单，并根据不同的风险级别推送给不同的责任主体进行整改回复，未整改回复的将进行信用扣分，形成监管闭环（图2、图3）。

2. 远程视频调度应用场景。现场视频调度是利用手机APP实现施工现场与监督机构之间的实时视频连线，连线后可进行详细的沟通。远程视频调度是对现场固定视频的有力补充，可以覆盖固定视频不能覆盖的区域，在进度核查、应急处置、问题沟通等场景应用中具有显著效果。在调度工作中可以实时记录项目问题，便于后期持续跟踪处置（图4）。

图 2　行为识别

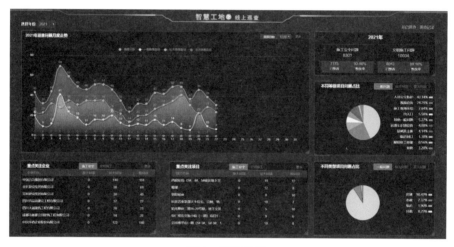

图 3　巡查处置

图 4　现场视频连线

3. 质量检测应用场景。施工质量检测应用通过芯片、二维码、手机GPS定位等手段对工程送检的样品进行身份绑定，并通过对检测设备的改造，实现检测数据和检测报告的实时上传，有效减少了检测过程中的样品造假、报告造假等行为，促进工程质量的提升。系统还通过对样品的检测数据进行分析，对违规见证、违规送样、不合格报告等异常数据进行预警，辅助监督人员的监督工作，为事后追责提供依据（图5、图6）。

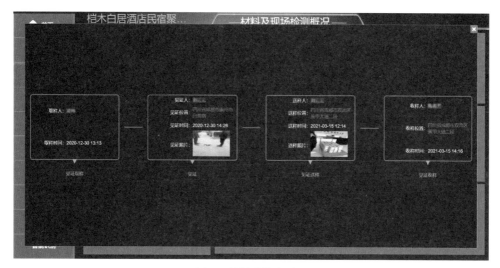

图5 材料送检全过程

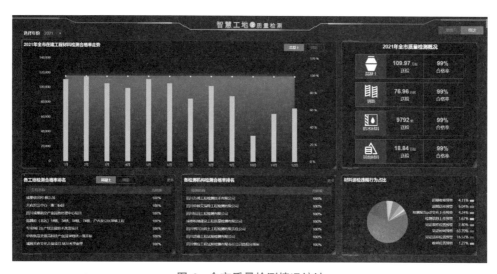

图6 全市质量检测情况统计

4. 实名制管理应用场景。建筑用工实名制管理构建了集企业人员信息采集、实名认证、人员派遣、现场考勤（人脸识别）、在岗管理、工资支付、安全教育、维权投诉、信用评价及过程监管于一体的安全、实时、高效的综合管理平台。通过人脸识别技术对岗位人员和劳务人员进行实名认证，形成人员实名基础库，有条件实施封闭式管理的项目通过人脸识别终端与门禁系统结合实现现场考勤，不具备封闭式管理的工程项目，采用手机移动定位、电子围栏等技术实施考勤管理，采集的现场考勤为岗位人员在岗、劳务人员工资

图 7　电子围栏考勤

支付等提供数据支撑（图7、图8）。

5. 塔式起重机安全管理应用场景。塔机安全管理应用场景集成互联网技术、传感器技术、嵌入式技术、数据采集技术、大数据技术等实现多方实时监管、区域防碰撞、塔群防碰撞、防倾翻、防超载、实时报警、实时数据无线上传及记录、实时视频、语音对讲、数据黑匣子、远程断电、精准吊装、人脸或指纹驾驶员身份识别、塔机远程网上备案登记等功能。同时，与实名制管理结合对顶升、拆卸等人员持证、人员到岗数量等进行精准管控，减少安全事故的发生。

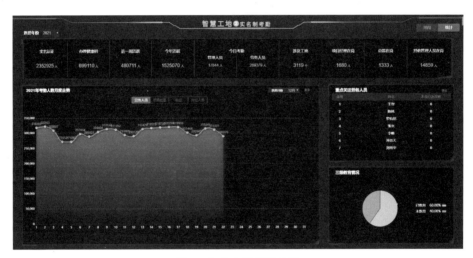

图 8　全市人员考勤统计

6. 运渣车管理应用场景。运渣车管理是利用智能识别技术对进出工地的车辆进行车牌、车型和车身清洁度进行识别，识别结果与城管委备案的渣土运输车车牌管理库中的车辆进行比对，对未备案的车辆进行报警提醒，并通知项目部整改回复，对报警次数多且长期不回复的工地进行排名分析，为双随机检查或重点监管提供支持（图9、图10）。

7. 扬尘管理应用场景。工地扬尘管理通过前端传感设备和视频设备，实时采集施工现场的 PM10、PM2.5、噪声、现场照片等数据，在扬尘超标时进行自动预警并通过无线连接启动喷雾或喷淋设备，实现自动降尘，提高了扬尘的处理效率，并且为监管部门提供实时有效的动态颗粒物、噪声数据和图像数据，解决取证难、处罚难的问题（图11、图12）。

8. 占道统筹应用场景。通过与开工统筹管理系统进行对接，获取全市占道施工项目区域信息及申请占道时间。通过调取占道施工区域附近的天网摄像头，对占道区域设计的合理性进行精准审查，以及超期未拆违的进行预警（图13）。

图 9　车辆智能识别

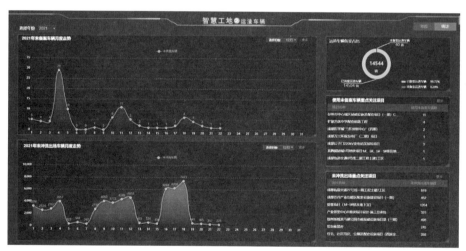

图 10　全市运渣车运行情况统计

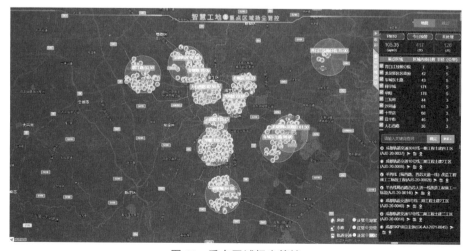

图 11　重点区域扬尘管控

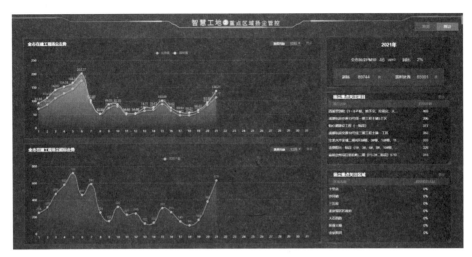

图 12　全市扬尘监控统计分析

图 13　占道施工审核

9. 智能识别应用场景。通过安装于施工现场的高清摄像头，利用"人工智能＋图像识别"技术，对作业人员未佩戴安全帽、现场裸土未覆盖、车辆出场未清洗等违规行为自动识别查证，及时向施工现场管理人员和监督部门预警提示，并对未及时处置的相关企业实行信用扣分（图14、图15）。

10. 停工停建监管应用场景。利用综合施工现场人员考勤、施工机械、施工材料等各类数据，通过大数据技术，自动分析研判项目是否有停工风险，并及时向属地监督部门预警提示，进行现场复核（图16）。

11. 无人机巡检应用场景。利用无人机代替人员从不同高度、不同角度对不易达到的施工部位进行现场航拍，从而将整个施工现场的视频和图像资料实时回传给操作人员和智慧工地调度中心，通过中心专业人员的分析，及时发现质量和安全隐患，并下发相关责任单位进行整改（图17、图18）。

图 14　安全帽识别

图 15　裸土覆盖识别

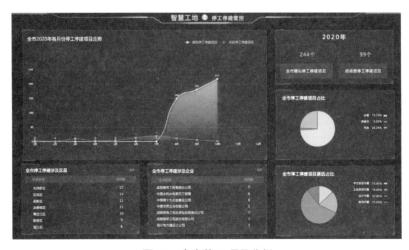

图 16　全市停工项目分析

图 17　外墙脱落拍摄

图 18　塔式起重机吊臂拍摄

12. 轻量化 BIM 应用场景。利用项目的轻量化 BIM 模型，将施工现场的各种问题进行汇聚呈现。通过与现场视频以及视频调度相结合，充分掌握施工进度、质量、安全等突出问题，为项目推进决策提供数据支撑（图 19、图 20）。

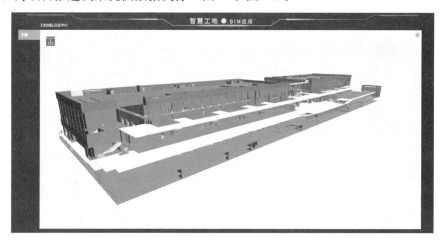

图 19　项目 BIM 模型展示

图 20　项目 3D 建模

四、应用成效

（一）解决的实际问题

一是信息汇聚，一网通管。创新监管制度，优化业务流程，按照横向到边、纵向到底原则，优化提升各监管子系统，推动系统全联通，监管全覆盖，实现建设工程项目"一网通管"。

二是创新监管，夯实责任。打造"施工设施设备＋黑匣子"的智慧监管新方式，推动企业主体责任和政府监管责任双落实。利用"黑匣子"的实时监测功能，将各类违规预警信息即时推送项目三方主体，提升施工现场问题发现、处置能力，强化企业质量、安全和文明施工主体责任的落实。利用"黑匣子"的记录功能，让违规行为无处遁形，结合"双随机"在线检查，提升政府部门事中事后监管能力，强化政府监督责任的落实。

三是调度会商，应急指挥。依托智慧工地平台的数据汇聚优势，整合视频会议系统等其他资源，实现工程项目远程调度和工程事故应急指挥。

（二）实际效果

1. 通过对比 2019 年和 2020 年的数据发现，平台上线后施工质量有所提升，安全事故同比下降 30%。

2. 初步形成无感监管、无处不在、无事不扰的监管模式，实现全市项目的全覆盖。

3. 通过多维数据汇集，已实现 2 起重大事故的线上调度。

4. 初步形成全覆盖、无死角、快处置模式，2020 年全年发现安全问题 5590 起，文明施工问题 1425 起。

5. 通过智慧管理，政府提高了监管效率，企业降低了管理成本。

（三）对行业的借鉴意义和推广价值

1. 经济价值

以成都市住房和城乡建设局为例，平台上线后每年可节约监管人员跑现场的直接和间接成本 300 万元以上，因安全事故下降避免的经济损失 1000 万元以上，企业通过平台远程管控，节约管理成本 1 亿元以上。

2. 社会价值

（1）推动建筑行业信息化水平提升。平台全面而高效的对建设工程工地现场的各个环节进行监控和快速反应，极大地提升企业和监管部门对工地现场监管的效能，弥补单纯人力监管存在的低效率和慢响应等问题，打破独立分项专业系统间的信息壁垒，使得信息化技术进一步融入日常的建筑业监管工作当中，提升企业和行业主管部门的监管工作效率。

（2）推动全市建筑业转型升级和提质增效。平台全面采集施工各环节数据，为企业精细化管理提供支撑，通过过程控制提升工程质量，减少安全事故，让老百姓住上放心房，提升幸福指数。

执笔人：
成都市建设信息中心（周云川、许山荣、罗璇、庄旭东）
成都鹏业软件股份有限公司（马彬）

审核专家：
郭红领（清华大学，建设管理系副系主任、副教授）
李久林（北京城建集团有限责任公司，总工程师、教授级高工）

标准化开源接口在成都建工智慧工地平台的应用

成都建工集团有限公司
成都建工第五建筑工程有限公司

一、基本情况

（一）案例简介

成都建工智慧工地平台以提高各建设施工现场精细化管理水平为指导思想，建设聚焦"工地"核心应用场景，将具有开源接口标准的管理平台应用至智慧工地平台建设中，集团、子分公司、项目部在统一的三级应用组织框架、标准体系和平台界面下协同作业，进行统一的指导与管理；利用扩展需求的三级智慧工地大数据平台体系，适配现阶段众多的智能化设备接入，实现平台的多功能应用，提高了安全监管力度、降低事故发生频率、打通工地管理路径，为规范现场管理机制提供信息化、智能化手段。

（二）申报单位简介

成都建工集团有限公司（以下简称"成都建工集团"）前身为成都市建工局，历史可追溯到 1950 年，是我国中西部地区国有特大型综合性建筑企业集团，是国家级装配式建筑产业基地。公司坚持构建主业突出和协同发展产业体系，做强房屋建筑施工和市政路桥建设两大支柱业务，做优勘察设计、机电安装、装饰装修和建材物流四大业务。

成都建工第五建筑工程有限公司成立于 1965 年，是西南地区唯一荣获国家施工企业"五小虎"称号的优秀国有建筑施工企业，业务范围涵盖建筑工程、市政公用工程、机电安装工程、钢结构工程等板块，坚持以一流的质量，一流的服务打造精品工程。

二、技术产品特点和应用场景

（一）技术方案要点

针对市面上各类接入设备"多源""异构"的特点，本平台基于工业物联网思想与深度学习的语义物联网逻辑架构，为智慧工地第三方接入设计了标准化的数据接口标准，对多源设备快速接入建立了一套完整的验证标准，内置的适配器接口能适应现有市场 95% 以上的扬尘、塔吊、劳务实名制、视频监控等设备的自动适配接入，同时为自主创新设备的研发提供了底层支撑（图 1）。

（二）产品特点及创新点

1. 具备"集团—分子公司—项目部"三级体系架构。基于工业物联网思想，建立设备接入整体架构，形成开放的平台体系，为多源设备接入提供底层"基石"，研发一套具

图 1　系统架构图

有包容性的"智慧工地"平台系统，形成标准化数据接口形式；该系统支持开源衍生功能，具备共享、服务式架构体系（图 2），满足不断扩展及对外服务接入的需求。

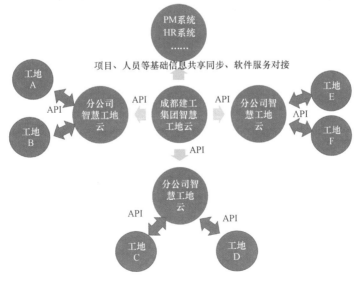

图 2　系统构建模式图

2. 基于"标准开源接口"建立的一个大数据平台及指数平台。系统实现了建设信息汇总，确保了数据的真实、可靠、安全性，随着项目的开展和时间的推移，系统还为下一步升级数据应用预留了统计接口，可服务于政府机构、社会大众，具有较大社会效益。

3. 建立基于 Deep Learning（深度学习）的软件平台底层逻辑架构。结合 AI 识别及边缘计算方法，利用有监督机器学习方法训练获得所分析协议的分类模型，对多种网络协议进行有效的协议识别，为多源异构设备接入提供"大脑"。

4. 基于工业物联网思想与深度学习的语义物联网逻辑架构，采用 Cordova 混合式移动开发技术，建立了一套智慧工地开放平台软件适配构架，为多源异构设备智能接入建立软件应用体系。

5. 实现多源异构数据下的工地大数据系统应用管理功能一体化。该平台基于软件开发标准规范，采用统一数据源访问接口，能适配现阶段众多的智能化设备接入；融合"BIM+GIS"协同模式下的"5G+4K"高清的智慧工地现场全景应用（图 3）；实现了高精度气压计、GPS/北斗传感器、磁感器、压力传感器、三轴加速度传感器的集成化监测；能通过终端人员安全带的内置传感器实时检测数据信息，经无线传输模块发送至云平台，实现可视化安全监督和预警目的。

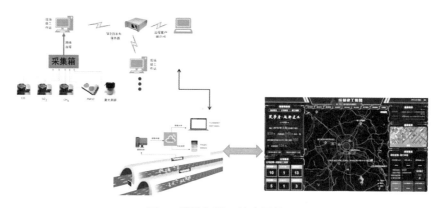

图 3　隧道智慧工地应用接口

6. 多期建设，保持系统长期的生命力。通过普适性原则与特殊性原则结合的方式，可适应线下、线上工地业务实际需求的变化，系统实现了在多源、异构数据下的工地大数据系统应用管理功能一体化，可对上、对下实现双向信息共享与管理。

7. 危险源分析。基于卷积神经网络设计了 23 个卷积层的自动识别技术，针对现场存在的重大危险源，如未佩戴安全帽、高空作业未系安全绳等，进行大量样本采集，基于自动识别技术归纳算法，得到危险源识别模型。采用这些模型，通过摄像头对现场存在的危险情况进行识别并自动预警反馈给相关责任主体来确保项目安全合理有效的开展（图 4）。

（三）应用场景

本平台适用于中、大型建筑企业推广智慧工地管理平台标准化开源接口的建设。目前，该平台已在成都建工集团在建 798 个工程中推广应用，涉及房建工程、市政工程、桥梁工程、城市轨道交通工程等领域，现已累计接入设备合计 10000 多台，共 1500 余家供应商。

图 4　未佩戴安全帽分析

三、实施情况

(一) 工程项目基本信息

建工梧桐屿项目位于成都市青白江，由住宅、商业、地下车库、农贸市场以及社区卫生服务中心等组成，总建筑面积约 419176.84m^2，于 2018 年 7 月 11 日开工，2020 年 12 月 30 日正式投入使用。2018 年 10 月，成都建工集团确定在梧桐屿项目开展智慧工地管理平台标准化开源接口建设试点，2019 年 3 月成为"成都市智慧工地观摩工程"之一。成都建工集团确定在此基础上将应用深化推广，以产学研模式，定制开发集团级智慧工地平台系统。

(二) 应用过程

在进一步完善成都建工智慧工地平台标准化开源接口建设与管理体系方面，梧桐屿项目部以开源接口在平台中的建设管理需求为导向，分阶段分重点有序开展平台开源接口标准化应用：开源设计、架构建立、设备识别、协同管理等。

1. 标准化开源接口

现阶段，智慧工地蓬勃发展，各类接入设备具有"多源""异构"的特点。协议众多、接入复杂，建立整体运维体系困难。根据成都建工集团要求，引入工业物联网管理特质，设计建工特色的智慧工地平台，包含视频、实名制、塔吊、扬尘、智能安全带、大体积混凝土温控设备、质量巡查、安全巡查等，致力打造建工智慧建造生态体系。针对平台中涉及的硬件对接部分，包括视频、实名制、塔吊、扬尘等设备，基于工业物联网思想建立整体接入架构为智慧工地第三方接入设计了标准化的数据接口标准。

2. 建立应用层架构

根据成都建工集团平台的建设目标和内容，智慧工地开放平台采用 MySQL 作为数据库存储软件，Redis 作为数据缓存服务器，存储高频访问的数据。总体架构从下到上依次为数据采集层、数据传输层、数据存储层、服务层、应用层和用户层，为多源异构设备智能接入建立软件应用体系（图 5）。

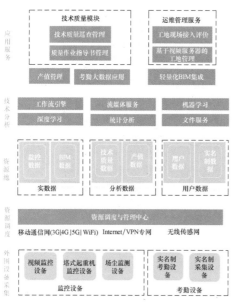

图 5　平台应用架构

3. 建立开源接入架构

针对纷繁的接入设备，成都建工第五建筑工程有限公司基于物联网规则引擎的系统体系，依托面向服务架构的思想（SOA），引入物联网平台规则引擎，将系统所有功能模块以 SOA 架构进行设计（图 6）。基于云部署的方式可将应用快速部署到私有云，如在用户本地局域网或专网环境，这种可伸缩的独立部署方式为建立三级指挥工地平台提供了极大的便利性。与此同时，考虑目前第三方 BIM、人工智能平台、各类物联网平台的大场景可视化、数据挖掘与计算能力，此次搭建的平台与第三方平台具有良好的接口，同时，对多源设备快速接入也建立了一套完整的验证标准，为自主创新设备的研发提供了底层支撑（图 7）。

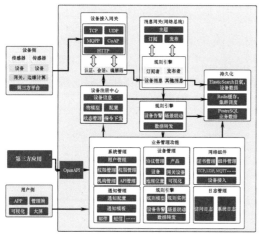

图 6　JetLinks 物联网平台

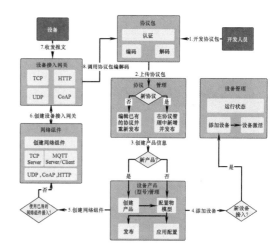

图 7　设备接入标准流程图

4. 构建基于深度学习的设备接入识别

根据平台打造成都建工智慧建造生态体系的要求，过程中有大量的"多源""异构"设备需要对接平台，为保证设备快速接入，确保数据真实有效，成都建工第五建筑工程有限公司在设备接入中建立基于 Deep Learning（深度学习）的语义物联网逻辑架，基于语义敏感的网络协议识别方法及系统，以特定设备网络数据报文集合作为输入，构建所分析协议的关键字模型；训练提取数据报文的分类特征信息，以获得的关键字特征向量作为输入，利用"有监督机器学习"方法训练获得所分析协议的分类模型；利用协议分类模型对待测网络数据报文的协议属性作出判别，充分挖掘网络消息报文中潜在的协议语义信息，对多种网络协议进行有效的协议识别（图 8）。

5. 基于微服务的高并发、高可用处理

由于平台的功能逐渐丰富，面临的数据处理压力也会越来越大，对后台运行处理性能的要求也越来越高，对此，成都建工第五建筑工程有限公司采用"ActiveMQ＋Redis"的微服务技术，实现对高频数据的接收及访问。其中 ActiveMQ 作为消息中间件，用于高频数据的接收与获取。使用 Redius 建立三级缓存，减低数据库访问频率，提高访问速率。

6. 多端口同步实时协同管理

通过建设 PC 端数据源服务以及"管理后台＋移动端 APP＋智能终端支持"打造了一个全方位全天候的智慧工地管理平台，提供"现场实时在线监控、交流互动、数据共享、智能分析"等多个模块，通过

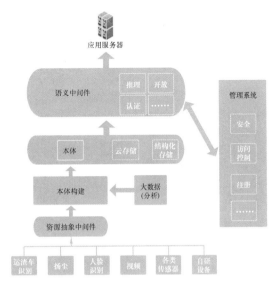

图 8 　基于 Deep Learning（深度学习）的语义物联网逻辑架构

权限管理打造一个让公司决策层、项目管理层以及一般作业人员互动交流并解决问题的一个重要平台。

（三）基于开源接口标准化接口的市场设备接入

成都建工第五建筑工程有限公司基于开源接口标准化研发的一套具有包容性的"智慧工地"平台系统，通过 AI 学习形成的软件适配接口，满足市面上 95% 以上智能化产品数据自动识别对接平台，实现了平台在半小时内数据分析识别上传，经后台审核数据真实性后完成平台数据对接显示；并且该系统支持开源衍生功能，具备共享、服务式架构体系，满足需求不断扩展及对外服务接入的能力。

1. 视频图像可视化系统模块

视频监控设备管理中通过读取设备名称、设备品牌、设备型号关键字自动匹配设备，实现对建筑施工现场的实时监控（图 9）。

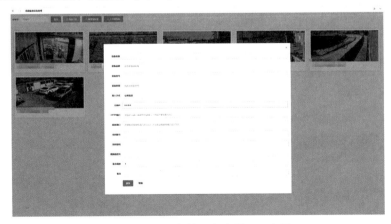

图 9 　监控设备管理台账界面示意图

2. 实名制管理系统

根据市场上的劳务实名制设备的数据传输共同点，通过 AI 学习，对设备的数据传输进行自动读取、录入，并上传平台等待人工校核。

3. 工地环境监测

针对满足国标的扬尘监测设备，整合标准数据格式信息，与国标扬尘数值相关联，做到主动预警（图 10）。

图 10 扬尘数值图

（四）基于开源接口标准化接口的自主设备研发

1. 具有监测感应功能的智能安全带

依托现有的智慧工地平台，发明了具有特质钢绳感应线的智能安全带（图 11、图12）。实现了对高空作业人员的空间定位，通过无线网络实时传输定位数据，并通过云平台即时演算，进行空间位置及挂钩使用状态判断，对高空作业人员的智能安全带使用情况实时反馈与预警，对违规操作及时纠正，加强项目安全管理，进一步实现了智慧管理。

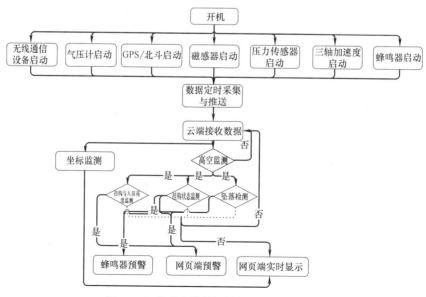

图 11 智能安全带数据检测施工工艺流程

智能安全带管理云平台界面主要对智能安全带相关信息进行展示与统计。会对施工现场项目人员轨迹进行采集并形成路线图，并对未正确佩戴与使用安全带的人员进行平台滚动消息推送与警示消息下发（图13）。

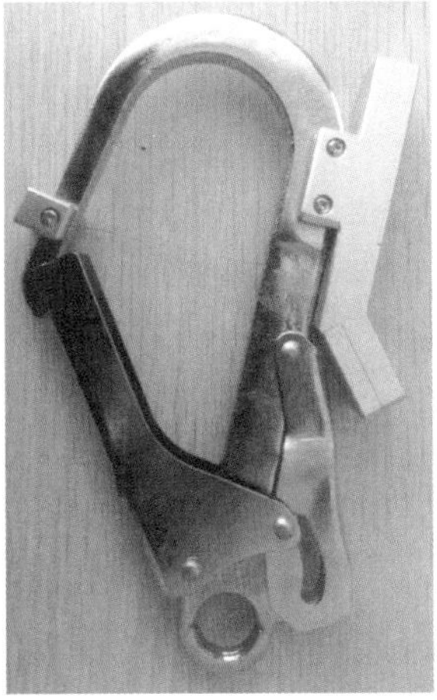

2. 具有智能化大体积温控开源平台

该系统遵照接入规范要求生成代码及程序性指令，优化温度、时间、水量、开合等顺序优先级，形成集硬件端和软件端于一体的智能化温控系统云平台（图14）。通过配置高精度温度计，检测大体积混凝土自密实内外温差变化；计时器控制测温时间；主管处设有电控止水阀，每区域冷却水管支线与主线接头处设置电控止水阀，可根据云端命令控制各区域内冷却水管的开关和水量。

3. 成都建工技术质量管理数字平台

图 12　挂钩实物展示图

为实现无纸化办公的目的，开发了技术管理信息化平台，囊括了企业文库、创新管理、施工方案、技术交底等多项功能，大幅度减少了工作量，提高了施工效率；同时本平台可接入智慧工地平台，根据需求实现功能迭代，亦能与其他平台协同作业，逐步完善技术质量管理工作（图15）。

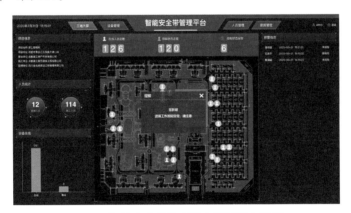

图 13　智能安全带管理平台警示消息推送

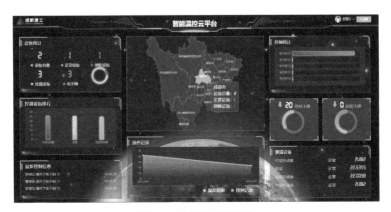

图 14　智能温控云平台

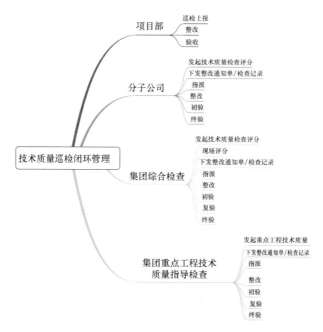

图 15　技术质量巡检闭环管理流程

四、应用成效

成都建工智慧工地平台在集成工地物联网、大数据的基础上利用云计算等先进技术手段进行数据的深层挖掘，对大数据进行分析应用，与更多的信息化系统或物联网系统进行融合，为集团创新推进"市场＋现场"两场联动新方式，构建覆盖"主管部门、企业、项目"三级智慧监管服务体系，全面提升监管服务效能和企业生产力、核心竞争力，全面提高施工现场精细化管理水平，为进一步推动成都建工集团工地现代化、智慧化奠定了坚实的技术基础。

执笔人：
成都建工集团有限公司（高生阳）
成都建工第五建筑工程有限公司（陈忠、陈清洪，张诚，高正星）

审核专家：
郭红领（清华大学，建设管理系副系主任、副教授）
李久林（北京城建集团有限责任公司，总工程师、教授级高工）

"ZoCenter" 工程数字档案管理平台

中基数智（成都）科技有限公司

一、基本情况

（一）案例简介

中基数智（成都）科技有限公司研发的"ZoCenter"工程数字档案管理平台，为项目内外部参建方提供了以"项目云盘""文档在线协作""智能存取""实施盘点"为核心的线上协同环境，提升了工程文档在各参建方之间的传递效率及其管理能力，降低了文件的丢失率，为工程项目的施工、检查、验收、决策提供了重要支持及保障，实现了工程建设资料文档的可高效追溯、智能盘点和安全保管。

（二）单位简介

中基数智（成都）科技有限公司是中信国安建工集团与一智科技（成都）有限公司共同投资成立的一家专注于为企业提供"数字档案"建设转型解决方案的提供商。

二、技术产品特点和应用场景

（一）产品特点

"ZoCenter"工程数字档案管理平台是完全针对文档管理痛点研发的软硬一体化产品，旨在为企业提供一个易用、安全、高效的文档管理系统，使工作标准化、规范化、信息化、智能化。通过平台，企业可以集中存储和管理海量文档和各类数字资产（项目工程文档、多媒体文档、工程设计文档等）；还可以更高效地管理文档的整个生命周期，实现创建、修改、版本控制、审批程序、储存、查询、借阅等线上操作。平台结合人工智能、大数据、云计算、物联网、区块链等技术，对涉密及重要文档进行全生命周期智能化跟踪管理，实现文档的可视化、可控化和可追溯化管理。

（二）应用场景

1. 文档集中存储，数据安全无忧。"ZoCenter"工程数字档案管理平台可以协助搭建海量数字资产（文档、视频、音频、CAD图纸等）集中存储平台，具有安全备份功能，支持文档加密存储，避免外部人员非法盗用数据资料，实现公司领导及员工跨地区查询重要文档，事项资源共享，提高工作效率（图1）。

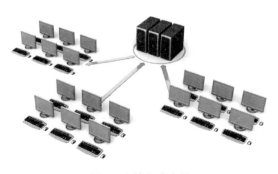

图1　文档集中存储

2. 完善管理权限机制。打破文档信息孤岛，按项目对文档进行归类，支持不同部门的不同人员设置灵活的权限，同时，支持锁定文档保证文档的安全。

3. 建立灵活的流转机制及外发机制。建立不同文件类型的流转机制，实现无纸化办公，文档根据流程传送至相应的部门节点进行审阅，流程可根据用户需求自定义，加速图纸的校对和审核（图2）。同时，支持在线外发文档至协作单位，精准追踪文档的预览、下载等信息。

图2 自定义流程表单

4. 文档结构自定义，支持多种预览方式。可按工程类型和公司要求等自定义文档结构，支持多种文档形式预览，包括 Word、PDF、Excel、CAD 等文档（图3）。

图3 文档结构自定义

5. 文档版本管理，操作记录翔实。文档自动记录修改版本号，避免使用错误的版本导致损失,历史版本可以查看及回退;所有的操作记录翔实,全程可追踪溯源,避免员工间的相互推诿(图4)。

6.智能档案柜,防火、防虫、防盗全方位保护。智能档案柜结合 RFID 物联网技术、人脸识别技术、北斗定位技术、视频监控技术等核心技术,主要功能如图5所示。科室对涉密及重要文件进行全生命周期智能化跟踪管理,实现文档管理的可视化、可控化和可追溯化(图6)。

(三)技术方案要点及产品特点

1.整合多参建方多类别文档,使文档数据互联互通。

2.智能档案柜集成物联网、视频监控、人脸识别等核心技术,对资料进行安全存储、异常警报通知。

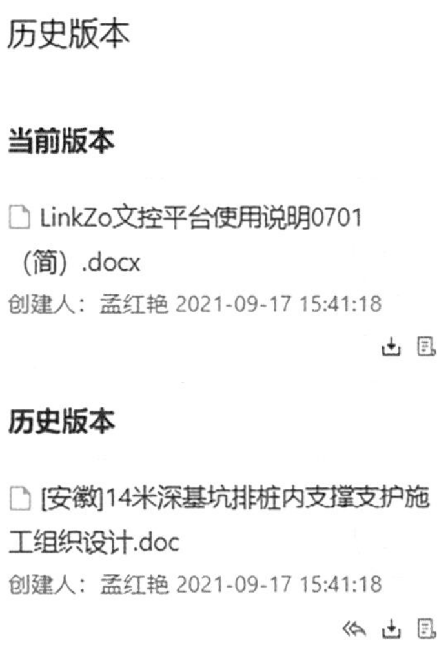

历史版本

当前版本

LinkZo文控平台使用说明0701(简).docx
创建人:孟红艳 2021-09-17 15:41:18

历史版本

[安徽]14米深基坑排桩内支撑支护施工组织设计.doc
创建人:孟红艳 2021-09-17 15:41:18

图 4　历史版本管理

01 智能存取
文件通过任务单申请后,有权限的人才可打开柜门,系统会自动进行识别,对比任务信息

02 身份认证
基于人工智能的人脸识别、二维码识别等多种识别方式来确定使用者信息,确保通过身份认证才能打开柜门

04 信息记录
对使用者存取文件生成记录,确保文件的存取记录可追溯

03 实时盘点
对文件实现智能化盘点,并将数据实时更新到后台,同时还可与后台进行信息交互

图 5　档案柜主要功能

图 6　档案柜效果图

3. OCR 文档识别技术,使各类资料版本清晰。

4. 基于区块链技术,实现文档自动存档、数据可溯源、安全可靠。

5. 支持多种形式在线预览、编辑、协作、标记等,辅助项目实施文档同步。

6. 实现管理标准化、标准表单化、表单信息化、信息集约化。

三、实施情况

01-摒弃信息孤岛,实现多方信息共享

02-降低数据风险,保障数据安全

04-加强项自风险和成本控制

03-避免无效沟通,提高沟通效率

图 7　项目实施四大目标

(一)工程项目基本信息

金地商置成都昭觉寺 108 亩项目 AD 地块一标段工程占地 $311051.23m^2$。"ZoCenter"工程数字档案管理平台于 2019 年 9 月进场部署,项目启动为该工程提供信息化服务,服务目标主要包括四个方面(图7)。

1. 摒弃信息孤岛,实现多方信息共享。项目参与方通过统一的信息化平台,在工程项目现场的文档协作过程中,使用一个平台、统一的标准方式传送、审批、查阅相关文档,进行数据及文档交流,保障文档资料的真实性、一致性、时效性和可溯源性,从而支撑众多参与方高效协同工作。

2. 降低数据风险，保障数据安全。该方案采用与在线支付和网上银行相同级别的互联网安全协议，确保对所有信息的加密。对于储存于系统的信息，客户完全拥有信息知识产权。无论是技术上还是法律上，每一个参与单位在系统内均是一个独立的主体，享有平等的权益。同时，拥有完善的数据备份机制，最大限度地避免各不可抗力造成数据损毁的风险。

3. 避免无效沟通，提高沟通效率。方案采用的是基于云计算技术搭建的平台，涉及项目各方的全部信息均通过这个统一平台进行交换和处理，确保了信息往来的及时性和记录的完整性。该系统根据项目管理方的要求，统一规范编制文件索引和信函格式，快速检索所需信息。云端系统让用户可以随时随地通过浏览器访问系统，及时查阅和传送所有项目信息资料和各项指令。

4. 加强项目风险和成本控制。项目管理方可在系统中编制规范的工作、审批流程，直观、方便地查阅和监督流程的实际进程，确保各方按照项目进程要求执行有据、恪尽职守。其内建立完整的工作任务跟踪提醒功能，帮助用户在第一时间将正确的信息传递给项目各方，避免诸如由于信息传递不及时、不到位造成的非必要的工期延误、变更和返工等项目风险。系统还可以及时、完整地记录和保存项目各方往来的任务、文档、信函等各项内容，做到职责清晰、减少纠纷，确保项目完工审计和追溯的有据可查、有法可依；保证项目投入运营后历史信息、资料查询和使用的完整性。

(二) 应用过程

在完善金地商置成都昭觉寺 108 亩项目的建设与管理体系后，项目部以文档集中存储、统一版本管理、实时互联互通的管理需求为导向，分阶段、分重点有序开展"Zo-Center"工程数字档案管理平台的应用。准备阶段确定文档存储版本管理、文档目录结构及平台应用等标准；施工阶段各参建方（业主、监理、施工、勘察、设计）通过统一的协作系统进行文档的传送、审批、查阅，确保文档的及时性与有效性；竣工阶段实现项目经济类、技术类等文档的安全可追溯及快速检索组卷移交。

1. 参建各方组织及人员授权

将项目涉及的参建各方的组织人员，根据各方角色职责的不同在信息平台中进行设定配置专属权限（图 8）。

2. 设定文档目录结构

根据标准按项目阶段设定文档目录结构。根据项目的施工阶段、管理标准建立文件夹管理结构，并根据不同的角色设定文档的编辑、下载、分享、删除等权限（图 9）。

3. 设置重要文档的审批流程

项目过程中"工程签证"需要施工单位、建设单位、监理单位签字审批；设置好审批流，工程签证文档修订好后，施工单位发起审批。由建设单位进行审核，审核通过后结束流程进行文档归档（图 10）。

4. 设定文档变更通知

文档发生变更后，通过系统消息通知相关人员，或订阅文档，在文档变更后第一时间接收到变更通知。例如，设计单位将设计文档变更后，建设单位及监理单位同时收到设计文档变更通知，查看最新的设计文档方案。

图 8　角色权限配置

图 9　文档目录结构

5. 统一版本定义

文档内容发生较大变化后，更新文档时版本号选择以 1 为基数的更新；文档内容发生较小改动后，更新文档时版本号选择以 0.1 为基数的更新（图 11）。

版本变更后信息同步。文档更新后，文档相关订阅者、分享者可收到文档变更信息。获取查看的文档即为最新的文档信息。

文档历史版本的追溯。系统保留文档所有的历史版本，并记录修改人、修改时间，在设计文档或其他文档需要时一键恢复内容至任意历史版本（图 12）。

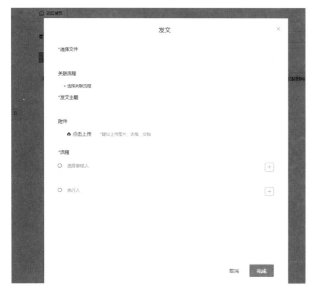

图 10　审批流程发起　　　　　　图 11　文档版本管理

文件《建设工程施工工艺标准化简明图册—土建工程篇》（ZXGAJG-GJ-2018-　×
002）.pdf 历史版本属性

版本: 1.0

文件名:《建设工程施工工艺标准化简
明图册—土建工程篇》（ZXGAJG-GJ-20
18-002）.pdf　　　　　　　**编号:** 11.1
文件类别: 普通文件　　　　**类型:**
说明:　　　　　　　　　　**状态:** 正常
修改人: 唐杰　　　　　　　**修改时间:** 2021-08-18 13:49:24
大小: 528.00 KB

取消

图 12　文档历史版本管理

6. 集中存储，分发共享

参建各方文档负责人将电子文档统一上传至"ZoCenter"工程数字档案管理平台对应的文件夹中。系统管理员定期将所有文档进行备份处理。

文档创建者或具有文档分享权限的人可将文档分发共享给所需人员（可分享内部人员，也可分享外部人员）。可对文件设置分享权限（即设置分享时间、是否允许下载等）（图 13）。

项目应用至今，取代了传统档案管理的模式，通过软硬件一体化解决方案实现了印章印鉴管理、工程纸质档案可追溯管理、电子档案与纸质档案同步管理、智能柜操作授权防档案丢失等功能，实现对项目经济类文档、技术类文档以及行政管理类文档的

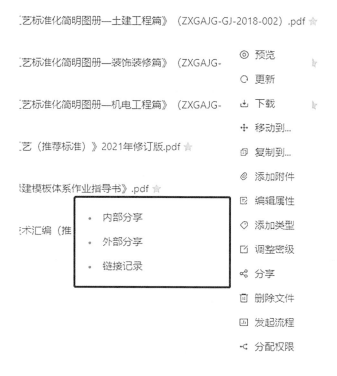

图 13　文档内、外部分享

有效管控。

（三）借鉴意义及推广价值

当客户的项目复杂并涉及多个组织时纠纷会不可避免地出现。如果没有一个系统来帮助协调和管控如此多的参与单位和关键人的信息流向和流程周转，对项目来说将是一个灾难。越到项目后期，所需要管理的信息数量越会快速增加，信息错误、遗漏所造成的直接损失就越高，项目面临着延期、超预算的风险也就越高。

中基数智（成都）科技有限公司提供的软硬一体化解决方案能够有效为客户解决这些痛点问题，主要体现在以下几个方面：一是项目内部各单位及其他参建方沟通协同，大大提高了协作效率。二是对项目过程文档实现时时追溯及自动归档，提高了工作效率。三是应用 OCR 文档识别技术，实现了纸质资料的电子化及结构化，最大限度保证了文档资料的完整性及一致性，规避了造假风险。四是文档的查询、检索、追踪等更为便捷、高效，便于实时查询、借阅。

执笔人：
中基数智（成都）科技有限公司（曾云霞）

审核专家：
郭红领（清华大学，建设管理系副系主任、副教授）
李久林（北京城建集团有限责任公司，总工程师、教授级高工）

西安市城市轨道建设智慧工地管理平台

中铁一局集团有限公司

一、基本情况

（一）案例简介

西安市城市轨道建设智慧工地管理平台是以物联网、云计算、大数据、"BIM＋VR"等先进技术为支撑，通过部署智慧工地相关硬件，采集汇聚设备、人员等各类数据，对施工六大元素人、机、料、法、环、测进行实时监控和管理的平台。该平台以建设单位、施工单位等管理需求为核心，基于所汇聚的数据提供智能监测、风险预警等智能分析服务，为现场提供辅助决策，提升建设管理协同效率（图1）。

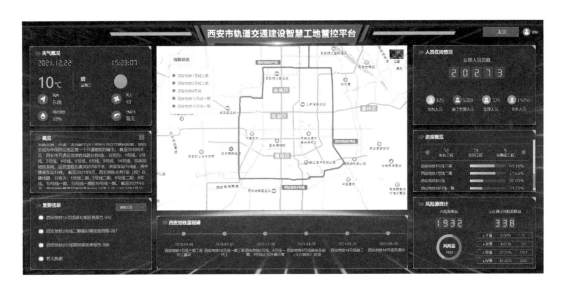

图 1　西安市城市轨道建设智慧工地管理平台

（二）申报单位简介

中铁一局集团有限公司（以下简称"中国中铁"）是大型、综合型建筑业企业，是集科研与技术开发、建筑施工、设备安装、加工制造、工程机械和汽车修理、物资供销、工程监理和技术咨询、多种经营为一体的企业。公司拥有专业开发团队人员 53 人，可对外提供软件开发及迭代、施工远程监控、数据采集、系统部署实施、大数据平台及云中心建设与运维、业务大数据分析等服务。

二、技术产品特点和应用场景

(一) 技术方案要点

平台部署架构按照云计算服务体系分为四层,即物理设备层、云计算基础设施即服务层(IaaS)、云计算中心即服务层(PaaS)、云计算软件即服务层(SaaS)(图2),采用微服务架构设计方式,提供容器化管理及发布能力,实现应用发布的高可靠性、高并发性、弹性部署以及应用发布的自恢复能力,采用轻量级的通信机制提升系统的灵活性,采用多级网络传输保证全面数据感知、可靠传送,采用大数据分析模型框架,集成专家知识库,促进自动化业务分析,提高辅助决策能力。

平台以云服务形式向外提供项目级、总包级、公司级等三级租户服务,实现公司级、项目级等多级用户协调管理。

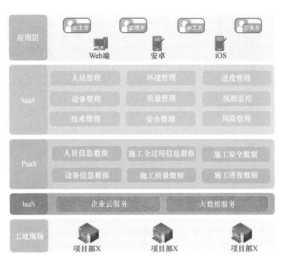

图2 平台总体架构图

同时,系统设计留有相应的数据贯通接口,上可对接业主、地方政府监管平台,下可接入各类现场应用级的硬件设备和数据平台。平台总体建设在满足企业管理需求的同时,具有较高的兼容性。

(二) 产品特点及创新点

1. 系统核心围绕"两棵树"开展设计,"第一棵树"贯穿各级组织管理,实现多层级灵活配置(图3);"第二棵树"贯穿基坑、盾构、暗挖、高架等各类工程的分部分项和标准化工序,实现对安全、质量、进度的统一管理、联动预警及分析(图4)。

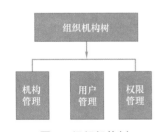

图3 组织机构树

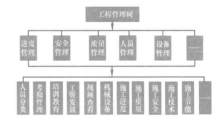

图4 工程管理树

2. 将人员按照"项目组织机构树"相关联,将人员按照不同参建单位性质进行分类管理,实现多层级人员实名制管理(图5)。目前,系统内可管理的实名制人员包含业主、投资公司、总包、项目及监理、设计、第三方等监管单位人员;依次类举,同样也可以实现集团、三级公司和各项目出入工地人员信息全覆盖。

3. 通过建立标准的轨道交通分部分项库和工序库,以工序为管理节点,实现了工序隐蔽验收和形象进度的关联设计,以验收管理自动生成匹配的进度值(图6),解决了进

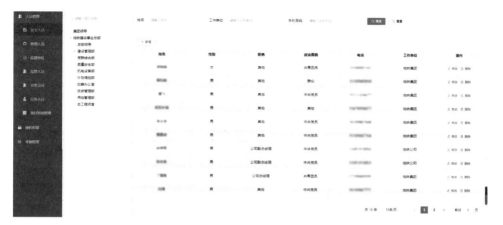

图 5　人员分类管理

度数据采集难、统计不准确等难题，同时，基于 CAD 二次开发，实现了验收质量、进度的可视化展示。

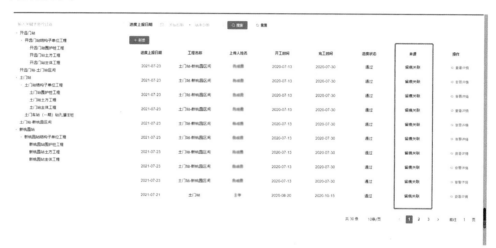

图 6　隐蔽工程验收关联进度

4. 遵循数据分析设计理念，设置了工程关联风险的功能，通过给项目各类风险添加施工进度指标参数，以进度控制风险状态，达到自动预警和消警的目的（图 7）。

图 7　隐蔽工程验收关联进度

5. 基于开源系统的二次开发，搭建了一套在线视频管理流媒体服务器（图 8），并基于该服务器，兼容了不同类型视频网络接入方式。同时，内置视频国标协议，满足不同品牌型号的摄像头的接入，实现了所有项目视频监控全覆盖。

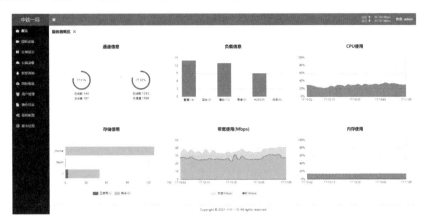

图 8　流媒体服务器

6. 平台设有独立的智慧设备数据感知子平台（图 9），并编制了相应的数据采集标准，可接入人员定位、暗挖监测、AI 视频、门禁闸机、盾构、起重吊装设备等多类智能设备现场实时数据，不局限设备自身品牌和厂家，有效减少了项目硬件的二次投入，降低项目成本。

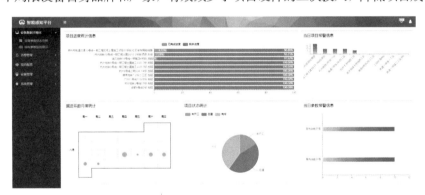

图 9　采集平台

（三）应用场景

西安市城市轨道交通智慧工地管理平台主要适用于工程施工中的人员、安全、质量、进度管控等各个环节，目前，主要在城市轨道交通工程中的业主投资建设、施工现场管理中进行应用，受地域、建设规模、环境等要素影响较小。

三、实施情况

（一）工程项目基本信息

西安地铁三期工程于 2019 年 6 月 12 日获批，包含地铁 8 号线、10 号线一期、15 号线一期、1 号线三期、2 号线二期等 7 条规划线路（图 10）。目前，在建 6 条线 148km，共有 28 个施工标段、229 个施工点，预计 2025 年底前可全部建成通车。

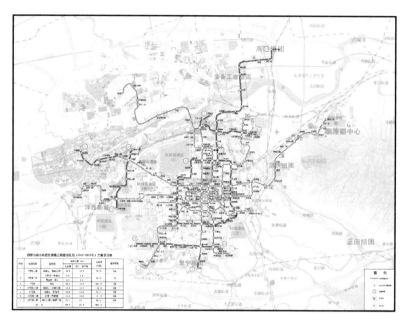

图 10　西安地铁三期规划项目

（二）应用过程

西安地铁为解决施工管理难题，提出了由人工管理向智能化转变的思路，要将施工现场安全、质量、进度、劳务实名制等生产要素全部归集起来，建设智慧化管理平台，并在整个三期项目推广使用。项目按照"顶层规划、总体部署、分步实施"的原则，分阶段开展工地安全管控规范化、业务管控标准化和设备管控智能化三个方面的应用，包含人员管理、视频监控、安全管理、进度管理、验收管理、智慧盾构、设备管理、围挡管理、智能管控九个应用模块。

1. 安全管控规范化

（1）人员管理。通过接入现场门禁闸机，对人员实名制信息进行采集，实现了对现场各类人员的规范化管理，可实时查看项目的劳务用工详细内容，包括劳务数量分析、出勤分析、工资情况、培训和教育等（图 11），以及施工管理人员、监理人员、业主代表等进

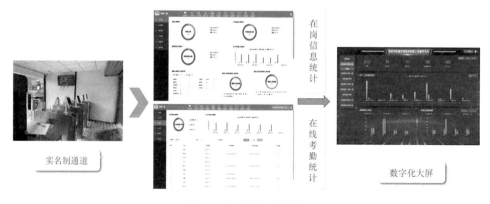

图 11　人员实名制管控

出工地轨迹信息的统计分析等。同时，借助人员定位、AI分析等手段，对重大危险区域作业人员的实时位置和安全行为进行动态监控，加强了人员智能管控手段（图12）。

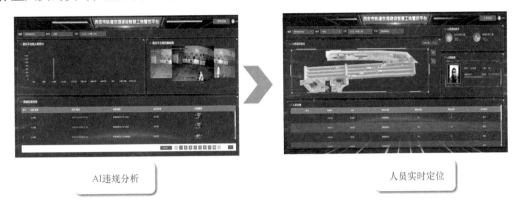

AI违规分析　　　　　　　　　　　人员实时定位

图 12　人员智能管控

（2）视频管理。通过搭设流媒体服务器的方式，将施工现场重点作业区域的视频监控数据接入到平台中，可分工点查看并掌握工地现场和作业面的实时作业情况，也可通过APP随时随地查看视频动态（图13）。

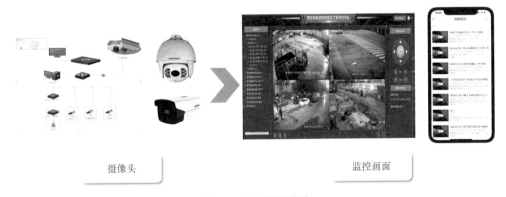

摄像头　　　　　　　　　　　　　监控画面

图 13　人员视频管控

（3）风险管理。通过建立标准风险库，实现了风险源信息采集—风险实时预警—风险动态处理等全流程管理（图14）。同时，采用关联其他业务（人员、设备、进度等）和接入智能化设备结合大数据分析的手段，实现风险的动态分级管控和处置。

（4）自动化监测。通过接入现场深基坑、高支模、暗挖隧道等自动化监测设备，可分别对基坑周边的轴力、水位、地表、位移和高支模的压力、位移及暗挖隧道拱顶沉降和净空收敛等数据进行统计、变化趋势分析和实时预警（图15）。同时，将监测点与具体部位的进度相关联，以 CAD 二维图纸的方式直观查看各监测点所在位置，并可与工点进度、风险信息相结合，综合评判工点风险状态（图16）。

2. 业务管控标准化

（1）验收管理。针对施工现场过程验收资料缺失，验收责任划定不清的情况，建立了一套关键工序、隐蔽工程的全过程留痕管理业务流程（图17）。通过留痕功能的使用，可将项目在施工过程中一些重要的隐蔽工程影像和图像资料在系统中永久保存。同时，针对

图 14　风险动态管控

工程存在的实体质量缺陷，可进行过程追溯。平台内留痕功能与进度已打通关联，已完成留痕审批的分部分项部位信息将直接生成进度，减少进度的填报工作。

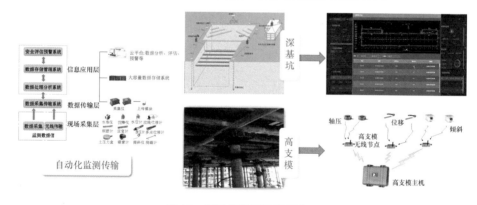

图 15　自动化监测数据采集

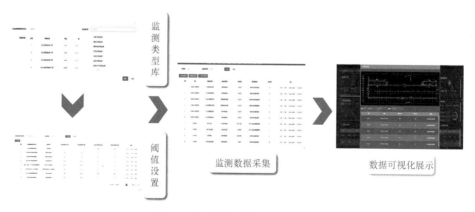

图 16　自动化监测数据预警分析

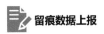 留痕数据上报　　 留痕数据审批　　 留痕动态追踪

2.监理人员审批
监理人员审批过程中需要进行核实,如果有管理人员的上报的留痕数据存在问题,监理人员进行不通过操作,留痕记录返回至管理人员重新修改,直至审批通过

3.监理人员留痕
监理人员审批通过后,同样需要上传监理人员拍摄的留痕记录

数据统计

1.管理人员数据留痕上报
施工单位按照文件要求分工序进行留痕;留痕需要立璧拍照,一些施工过程需要录制视频

4.纳入数据统计
监理留痕完成后,计入留痕统计

图 17　工序验收留痕管理

（2）进度管控。进度管控通过采集现场进度信息,实现进度产值、关键节点和形象进度计划、实施、检查、调整和纠偏的全过程管理,可动态掌握各标段分部分项工程的形象进度完成情况（图 18）。通过与进度计划做比对,可随时查看当前进度较计划是否滞后,并实现了进度和留痕管理、风险管理等功能的联动设计,以进度信息实现对质量管理和安全管理的综合考评,增加了业务功能之间的关联性。

（3）围挡管理。针对地铁作业城区的特点,通过采集围挡信息,可动态掌握全线围挡的数量、面积和长度等核心数据,快捷掌握各项目围挡的审批和改扩建情况（图 19）。

（4）试验检测。对现场的试验送检、检测数据进行实时的采集,可动态掌握各工程部位的原材料和混凝土试件的送检和检测情况（图 20）。同时设置预警功能,做到对试验送检的结果进行判定和提醒。

图 18　进度全过程管理

图 19　施工围挡管理

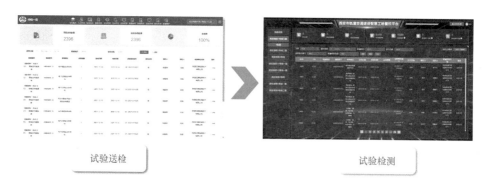

图 20　试验检测管理

3. 设备管控智能化

（1）大型设备管理。将各项目需要重点关注的大型设备通过台账导入系统中进行动态的展示（图 21），可实现项目设备信息共享，同时可进行动态查看，方便监管人员对现场设备投入情况、设备备案和设备安全状态信息的实时掌控。

（2）盾构机管理。针对地铁盾构施工，实现了盾构机掘进过程中的数据采集、数据监控、数据分析处理及施工参数预警等全过程管控（图 22）。通过盾构设备监控，可对其工作状态、施工参数等信息进行实时查看，对历史掘进数据进行查询和分析，同时，可通过设置施工参数阈值，实现盾构掘进参数的动态预警。

图 21　大型设备管理

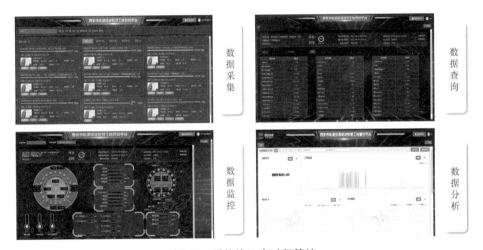

图 22　盾构施工全过程管控

四、应用成效

（一）解决的实际问题

1. 劳务人员实名化。进入工地所有人员一次登记，每人对应唯一编码，跟踪管理。当班人员刷脸通过门禁闸机，掌握当班现场管理、劳务人员数量，统计劳务人员日常培训教育、工资发放情况，督促项目及时发放农民工工资，防范化解矛盾升级。同时，结合各地新冠疫情防控政策设置动态疫情管控，有效实现对来往工地所有人员的行程追溯、疫苗接种等信息的掌控。

2. 工程进度可控化。通过关联工序质量留痕、分类建立工程项目清单、每日填报当天作业内容等手段，实时了解现场施工进度，掌握项目总体进展。

3. 质量控制溯源化。平台设计了质量验收管控标准和流程，执行隐蔽工程的工序验收施工单位自检留痕、监理单位验收留痕、业主单位复核"三检"制度，强化施工质量过程控制和后期质量问题的追溯管理。

4. 安全预警智能化。对施工风险、重点部位监测、远程视频监控等均纳入安全管理模块，总体掌握各等级施工风险数量及风险状况，以便及时应对。对高风险暗挖隧道、深基坑等工程，采用智能 AI 违规分析、人员实时定位、自动化监测等管控手段，提升安全管理。对盾构机等大型设备的运行状态、设备参数进行实时监控、预警分析，一旦报警异常，自动短信提醒，便于迅速处置。

（二）实际效果

平台自 2020 年 5 月上线以来，先后在西安地铁 8 号线、2 号线二期、1 号线三期、10 号线一期、15 号线一期等 5 条三期规划线路上开展应用，管理项目约 64 个，开工工点 82 个，累计用户约 2420 人，业务数据如实名制人员约 2 万人，视频监控 1200 余路，在线盾构等大型设备监控累计 30 余台次，为项目管理提供了便捷化、信息化的管控手段。同时，平台也实现了产品化运作，目前，先后服务于中国中铁 8 号线 3 标总包部、中国建筑 8 号线 1 标总包部，同时与中国中交 10 号线 1 标总包、中国中铁 10 号线 3 标总包以及与广联达、品茗科技等单位达成战略合作协议，累计实现营销额约 300 余万元。

（三）对行业的借鉴意义和推广价值

平台适用于城市轨道交通工程土建施工阶段项目管理，通过对工程信息的全面智能感知和数据处理，服务于工程建设各参建方建设过程的协同工作、信息共享等，实现工程项目可视化展现、规划设计管理、前期工程管理、成本管理、进度管理、安全风险管控等，从而全面推进项目信息化的建设、提高工程项目的信息化管理能力，提升施工核心竞争力，实现优化工程项目工期、提高质量安全、节约工程成本等工程项目建设管理精细化、智慧化目标。

执笔人：
中铁一局集团有限公司（刘丹、仇峰涛、王勇、陈应详、李勇）

审核专家：
郭红领（清华大学，建设管理系副系主任、副教授）
李久林（北京城建集团有限责任公司，总工程师、教授级高工）